Laura Gould

Das Geheimnis der dreifarbigen Katzen

oder Dem genetischen Mosaik auf der Spur

Aus dem Amerikanischen von
Monika Niehaus-Osterloh

Birkhäuser Verlag
Basel · Boston · Berlin

Die Originalausgabe erschien 1996 unter dem Titel "Cats are not peas. A calico history of genetics"
Copyright © Springer-Verlag New York, Inc.
All Rights Reserved

Die Übersetzerin dankt ihrem Mann, Jan Osterloh, herzlich für seine tatkräftige Mitarbeit.

Die Deutsche Bibliothek – CIP-Einheitsaufnahme

Gould, Laura:
Das Geheimnis der dreifarbigen Katzen oder dem genetischen Mosaik
auf der Spur / Laura Gould. Aus dem Amerikan. von Monika
Niehaus-Osterloh. – Basel ; Boston ; Berlin : Birkhäuser, 1997
  Einheitssacht.: Cats are not peas <dt.>
  ISBN 3-7643-5656-1

© 1997 der deutschsprachigen Ausgabe: Birkhäuser Verlag, Postfach 133, CH-4010 Basel, Schweiz
Gedruckt auf säurefreiem Papier, hergestellt aus chlorfrei gebleichtem Zellstoff. ∞
Umschlaggestaltung: Micha Lotrovsky, Therwil
Printed in Germany
ISBN: 3-7643-5656-1

9 8 7 6 5 4 3 2 1

**Natürlich für George
(und auch für Max)**
und in Erinnerung an meinen Vater,
Derrick Henry Lehmer, dessen provokative Frage
„Woher weiß die Thermoskanne, ob sie etwas
warmhalten oder kühlen soll?"
seine Kinder zu lebenslangem Lernen anregte.

Inhalt

Vorwort

Ich lese gern Vorworte (und Einleitungen und Prologe), diese
einsamen, vernachlässigten Texte, die so oft nur hastig überflogen
werden, bevor man zum Kern des Buches vordringt. Ich lese sie
sorgfältig, um mehr über den Ursprung von Projekten und Ideen
zu erfahren, und häufig wird meine Mühe belohnt, so auch in
diesem Beispiel aus dem Jahr 1949, das von Lady Christabel
Aberconway stammt:

> Viele Leute fragen sich vielleicht, wie ich dazu gekommen bin,
> dieses *Dictionary of Cat Lovers* (Nachschlagewerk für Katzen-
> liebhaber) zu schreiben. Zu Beginn des Kriegs pendelte ich
> zweimal pro Woche zwischen London und Nordwales hin und
> her, eine Reise, die, wenn alles glatt verlief, mindestens sieben
> Stunden dauerte. Nach Einbruch der Dunkelheit las man im
> Schein einer Taschenlampe oder einer Fahrradleuchte, die man
> unsicher auf einem Knie oder einer Schulter balancierte.
> Eines Abends, als die Alarmsirenen heulten, bemerkte ein Mit-
> reisender: „Dieses Geräusch klingt wie das Schreien von Teu-
> felskatzen in höchster Not."
> Wie sich herausstellte, mochte der Sprecher Katzen. Der Mann
> gegenüber entgegnete, er verabscheue sie. Die Frau neben mir
> sagte, sie möge sie. Der kleine Mann ihr gegenüber erklärte, er
> liebe sie. Ich habe sie schon immer geliebt. (…)
> Während ich dort im dunklen Zug saß, ging mir einiges durch
> den Kopf: Wenn ich über Leute lesen könnte, die Katzen geliebt
> haben, und lesen könnte, was sie über ihre Katzen geschrieben
> haben, würde ich vielleicht herausfinden, warum diese exqui-
> siten, eigensinnigen und sympathischen Tiere entweder heiß
> geliebt oder aber verabscheut werden. (…)
> Diese Idee, im Halbschlaf geboren, habe ich verwirklicht, und
> dieses Nachschlagewerk ist das Ergebnis. Ich bin mir ziemlich
> sicher, muß ich gestehen, daß mich wohl der Mut verlassen
> hätte, wenn ich damals die vor mir liegenden Jahre des Studie-
> rens und Recherchierens vorausgesehen hätte oder die depri-
> mierenden Zeiten, in denen trockene und inhaltsleere Memoi-
> ren und Briefe meine einzige Lektüre zu sein schienen. Aber
> wenn ich heute zurückblicke, erinnere ich mich am lebhafte-
> sten an die berauschenden Momente, in denen ich etwas Wich-

tiges entdeckte, sei es aufgrund einer Quellenangabe, sei es durch Hinweise eines Freundes, wenn ich neue und wunderbare Arbeiten fand, von deren Existenz ich zuvor nichts geahnt hatte.

Wie charmant und amüsant ist dieses Bild von der Baroneß in einem kriegsbedingt verdunkelten Zug, dieses wirklich zufällige Ereignis, das sie auf eine Reise schickte, die nicht etwa sieben Stunden, sondern mehrere Jahre dauern sollte, ihre Entdeckerfreude und ihre enttäuschten Erwartungen, ihre Ausdauer und ihre leidenschaftliche Hingabe an ihr Vorhaben, ihre Dankbarkeit, wenn sich Wege zu unvermuteten Schätzen auftaten. Mir ist es genauso ergangen. Ich erkenne dies alles wieder.

Meine Reise begann nicht in einem verdunkelten Zug, sondern in einer hellerleuchteten Garage, wo es nur zu deutliche Spuren von Feldmäusen gab. Katzen, wir müssen uns ein paar Katzen anschaffen, so dachten wir; Wald- und Wiesenkatzen, die das Anwesen durchstreifen und die Schädlinge in Schranken halten. Ein klarer und einfacher Gedanke, vernünftig und geradeheraus, leicht in die Tat umzusetzen. Wer hätte seine Folgen voraussehen können?

In glücklicher Ignoranz besuchten wir das örtliche Tierheim und wählten zwei Katzenjunge aus, George und Max, und die Wahl von George (die vor allem getroffen wurde, weil er sich gut mit Max vertrug) stellte sich als das zufällige Ereignis heraus, das für eine lange Odyssee verantwortlich sein sollte. Denn George war eine Calico-Katze[1], ein Calico-Kater.

Aber Calico-Katzen sind stets weiblich.

George war eine genetische Anomalie, eine Manifestation von etwas, das es eigentlich nicht gab, ein so seltenes Geschöpf, daß selbst die meisten Tierärzte so etwas noch nie gesehen haben.

George regte mich zu endlosen Fragen an. Meine Neugier ob seiner Existenz hat mich dazu gebracht, einige genetische Grundlagen zu lernen, um seine Geschichte zu verstehen, Sagen und Legenden über Glückskatzen erforschen und mir über evolutionäre Veränderungen Gedanken machen zu können. So hat mich George in eine Vielzahl von Bibliotheken geführt und mich an

---

1 Die Fellfärbung wird von deutschen Züchtern auch als „Schildpatt mit Weiß" oder „Tortie mit Weiß" bezeichnet; umgangssprachlich heißen diese Katzen bei uns „Dreifarbenkatzen" oder „Glückskatzen"; siehe dazu auch den Abschnitt „Was ist überhaupt eine Calico-Katze?" in Kapitel 1. (Anmerkung der Übersetzerin)

wundervollen Nachmittagen in meinem Arbeitszimmer festgehalten, meine Nase tief in einem Buch vergraben oder meine Augen müde auf einen Computerbildschirm gerichtet. Er ist schuld daran, daß ich bei Dinnerparties zu einer Langweilerin und am Telefon zu einer Plage wurde; er ist für alles Folgende verantwortlich.

Beim Durcharbeiten einer bunten Literaturpalette bin ich angenehm überrascht worden von dem unerwarteten und oft wohl auch unbeabsichtigten Humor, der aus den Seiten wissenschaftlicher Bücher und Zeitschriften spricht, die man gemeinhin für eher trocken hält. Nehmen Sie zum Beispiel das Vorwort eines Buches aus dem Jahr 1881 mit dem wirklich umfassenden Titel *The Cat. An Introduction to the Study of Backboned Animals, Especially Mammals* (Die Katze. Eine Einführung in das Studium von Wirbeltieren, insbesondere Säugern). Dieses umfangreiche Werk wurde von St. George Mivart[2] verfaßt, einem der führenden Biologen seiner Zeit, der den Wandel auf seinem Gebiet als so rasch empfand, daß „die Naturgeschichte von Tieren und Pflanzen neu geschrieben werden muß – die Naturkunde muß von einem neuen Standpunkt aus betrachtet werden". Der Mensch war ihm als „Standpunkt" nicht geheuer:

> Der menschliche Körper ist so groß, daß seine Präparation mit sehr viel Mühe verbunden ist, und es ist zudem eine Arbeit, die im allgemeinen zunächst unerfreulich ist für diejenigen, die keinen besonderen Grund haben, sich dieser Aufgabe zu widmen.
> Das Problem war daher, als Prototypen für vergleichende Untersuchungen ein Tier zu wählen, das leicht zu beschaffen und von geeigneter Größe ist, ein Tier, das zur selben Klasse wie der Mensch gehört und sich strukturell von ihm nicht allzusehr unterscheidet, so daß sich dem Studenten Vergleiche zwischen Mensch und Tier (was Gliedmaßen und andere große Gerüststrukturen angeht) leicht erschließen. Solch ein Tier ist die gemeine Hauskatze.

Wissenschaftler sind natürlich auch nur Menschen, und ihre Wege sind wie bei uns anderen Normalsterblichen mit Fallgruben gespickt. Einiges von dem, was sie geschrieben haben, klingt für heutige Ohren wirklich recht eigenartig und bizarr. Wenn man

---

2 St. George Jackson Mivart (1827–1900), englischer Wirbeltieranatom. (Anmerkung der Übersetzerin)

Veröffentlichungen aus längst vergangenen Zeiten liest, wird man daran erinnert, daß die nächste Lesergeneration dank der raschen Wissensexplosion heutige Bemühungen vielleicht ebenso amüsant findet. Wir stolpern bei unserem Versuch, unser verwirrendes Universum zu erklären, noch immer im Halbdunkel herum.

Vielleicht ist niemand mehr herumgestolpert als ich, denn in meiner grenzenlosen Naivität habe ich versucht, nicht nur ein fremdes Fachgebiet zu verstehen, sondern auch, es in einer Art und Weise darzustellen, die es anderen zugänglich macht. Das Vokabular der Genetik ist gleichermaßen großartig und schrecklich. Selbst in der genetischen Umgangssprache wimmelt es von Begriffen wie „autosomal", „Blastocyste", „Epistasis", „homozygot" und so weiter bis zum Überdruß; exotischere Sprachschöpfungen, wie „Diplohaploidie", findet man nur in speziellen Biologie- oder Genetiklexika. Obwohl diese kompakten Begriffe effiziente Vehikel zur Informationsübertragung an Eingeweihte sind, bleiben sie harter Tobak für uns Anfänger, denen es schwer genug fällt, die dahinterstehenden Konzepte zu begreifen. Da ich gezwungen war, mich als Leser mit diesen Wortungetümen auseinanderzusetzen, habe ich versucht, sie als Schriftsteller zu vermeiden, und statt dessen, wo immer möglich, umgangssprachliche statt fachchinesische Begriffe zu verwenden; ich hatte sogar die Kühnheit, einige neue und einfachere Termini einzuführen.

Über solche Größen auf dem Gebiet der Biologie wie Darwin und Mendel, Morgan und Sturtevant, Watson und Crick ist bereits viel geschrieben worden. Hier sollen sie mit Ausnahme des unwiderstehlichen Mendel nur kurz erwähnt werden, nicht um ihre Bedeutung zu schmälern, sondern um leicht zugängliches Material nicht wiederzukäuen. Die Forschungen dieser Pioniere gehören – abgesehen davon, daß sie den notwendigen Hintergrund liefern – sowieso nicht hierher, denn in diesem Buch geht es nicht um Erbsen oder Fruchtfliegen oder die DNS (wie sich das Monsterwort „Desoxyribonukleinsäure" abkürzt), sondern um Calico-Katzen und um die Leute, die wie ich etwas über ihren Ursprung wissen wollten. Der Beitrag, den Katzenfachleute (und Katzen) zur Entwicklung der Genetik geliefert haben, scheint bisher weitgehend ignoriert worden zu sein – sehr schade, denn das Thema ist sowohl amüsant als auch bedeutsam.

In Anbetracht der widersprüchlichen Informationen, die ich gelesen habe, habe ich versucht, wo immer es vernünftig schien, auf Originalquellen zurückzugreifen, von denen einige ziemlich alt und angeschimmelt sind. Wenn man den verschlungenen Wegen der Quellenverweise in der Literatur nachspürt, sich schließlich einmal im Kreis dreht und Dokumente, die einst fremd und geheimnisvoll waren, als alte Freunde wiederfindet, erkennt man, wie sich falsche Informationen fortpflanzen: Sie werden von einem Schriftstück ins nächste übernommen und dabei gelegentlich fehlerhaft kopiert – Mutationen von Mutationen, die in die Riege der „Tatsachen" aufgenommen werden, mit denen man sich herumschlagen muß.

Unter anderem stellt dieses Buch für mich einen Sieg der Unschuld dar. Statt ein Lehrbuch für Anfänger von Anfang bis Ende durchzuarbeiten, um das Fachvokabular und die vorgegebenen Konzepte zu büffeln, habe ich versucht, auf unkonventionelle Weise zu lernen: indem ich meiner Nase und meinem Instinkt gefolgt bin, mich kopfüber ins Geschehen gestürzt und auf eine Weise Schwimmen gelernt habe, bei der man fast ertrinkt. Ich habe diesen scheinbar wahllosen Ansatz nicht etwa aus Faulheit, sondern aus Furcht gewählt; er spiegelt, wenn Sie so wollen, die Notwendigkeit wider, meine Naivität zu bewahren. Nur jemand, der so unwissend war wie ich anfangs, konnte die Art von Fragen stellen, die ich gestellt habe. Ich befürchtete, daß das Abschreiten sorgfältig ausgeschilderter Lehrbuchpfade meine Neugier abstumpfen und mich glauben lassen würde, ich verstünde Dinge, die ich in Wahrheit keineswegs verstanden hatte.

Da ich bewußt auf diese chaotische Weise gelesen habe, habe ich mich entschlossen, ebenso zu schreiben. Statt daher von den Höhen meines neu erworbenen Wissens herabzuschauen und die kürzeste Route zum Gipfel zu schildern, habe ich mich entschlossen, den Leser meinen kreuz und quer verlaufenden Fußstapfen folgen zu lassen; sie haben mich in mehr Sackgassen geführt, als man es für möglich halten sollte. Die mäandernde Struktur, die sich daraus ergab, bekräftigt drei Überzeugungen: daß ein Weg ebenso interessant sein kann wie sein Ziel, daß Landstraßen charmanter sind als Schnellstraßen und daß es mehr als einen Weg gibt, einer Katze das Fell über die Ohren zu ziehen.

Über Jahre hinweg ist mein intellektuelles Leben wie das der Baroneß völlig chaotisch gewesen. Es war gekennzeichnet von langen und unvorhersehbaren Umwegen infolge zufälliger und scheinbar harmloser Vorkommnisse: eine Beleidigung in einer Buchhandlung, die zu Jahren des Kampfes mit akkadischen Texten führte, oder ein zufälliges Zusammentreffen auf einem Parkplatz, das mich veranlaßte, mich mit maschineller Übersetzung und anderen computergestützten Verfahren zu beschäftigen. Daher ist es nicht verwunderlich, daß George einen so großen Einfluß auf mich hatte – er ist ein weitaus interessanterer (und liebenswerterer) Katalysator als irgend jemand vor ihm.

Von Zeit zu Zeit habe ich mich gefragt, ob George oder ich die Fertigstellung des Buches überhaupt noch erleben würden. (Da jede Antwort den Keim neuer Fragen in sich barg, schien dies eine Möglichkeit zu sein, die man in Betracht ziehen mußte.) Georges Tod, dachte ich, wäre ein ebenso schwerer Schlag für das Projekt wie mein eigener. Weil George nachts jagt, während ich tagaktiv bin, könnte man meinen, unsere Arbeitszeiten würden nicht zueinander passen. Doch er half mir einfach dadurch, daß er mir Gesellschaft leistete und sich auf dem Sofa zusammenrollte, die Pfoten fest über die Augen gelegt. So schlief er ganz friedlich in meinem Arbeitszimmer, während ich mit den Tücken meines Textes kämpfte, mir den Kopf kratzte und zusammenzufügen versuchte, was zusammengehörte. Offenbar brauchte ich den Trost und die Ermutigung seiner tagtäglichen, wenn auch unbewußten Präsenz, um mit dem Schreiben fortzufahren. Ohne George hätte ich vielleicht das Interesse verloren, den Versuch aufgegeben, das Knäuel zu entwirren, und statt dessen Golf oder Bridge spielen gelernt.

Irgendwie haben wir beide bislang überlebt, und ich zumindest bin dank all der Mühen sehr viel klüger geworden. Während George damit beschäftigt ist, „nichts Böses zu sehen", sehe ich vieles, das mich fasziniert, und ich staune über die verschlungenen Pfade wissenschaftlicher Entdeckungen wie auch über die Komplexität selbst der kleinsten Kreatur. Ich hoffe, George und ich können Ihnen auf den nun folgenden Seiten etwas von diesem Gefühl des Staunens und der Faszination vermitteln.

Schätzet die Ausnahmen!

William Bateson

Danksagung

Ich lese ungern Danksagungen, diese ermüdende obligatorische Aufzählung angehäufter Dankesschuld, die es abzutragen gilt. Ich vermeide es tunlichst, sie zu lesen, denn sie sagen mir gewöhnlich nichts Wissenswertes. Sie sind gefüllt mit den Namen von Leuten, von denen ich noch nie gehört habe und die ich auch gar nicht kennenlernen möchte: Gedankt wird der tapferen Stenotypistin (die durch die zunehmende Übung des Autors im Umgang mit einer PC-Textverarbeitung bald überflüssig sein wird), dem geduldigen und ergebenen Ehegespons, den vernachlässigten Kindern und manchmal auch dem Familienhund.

In meinem Fall ist die Dankesschuld so groß, daß ich mich entschlossen habe, literarischen Bankrott zu erklären, indem ich meiner Verpflichtung nicht nachkomme, die Heerschar all derjenigen namentlich zu nennen, ohne deren Unterstützung ich immer noch ganz am Anfang stünde. Die Altsprachler, die vielen Bibliothekare (verrückte und andere), die Naturwissenschaftler, die Tierärzte, die Katzenliebhaber, die Volkskundler, die verschiedenen Menschen japanischer Abstammung und die vielen hilfreichen Freunde – sie alle werden anonym bleiben (was manche zweifellos erleichtern wird). Doch ich danke ihnen allen von ganzem Herzen.

Mein besonderer Dank gebührt Serendipity[3], dieser liebenswerten Lady, die mein Leben regiert, und Severo, meinem bemerkenswerten Mann, der sein Bestes tut, es zu regeln, wenn Ihre Hoheit gerade einmal nicht da ist. Er regelt auch, so gut er kann, unseren Alltag, was es mir ermöglicht, mich in meine Schriftstellerei zu vertiefen. Er baut Pooneries[4], hackt Holz, ärgert sich mit Generatoren herum, versorgt Blumen- und Obstgarten, redigiert Entwürfe, umarmt mich zärtlich und spielt wundervoll Klavier.

Mit Rücksicht auf George und Max haben wir keinen Hund.

---

3   Gabe, durch Zufall glückliche und unerwartete Entdeckungen zu machen; geprägt von Horace Walpole in Anspielung auf die Erzählung „The three Princes of Serendip". (Anmerkung der Übersetzerin)
4   Was eine Poonery ist, erfährt der geschätzte Leser an anderer Stelle

1
Am Anfang war George ...

... und auch Max

George kam aus dem Tierheim zu uns. Mit sechs Wochen war er ein winziges, mageres Fellbündel, eine Verkörperung dessen, was an seinem Käfig stand: Seine „Familie" habe ihn zur Adoption freigegeben, weil sie ihn nicht mehr ernähren konnte. Zudem wirkte er ungelenk und schien wie auf zwei Paar dünnen weißen Stelzen zu laufen, deren hinteres etwas länger war als das vordere. Er besaß einen langen dünnen Schwanz, der gestreift war wie der eines Waschbären, und einen weißen Bauch. Doch sein Rücken war wundervoll orange und schwarz gefleckt, was mich insgeheim fragen ließ, ob er wirklich ein Männchen sei, wie es in seinen Papieren stand. Ich meinte mich zu erinnern, daß alle dreifarbigen Katzen weiblich sind.

Ich stellte jedoch keine Fragen. In der vorangegangenen Woche hatten wir uns in zwei reizende Kätzchen verliebt, nur um dann zu erfahren, daß wir sie nicht mitnehmen dürften, da sie verschiedenen Geschlechts seien und sich bereits vor ihrer obligatorischen Sterilisation im Alter von etwa sechs Monaten paaren könnten. Diesmal hatten wir uns von vornherein entschieden, zwei Männchen zu nehmen. Ich suchte mir einen eleganten, langhaarigen schwarzen Kater mit einem weißen Smokinghemd namens Max heraus, und mein Mann entschied sich zunächst für ein besonders lebhaftes, kohlschwarzes Kätzchen, das im Käfig wilde Sprünge vollführte. Doch als wir beide Tiere zum Spielen zusammensetzten, fauchten sie sich sofort an, gingen aufeinander los und versuchten sich gegenseitig die Augen auszukratzen. Das war nicht der Umgangston, den wir uns vorgestellt hatten.

Wir tauschten also den kohlschwarzen Kämpfer gegen einen kurzhaarigen, langbeinigen, ungelenken Calico-Kater von offensichtlich charmantem und intelligentem Naturell. Diesmal verlief das Zusammentreffen völlig anders: Die beiden Katzen bekundeten sofort starke Sympathie füreinander, spielten ausgelassen miteinander und leckten sich gegenseitig das Fell. Daher füllten wir die Übernahmepapiere aus und trugen als Namen der dreifarbigen Katze trotz meines Zweifels „George" ein (mein Mann nennt alle

Katzen George). Wir wollten nicht riskieren, daß man uns noch einmal einen Strich durch die Rechnung machte.

George und Max verbrachten ihre erste Woche in der Garage, wo George täppisch über Kisten und Kästen stolperte und Max fast sofort einen kleinen Frosch fing. (Die Mäuse, die uns zu unserem Besuch im Tierheim veranlaßt hatten, packten einfach ihre Sachen und zogen aus, ohne erst abzuwarten, wie geschickt sich diese Katzen wohl als Jäger anstellen würden.) Während wir diese ersten Tage damit verbrachten, die Kater bei ihren tollen Sprüngen und Kapriolen zu bewundern, mußte ich an einen älteren Mathematiker denken, der mir vor Jahren einmal seine Idee vom Paradies beschrieben hatte: Ich stelle mir einen langen Korridor vor, hatte er gesagt, der sich perspektivisch bis zu einem Punkt im Unendlichen erstreckt. Entlang den beiden Seiten des Korridors stehen hochlehnige Stühle mit geflochtenen Sitzen. Und auf jedem dieser Sitze liegt ein Kätzchen.

Als George und Max in den darauffolgenden Tagen die Welt außerhalb der Garage zu erkunden begannen, erinnerten uns einige ihrer Aufführungen an alte Tom-und-Jerry-Cartoons. Es war mir nie in den Sinn gekommen, daß Cartoonisten wirklich nach dem Leben zeichnen, denn ihre Darstellungen wirken oft völlig übertrieben. Doch wenn George und Max plötzlich und unerwartet aufeinandertrafen, sprangen sie wie in den Comics senkrecht in die Luft, den Schwanz steil nach oben und die Beine waagerecht zur Seite gestreckt. Und als George einmal vom Geländer des oberen Stockwerks auf den abschüssigen Handlauf der darunterliegenden Treppe sprang, zeigte er genau den entsetzten Gesichtsausdruck und die typische nach hinten gelehnte Haltung – als versuche er vergeblich, auf die Bremse zu treten –, den Cartoonisten so gern porträtieren. (Glücklicherweise stand mein Mann zufällig am Fuß der Treppe und fing ihn einfach auf, als er über das Ende des Geländers hinausgeschossen kam.)

Aber es gab auch ernstere Situationen. Eines friedlichen sonnigen Nachmittags spielten wir mit George auf dem Rasen, als er plötzlich davonschlich und sich unter den Treppenstufen versteckte. Ich hatte nichts gehört oder gesehen, doch George hatte den Schatten eines Falken wahrgenommen und war instinktiv in Deckung gegangen. Das erinnerte uns daran, daß unsere Katzenjungen recht weit unten in der Nahrungskette standen und zumindest noch eine Weile lang Schutz brauchten. Es ließ uns auch darüber nachgrübeln, wie die Information über die Silhouette eines Raubvogels übermittelt und gespeichert wird.

Die Tierärzte erbleichen

Am Ende dieser wunderbaren Woche brachten wir beide Katzen
zu ihrer ersten Untersuchung zum Tierarzt. Ich bemerkte, wie sich
die Lippen des Tierarztes zu einem wissenden Lächeln verzogen,
als wir verkündeten, der Name der Calico-Katze sei George, und
fragte mich, ob er wohl statt dessen Georgette oder Georgina
vorschlagen würde. Doch als er genauer hinsah, erbleichte er und
sagte aufgeregt: „Ich bin seit 28 Jahren Veterinär, und ich habe
gehört, daß es dreifarbige Kater gibt, habe aber noch nie zuvor ein
solches Tier gesehen. Darf ich ihn mit nach hinten nehmen und
meinen Mitarbeitern zeigen?"

Als der Tierarzt zurückkehrte, noch immer ehrfürchtig und
bleich, nahm ich an, daß er mir erklären könne, warum praktisch
alle dreifarbigen Katzen weiblich sind und wie es zu so seltenen
Ausnahmen wie George kommt. Zu meiner Überraschung konnte
er das nicht. Er konnte mir nicht einmal sagen, wo ich eine Antwort
auf diese Fragen finden könnte. Seine offensichtliche Ignoranz,
verbunden mit seiner Blässe, stachelte meine Neugier an – sicherlich verbarg sich hinter Georges Fall eine spannende Geschichte.
George mußte wirklich eine sehr seltene Katze sein.

Als die beiden Tiere älter wurden, bemerkten wir, daß sich Max
wunderbar elegant, mit raschem, sicherem Instinkt bewegte, während George täppisch blieb, aber den Anschein erweckte, als denke
er nach: Er schien Probleme logisch anzugehen, er beobachtete
und plante. So kannte er den Drei-Minuten-Zyklus des Rasen-
sprengers; er wußte, daß nach jedem Stopp gerade so lange eine
kleine blubbernde Fontäne stehenblieb, daß er davon trinken
konnte, ohne naß zu werden. Wenn der Sprenger seinen Zyklus
begann, wartete George, bis der richtige Zeitpunkt kam. Er entdeckte auch, wie man vom hochgelegenen Stauraum in der Garage
problemlos auf den Boden gelangen konnte, während Max dort
oben gefangensaß, bis man ihn mühsam herunterlockte. George
war eindeutig der intelligentere von beiden. Lag das etwa daran,
daß es unter Calico-Katzen, bei denen es praktisch keine Männchen gibt, keine Inzucht geben kann?

Da wir uns nach einem wirklich sympathischen Tierarzt umse-
hen wollten, besuchten wir mit George und Max im Lauf der
darauffolgenden acht Wochen zwei weitere Praxen, um die Impfungen zu vervollständigen. Und beide Male wiederholte sich die
gleiche Szene: Die Tierärzte erbleichten, konnten uns aber nichts
Erhellendes sagen. Der letzte erklärte voller Verwunderung: „Das
ist wirklich ein Penis, zweifellos!", murmelte dann etwas über XXY

und überließ es mir, mir unter dieser kryptischen Formel etwas
vorzustellen. Und damit begann mein Versuch, Georges Genetik
zu entschlüsseln.

Warum sind alle Calico-Katzen weiblich?
(mit Ausnahme von George und seinesgleichen)

Obgleich 1986 (dem Jahr, in dem die Tierärzte erbleichten) in
vielen wissenschaftlichen Berichten von rekombinanter DNS,
Gentechnik und dem Auffinden von Markern für verschiedene
Erbkrankheiten die Rede war, hatte ich mir bis dato ein hohes Maß
an Ignoranz hinsichtlich dieser Dinge bewahrt. Ich erinnerte mich
vage an einen Mönch namens Gregor Mendel aus dem 19. Jahrhundert und an seine einfachen, aber eleganten Experimente mit
glatten und runzeligen Erbsen. Ich wußte, daß Gene, Chromosomen und DNS-Doppelhelices die entsprechenden Begriffe des 20.
Jahrhunderts waren, doch ich benötigte ein Lexikon, um herauszufinden, was diese Termini bedeuteten und wie sie zusammen-
hingen.

Nachdem ich gelernt hatte, daß Gene tatsächlich kleiner als
Chromosomen sind, wendete ich mich größeren Zielen zu. *Human
Genetics* (Humangenetik), ein Lehrbuch für Anfänger aus der
örtlichen Buchhandlung, half mir, ein paar allgemeine Vorstellungen zu gewinnen, doch zu einem besseren Verständnis für Georges
Genetik verhalf mir erst *The Book of the Cat* (Das Buch der Katze),
ein umfassendes Nachschlagewerk, das mir ein enthusiastischer
Freund geliehen hatte. Aus diesen beiden Quellen reimte ich mir
folgendes stark vereinfachtes Bild zusammen: Chromosomen sind
fadenförmige Gebilde, die man in jedem Zellkern findet und die
teilweise aus DNS bestehen. Sie kommen stets paarweise vor,
wobei ein Partner des Paares die genetische Information von der
Mutter, der andere diejenige vom Vater trägt. Katzen haben 19
Chromosomenpaare, Menschen 23.

Gene sind nichts anderes als kleine Abschnitte auf diesen Chromosomen: winzige DNS-Segmente. Jedes dieser Segmente enthält
die Information für den Bau eines bestimmten Eiweißes und
kontrolliert die Herstellung dieses Proteins. Proteine erfüllen viele
Aufgaben, doch die meisten Eiweiße sorgen dafür, daß all die
Routinevorgänge im Körper reibungslos ablaufen.

Jedes Gen ist an einem bestimmten Ort oder Locus auf seinem
Chromosom angesiedelt und trägt dazu bei, ein bestimmtes Merkmal auszudrücken (exprimieren) wie blaue Augen oder rote Haare.

(Die meisten Gene haben jedoch keine derart leicht sichtbaren Effekte, weil sie vorwiegend mit „Haushaltsarbeiten" beschäftigt sind; man spricht daher auch von sogenannten „house keeping genes".)

Die Gene, die an einem bestimmten Ort auf dem Chromosom liegen, können in verschiedenen Varianten (oder „Schalterstellungen") vorkommen (beispielsweise in einer Variante, die besagt: „Ja, gib diesem Menschen die Huntington-Krankheit", oder einer anderen, die besagt: „Nein, tu's nicht"). Zur Wahl stehen dabei häufig zwei Möglichkeiten, doch einige Orte auf den Chromosomen können potentiell von drei oder mehr verwandten Genvarianten belegt werden. (So können Sie die Blutgruppe A, B oder 0 haben. Als extremes Beispiel weisen Rinder über 600 verschiedene Blutgruppengene auf, die alle um die Nutzung eines einzigen Genorts wettstreiten.)

Es gibt zwar keine feste Grenze für die Zahl alternativer Genvarianten, die an einem bestimmten Genort auftreten können, doch jeder einzelne Organismus kann normalerweise pro Ort nur zwei Varianten eines Gens tragen – eine auf dem Chromosom, das er von der Mutter geerbt hat, die andere auf dem Chromosom vom Vater.

Wenn die mütterliche Genvariante nicht mit der väterlichen Genvariante übereinstimmt, muß entschieden werden, welche von beiden sich durchsetzt. Oft kommt es dabei zu einer einfachen Entweder-oder-Entscheidung, je nachdem, welches Gen dominant und welches rezessiv ist. (Enthält ein Chromosom das Gen für braune Augen, das andere Chromosom jedoch das Gen für blaue Augen, so siegt stets das dominante Gen für Braun über das rezessive Gen für Blau, zumindest beim Menschen.) Manchmal liegen die Verhältnisse jedoch komplizierter, und es werden „Kompromisse" geschlossen.

Calico-Katzen treten auf, wenn die Gene, die die orange Fellfarbe kontrollieren, nicht übereinstimmen: Das Gen von einem Elternteil sagt: „Ja, das Fell sollte orangefarben sein", doch das Gen vom anderen Elternteil sagt: „Nein, es soll nicht so sein." In diesem Fall entsteht aus Gründen, auf die wir später zurückkommen werden, ein Mosaik – einige Fellpartien sind orange, andere schwarz.

Chromosomenpaare kommen in verschiedenen Formen und Größen vor, doch mit Ausnahme der beiden sogenannten Geschlechtschromosomen haben die beiden Partner eines Paares bei ein und derselben Art stets die gleiche Form und Größe.

Bei den Geschlechtschromosomen findet man zwei Typen: X und Y. Säuger mit zwei X-Chromosomen sind Weibchen (XX), solche mit einem X- und einem Y-Chromosom Männchen (XY).

Diese beiden Geschlechtschromosomtypen unterscheiden sich deutlich in Form und Größe. Das X-Chromosom ist lang, das Y-Chromosom hingegen sehr kurz. Daher finden auf dem Y-Chromosom viel weniger Gene Platz als auf dem X-Chromosom.

Bei Katzen liegt das Gen für orange Fellfarbe zufällig auf dem X-Chromosom. Auf dem Y-Chromosom ist aber kein Platz für ein entsprechendes Gen. Daher ist es nicht möglich, daß ein Kater, der als Männchen genetisch ein XY-Typ ist, ein Gen besitzt, das „ja, Orange" sagt, und ein korrespondierendes Gen, das „nein, nicht Orange" sagt. Wenn Sie daher selbst in großer Entfernung eine dreifarbige Katze sehen, dann können Sie sicher sein, daß es ein Weibchen ist. In der Regel jedenfalls.

Fragen, nichts als Fragen

Zunächst fühlte ich mich großartig. Ich hatte verstanden und konnte erklären, was die Tierärzte nicht erklären konnten (oder wollten): warum nämlich praktisch alle Calicos weiblich sind. Wie bekommt man dann aber einen George? Wie konnte ich seine Existenz erklären? Das gemurmelte XXY des letzten Tierarztes gab mir einen Hinweis. Vielleicht besaß George drei Geschlechtschromosomen anstelle der üblichen zwei? Wenn das der Fall war, sollte eines seiner X-Chromosomen sagen „ja, Orange", das andere „nein, nicht Orange", und das Y-Chromosom würde „männlich" sagen. Das erschien plausibel, aber wie konnte es dazu kommen? Als ich meinen kleinen Schatz neuer Informationen durchforschte, tauchten überall weitere Fragen auf.

Was hatte Mutter Natur im Sinn, als sie auf dem Y-Chromosom sowenig Platz ließ? Warum sind die Geschlechtschromosomen das einzige Paar, das sich in Form und Größe voneinander unterscheidet? Ist das nicht seltsam? Welche anderen Gene neben denjenigen für die orange Fellfarbe fehlen männlichen Katzen wegen dieses Platzproblems?

Und wie ist es beim Menschen? Welche Gene tragen wir auf unserem X-Chromosom, die auf dem Y-Chromosom fehlen? Heißt das, daß Frauen mit ihren beiden X-Chromosomen für bestimmte Merkmale doppelt soviel genetische Information haben wie Männer? Wenn das so ist, ist das nicht ein unfairer Vorteil? Erklärt das in gewisser Weise Phänomene wie Kahlköpfigkeit, Farbenblindhelt, Muskeldystrophie und Bluterkrankheit, unter denen im allgemeinen nur Männer leiden?

Wenn es XXY-Katzen gibt, gibt es dann auch XXY-Menschen? Würde man dies bemerken, wenn man einem von ihnen auf der Straße begegnet? Wie steht es mit anderen Kombinationen von X und Y? Was bestimmt eigentlich das Geschlecht? Wie kommen die Geschlechtschromosomen zu ihren derart langweiligen Namen?

Sind bei allen Lebewesen diejenigen mit XX Weibchen und diejenigen mit XY Männchen? Wie ist es bei den Vögeln, wo die leuchtenden Farben typisch für Männchen statt für Weibchen sind? Liegen die Verhältnisse bei ihnen vielleicht umgekehrt? Besitzen die Männchen spezielle Farbgene?

Wenn Menschen 23 und Katzen 19 Chromosomenpaare haben, wie ist es bei Hunden? Und bei Mäusen? Und bei Mendels Erbsen? Haben Menschen die meisten Chromosomenpaare? Spielt die Zahl eine Rolle?

Wann hat man zum erstenmal bemerkt, daß fast alle Calicos weiblich sind? Wie haben die Menschen damals dieses seltsame Phänomen erklärt? Haben sie geglaubt, Calicos besäßen spezielle gute oder schlechte Eigenschaften? Und was war mit den seltenen Männchen? Wurden sie besonders geschätzt? Wann traten die ersten Calico-Katzen auf – oder, wenn wir schon dabei sind: Wann traten überhaupt die ersten Katzen auf?

Was sagt der Volksmund dazu? Wissen die meisten Leute, daß es praktisch keine männlichen Calicos gibt? Können sie sich daran erinnern, wie sie zum erstenmal von dieser kuriosen Angelegenheit erfuhren?

Ist den Leuten, die Calicos – besonders männliche – besitzen, bewußt, warum man dieses Farbschema gewöhnlich nur bei Weibchen findet? Haben sie sich zu einem Verein zusammengeschlossen? Ist George wertvoll? Stellt er vielleicht eine wichtige genetische Anomalie dar? Wäre es wichtig, ihn wissenschaftlich zu untersuchen? Ist er möglicherweise fruchtbar?

Datenvernichtung

Die letzte Frage war besonders wichtig und drängend, denn George und Max waren gerade ein halbes Jahr alt. Sie hatten eine sehr freundschaftliche Beziehung zueinander entwickelt und verbrachten Stunden zusammengerollt in einem alten Wäschekorb damit, sich gegenseitig das Nackenfell zu putzen. Sie schliefen Kopf an Kopf, die Vorderpfoten umeinandergeschlungen, oder Bauch an

Rücken wie zwei Löffel. Max war der größere und schwerere von beiden, wobei dieser Eindruck durch seine langen Haare noch verstärkt wurde. Er hatte sich zu Georges Beschützer entwickelt, so daß ich mich manchmal fragte, ob er ihn als Weibchen ansah; beide waren und blieben das perfekte Paar.

Sie entwickelten aber nicht nur eine harmonische Beziehung, sondern auch hübsche runde Hoden. Max' Paar bildete ein seidig-schwarzes Duo, Georges Hoden wirkten dagegen geradezu exotisch: einer schwarz und einer orange, mit einer sauberen Trennlinie dazwischen. Das brachte uns in eine schwierige Situation. Wir hatten im Tierheim einen Vertrag unterschrieben (mit Vorauszahlung) und versprochen, die beiden vor Erreichen des siebten Lebensmonats kastrieren zu lassen. Doch wenn wir George entmannten, zerstörten wir damit nicht möglicherweise ein nationales Kleinod?

Ich rief ein Institut für Tiermedizin an und bat um eine Prognose über Georges Fruchtbarkeit. Die Chancen dafür stünden nicht hoch, erklärte man mir; die Wahrscheinlichkeit, daß George über fertile Samenzellen verfüge, betrage weniger als 1:1 000 000. Die Tierärztin am Telefon schien nicht besonders interessiert an seiner Existenz und deutete mir an, daß alles Wichtige über die Georges dieser Welt bereits geschrieben worden sei. Sie riet uns, ihn kastrieren zu lassen, uns an ihm um seiner selbst willen zu freuen und aufzuhören, uns um seine Einzigartigkeit allzu viele Gedanken zu machen.

Ich wollte eigentlich noch ein Photo von Georges wunderbaren zweifarbigen Hoden machen, hatte aber im entscheidenden Moment gerade keinen Film in der Kamera – und dann war es zu spät. Es geschah, was geschehen sollte, und wenig später nahmen George und Max ihr idyllisches Leben wieder auf, aalten sich träge in ihrem Korb oder jagten gemeinsam Ratten und Schlangen (wobei der eine den Kopf, der andere das Schwanzende verfolgte).

Nächtlicher Schrecken

Da wir Max und George bereits im Alter von sechs Wochen zu uns genommen hatten, waren sie nur bei ihren kurzen Tierarztbesuchen und im Tierheim mit Artgenossen in Kontakt gekommen. (Dort waren sie zu ihrem Entsetzen neben einigen sehr aggressiven, verwilderten Katzen eingesperrt worden, die ebenfalls kastriert werden sollten.) Wieder zu Hause, gaben sie vor, einander zu jagen, sich anzuschleichen und aufeinanderzustürzen, um ihre

Sinne und Krallen für die vielen Beutetiere und Raubfeinde zu schärfen, die unsere ländliche Umgebung bot. George war noch immer langbeinig, ungelenk und täppisch, doch er hatte bewiesen, daß er, wenn nötig, Bäume äußerst schnell erklimmen konnte. Daher ließen wir die beiden nach einigem Zaudern und Zögern schließlich auch nachts nach draußen, damit sie ihrer natürlichen Lebensweise frönen konnten – nicht ohne inständig zu hoffen, sie seien nun behende genug, den Füchsen, Kojoten, Luchsen und Pumas zu entkommen, von denen wir wußten, daß sie durch unsere Wiesen und Wälder streiften.

Gewöhnlich erwarteten uns unsere Katzenfreunde morgens, um uns zu begrüßen, sobald wir aufstanden. George lag dann meist zu einem Knäuel zusammengerollt, die Pfoten über den Augen, auf der Türmatte vor dem überdachten Hauseingang. Max saß häufig als Wachposten auf dem Geländer, wobei sein langer Schwanz wie der eines Colobusaffen herabhing (wenn er auch schwarz statt weiß war). Gelegentlich versetzte uns Max in Sorge, weil er morgens nicht auftauchte, doch dann sahen wir ihn stets um die Mittagszeit nonchalant durch die Wiesen nach Hause schlendern. Sein langes Fell war voller Kletten, und er schien sehr mit sich zufrieden zu sein, und manchmal schleifte er auch ein großes Kaninchen am Nackenfell hinter sich her.

Trotz der Kastration streifte Max weit umher. Wir haben ihn einmal, als wir eines Nachts spät heimfuhren, wie einen streunenden Teenager fast einen Kilometer von zu Hause entfernt am Tor unseres Nachbarn aufgelesen. George hingegen blieb meist in der näheren Umgebung, jagte hinter dem Holzschuppen und hinterließ uns kleine Beweise seiner Zuneigung: gewöhnlich Gedärme verschiedener Formen und Größen, doch gelegentlich auch einen samtig-schwarzen Maulwurf, die mit langen Tasthaaren geschmückte Schnauze eines Erdhörnchens, die Pfote eines Eichhörnchens oder den über zwanzig Zentimeter langen Schwanz einer Buschratte.

Wir hatten unseren Katzen seit mehreren Monaten die volle Herrschaft über ihr wildes Königreich zugestanden und begannen gerade, auf ihre Überlebenskunst zu vertrauen, als wir um vier Uhr morgens von schrecklichen Schreien geweckt wurden. Wir sprangen aus den Betten, liefen nach draußen, schrien und klatschten in die Hände, um Gewehrschüsse nachzuahmen, und schalteten die Außenbeleuchtung an in der Hoffnung, den Räuber, der in unsere friedliche Idylle eingedrungen war, zu vertreiben. Mit einer starken Taschenlampe bewaffnet, fanden wir Max bald mit dem typischen Buckel und gesträubtem Schwanz oben auf dem Garagendach hockend. Er war noch immer sehr verschreckt und ließ sich nicht herunterlocken – und George war nirgends zu finden.

Schweren Herzens durchstreiften wir, Taschenlampen in den Händen, den angrenzenden, tiefer gelegenen Wald und riefen immer wieder tapfer seinen Namen. Aber wo sollten wir in dieser endlosen Wildnis suchen? Die Aufgabe erschien hoffnungslos. Wir waren uns praktisch sicher, daß George gefressen worden war und wir ihn niemals wiedersehen würden. Müde und niedergeschlagen stiegen wir schließlich den Abhang wieder hinauf und fragten uns, wie wohl das Leben ohne George aussehen würde, für uns und für Max. Es war unvorstellbar.

Während wir uns noch vergeblich bemühten, uns an diese schlimme Vorstellung zu gewöhnen, hörten wir ein leises, klagendes Miau – es war George, der hoch oben im Baum hockte, von dem er offenbar nicht wieder herunterkam. Unsere Müdigkeit war wie weggeblasen, Leitern wurden geholt, beide Katzen befreit und in der Garage eingeschlossen. Unsere Welt war wieder sicher, wenn wir auch nicht wußten, vor wem. Wir konnten ruhig schlafen, zumindest für den Augenblick.

George bleibt Sieger

Dann, eines Morgens im Frühling, war es George, der nicht da war, um uns zu begrüßen. Max sah einsam und traurig aus. Er lag herum und beklagte sich; als der Nachmittag voranschritt, verlangte er immer mehr Aufmerksamkeit. Es wurde dunkel, und immer noch kein George. Wir schliefen schlecht und hofften, ihn am nächsten Morgen auf der Türmatte zu finden.

Aber er kam und kam nicht, und wieder einmal waren wir davon überzeugt, daß er gefressen worden war. Wir nahmen Max auf langen Spaziergängen durch Georges bevorzugte Jagdgebiete mit, in der Hoffnung, George werde ihn riechen und zurückkommen. Wir riefen nach George, wir litten, wir warteten und wir hofften. Wir sahen ein Paar halbwüchsige Luchse die Wiesen durchstreifen und erschauerten, statt uns wie gewöhnlich über ihren Anblick zu freuen. Und Max verlor ebenfalls alle Lebenslust, er verwandelte sich in ein jammerndes, lethargisches Wesen und verlangte so viel Aufmerksamkeit, daß wir alle Phasen einer Mondfinsternis miterlebten, während wir auf sein erbarmungswürdiges Geschrei hin herbeieilten. Schließlich, nach vier Nächten einsamer Trübsal, gaben wir die Hoffnung auf; wir mußten wohl akzeptieren, daß George diesmal endgültig von uns gegangen war. Wie betaubt und immer noch zweifelnd, trieben wir schließlich ein Calico-Kätzchen (ein Weibchen, natürlich) auf, das uns über unseren Verlust hinwegtrösten sollte.

Doch gerade als Max und ich ins Auto stiegen, um uns die Ersatzkatze anzusehen, hallte der Ruf „GEORGE IST WIEDER DA!" über Wiesen und Wälder. Und da war er, spazierte herein, als wäre nichts gewesen, anscheinend weder müde noch verletzt oder hungrig, noch besonders erfreut, uns zu sehen – zurück von irgendeinem privaten Abenteuer, dessen Einzelheiten nicht für uns bestimmt waren. Binnen weniger Stunden akzeptierte er Max' hingebungsvolle Aufmerksamkeiten, und wir nahmen unseren alten Lebensrhythmus wieder auf. George war auf der ganzen Linie siegreich geblieben; er hatte uns klargemacht, wie sehr wir von ihm abhängig waren. Nach dieser Episode sollte er uns mehrmals im Jahr auf diese Weise daran erinnern.

Ist George wertvoll?

George und seine genetische Anomalie hatte auch einige unserer Freunde in ihren Bann gezogen. Sie begannen uns mit Informationen zu versorgen, einige populär, andere wissenschaftlich, wieder andere eher allgemeiner Natur – alles willkommene Ergänzungen der eigenen kleinen Sammlung. Die erste Sendung kam in Form zweier Ausschnitte aus einer Zeitschrift für Katzenliebhaber und beantwortete die Wertfrage sofort eindeutig mit Nein. Wenn George für uns auch nicht mit Gold aufzuwiegen war, so galt er in den Augen der Welt doch offenbar nichts. Die Zeitschrift stimmte mit dem tiermedizinischen Institut darin überein, daß George kein nationales Kleinod war. Er war nur einer dieser seltenen genetischen Unfälle, die gelegentlich auftreten.

In dem Artikel hieß es jedoch weiter, daß Calico-Kater vor rund zwanzig Jahren einen gewissen, wenn auch geringen finanziellen Wert hatten. Damals hatten Forscher der Universität Washington nach solchen Katzen gesucht, um nachzuweisen, daß das Orange-Gen tatsächlich „geschlechtsgebunden" ist – das heißt, daß es auf dem X-Chromosom liegt. Anfangs hatten sie Annoncen aufgegeben, um Männchen zu finden, doch schließlich waren sie dazu übergegangen, selbst Calico-Kater zu züchten!

Obwohl dieser Artikel eine Frage beantwortete, warf er mehrere neue Fragen auf: Wie kann man genetische Unfälle züchten? Inwieweit war dieser Artikel zuverlässig? War alles vielleicht völliger Unsinn? Wo konnte ich wissenschaftliche Quellen finden, die sich auf die ursprünglichen Experimente zur geschlechtsgebundenen Vererbung bezogen? Waren es die ersten derartigen Versuche? Wie und wo sollte ich mit meinen Nachforschungen beginnen?

Was ist eigentlich eine Calico-Katze?

Diese einfache Frage schien mir ein guter Ausgangspunkt zu sein und *The Book of the Cat* der rechte Ort, um nach einer definitiven Antwort zu suchen. Während ich die hübschen Illustrationen von Katzen verschiedener Rassen durchblätterte, entdeckte ich bald, daß Calico nicht etwa der Name einer bestimmten Zuchtrasse ist, sondern lediglich eine Färbung beschreibt, bei der sich schwarze und orange Fellflecken abwechseln. (Ich entdeckte auch, daß sich der im englischen Sprachraum für eine derartige Fellzeichnung übliche Ausdruck Calico von Calicut ableitet, einem Ort in Indien, der berühmt ist für seine teilweise gefärbten Baumwollstoffe.)

Eine Calico-Katze, so besagt das Buch, ist in der Regel zu zwei Dritteln weiß; sie hat große schwarze und orange Flecken auf dem Rücken, während Bauch und Beine überwiegend weiß sind; sie ist also eine echte Dreifarbenkatze. Als Tortoiseshell, Tortie oder Schildpatt werden hingegen solche Katzen bezeichnet, die gar kein Weiß tragen, sondern völlig schwarz-orange gescheckt sind. Georges Fellzeichnung liegt irgendwo dazwischen und sollte daher genaugenommen als „Schildpatt mit Weiß" oder „Tortie mit Weiß" bezeichnet werden, denn er ist nur zu einem Drittel weiß, und Kopf und Rumpf sind von kleinen, ineinander übergehenden schwarzen und orangen Flecken bedeckt.[1]

Eine Calico-Färbung tritt bei vielen Züchtungen auf – beim Amerikanischen Kurzhaar, wie George, aber auch bei exotischeren Varietäten wie den langhaarigen Persern oder den schwanzlosen Manxkatzen. Die schwarzen und orangen Flecken können leuchtend und auffällig sein wie bei George oder verwaschen und undeutlich wie bei den Varietäten Chocolate Tortie oder Blau-Schildpatt mit Weiß (auch „Dilute Calico" genannt), wie man sie auf Katzenausstellungen sieht. Calico ist ein Begriff, der all diese Fälle umfaßt und im folgenden benutzt werden soll, wenn diese Unterscheidungen keine Rolle spielen.

---

1 Schildpatt, Tortie und Calico werden häufig synonym verwendet, und alle in späteren Kapiteln erwähnten Forschungsergebnisse, die an Schildpatt-Katzen gewonnen wurden, treffen auch auf Calicos zu und umgekehrt. (Anmerkung der Übersetzerin)

Dreifarbige Katzen in Geschichten und Legenden

Viele Menschen wissen nicht, was eine Calico-Katze ist, und erst
recht nicht, daß fast alle Katzen dieses Typs weiblich sind. Und
diejenigen, die sich dieser seltsamen Tatsache bewußt sind, können sich nicht daran erinnern, wann oder wo sie zum erstenmal
davon gehört haben, wie auch ich mich nicht entsinnen kann. Es
ist eben nur eine von vielen tausend Annahmen über die Welt (viele
davon zweifellos falsch), mit denen wir unser Gehirn vollstopfen
und die anscheinend schon immer dagewesen sind.

Wenn ich mit irgend jemandem spreche, der das Glück hat, eine
Calico-Katze zu besitzen, besonders eines der seltenen männlichen
Exemplare, versuche ich immer herauszufinden, wie mein Ge-
sprächspartner von der seltsamen Eigenschaft seines Hausgenossen erfahren hat. Die Besitzerin eines Georges namens Clyde
erinnerte sich offenbar ganz genau: Es sei eine „Ramona-Ge-
schichte" gewesen, wie sie sie als Kind geliebt habe. Darin ging es
um einen kleinen Jungen, der ungeduldig darauf wartete, daß seine
Calico-Katze Junge bekäme, und als nichts geschah, entdeckte der
Tierarzt, daß es sich bei der Katze um eines der seltenen und
wertvollen Männchen handelte. Daraufhin reisten der kleine Junge
und sein Kater nach New York, wurden dort reich und berühmt
und lebten dort glücklich bis an ihr Lebensende.

Ramona Beasley ist eine Figur, die von Beverly Cleary erfunden
wurde und vielen Millionen Kindern in aller Welt vertraut ist. So
ging ich in die Kinderabteilung der Bibliothek, um den Text im
Original zu lesen. Dort standen rund zwanzig Ramona-Bücher im
Regal, und weitere zehn waren im Katalog aufgeführt, doch offenbar handelte keines davon von einem kleinen Jungen und seinem
sehnlichen Wunsch nach Katzennachwuchs. Die Spur wurde kalt
und schien zu enden.

Ich dachte noch darüber nach, wie ich meine Suche fortsetzen
könnte, während ich gleichzeitig dem weißhaarigen Dichter zuzu-
hören versuchte, der beim Dinner an diesem Abend zu meiner
Rechten saß. Der junge Photograph zu meiner Linken war bereits
ein halbes Dutzend Mal vom Tisch aufgesprungen, um draußen
eine Zigarette zu rauchen; das Dinner war lang und seine Nikotin-
sucht stark. Keiner von uns sah den anderen als vielversprechen-
den Tischnachbarn an, aber schließlich, zwischen hastigen Ziga-
rettenpausen und mit deutlichem Widerstreben, wandte er sich
mir zu und fragte mich, was ich „mache". Ich wich mit einer
leichtfertigen Bemerkung über Calicos aus, doch zu meiner Verwunderung zeigte er echtes Interesse. Seine Lieblingsgeschichte

als Kind hatte von einem kleinen Jungen und seiner dreifarbigen Katze gehandelt, die keinen Nachwuchs bekam ...

Es war meine Ramona-Story, und jetzt war auch ich interessiert. Aber er konnte mir nicht weiterhelfen. Er wußte nichts über irgendeine Ramona. Das, was er mir gesagt hatte, war alles, dessen er sich entsinnen konnte. Er war erstaunt, daß er sich überhaupt an soviel hatte erinnern können, und erzählte mir, er besuche seit Jahren einen Psychiater in der Hoffnung, das Geheimnis seiner vergessenen Kindheit zu lösen. Fast alles Wichtige aus dieser Zeit war wie weggeblasen – er wußte nicht, warum. Er war erst 35 Jahre alt, doch er konnte sich an kein entscheidendes Ereignis erinnern, das vor seinem Teenageralter stattgefunden hatte; es war für ihn eine große Belastung, ein unlösbares Rätsel. Mit diesen Worten zog er sich wieder nach draußen zurück, um sich mit einer Zigarette zu trösten.

Wenige Augenblicke später kam er wieder hineingeeilt, ganz aufgeregt. „„Als Mrs. Coverlet fort war‴", verkündete er triumphierend, das war der Titel. Und jetzt erinnerte er sich auch, der Name des kleinen Jungen sei Toad gewesen! Und es komme viel roter Wackelpudding darin vor, aber er wisse nicht mehr, warum. Es kehre alles zurück. Wenn er nach New York zurückgehe, würde er seinen Psychiater vielleicht gar nicht mehr brauchen. Es finde gerade ein Dammbruch statt, und wer könne wissen, was dabei alles offenbar werden würde ...

Und da stand es im Bücherregal, genau unter dem seltsamen Titel, an den der Photograph sich erinnert hatte. Es handelte sich aber nicht um eine Ramona-Story, sondern um eine von Mary Nashs Mrs.-Coverlet-Geschichten. (Man konnte erkennen, daß dieses Buch viel gelesen wurde. Dieser Band aus der 11. Auflage, den ich in der Hand hielt, war Exemplar Nummer 30 in unserer Kreisbibliothek. Das war Information, die wirklich die Runde machte.) So las ich über Toad und Nervous, wie der seltene Calico-Kater hieß, und es kam tatsächlich viel roter Wackelpudding darin vor. Die Handlung verlief allerdings nicht ganz so, wie Clydes Besitzerin sich zu erinnern meinte, doch folgende Fakten kristallisierten sich heraus: Calicos waren gewöhnlich Weibchen, und Männchen waren sehr selten und extrem wertvoll. Daher reiste Mrs. Hortense Dextrose-Chesapeake, Präsidentin des Amerikanischen Katzenclubs, extra mit Chauffeur und Limousine aus New York an, um Toad 1300 Dollar für Nervous zu zahlen und ihm zudem noch ihre Rassekatze samt fünf neugeborenen Kätzchen zu überlassen.

Wnr das 1958, als das Buch geschrieben wurde, der übliche Preis? Wie viele Erwachsene, die als Kinder von Mrs. Coverleô indoktriniert worden waren, glaubten jetzt fest daran, daß Dreifarbenkater nicht nur selten, sondern auch viel Geld wert seien?

Weitere Informationen über Calicos in Geschichten und Legenden erhielt ich auf viel prosaischere Weise. Ich studierte in *The Book of the Cat* den Abschnitt über Japanese Bobtails, eine Züchtung, die häufig deutlich voneinander getrennte orange und schwarze Flecken auf einem überwiegend weißen Untergrund aufweist; dort las ich, daß diese eleganten dreifarbigen Katzen bei den Japanern als Glücksbringer gelten. Aus anderen Quellen erfuhr ich, daß sich dieses Glück auf ganz verschiedene Weise ausdrücken kann: Beispielsweise haben japanische Eigenheimbesitzer mit dreifarbigen Katzen im Haus Aussichten auf eine Verbesserung ihrer finanziellen Situation, während japanische Seeleute mit Calicos an Bord weitgehend vor Stürmen geschützt sind. Japanische Bordelle hingegen halten Calicos, um die Potenz ihrer Kundschaft sicherzustellen, wie mir ein Tierarzt erzählte. (Die seltenen Männchen gelten bei all diesen Aufgaben zweifellos als den Weibchen überlegen.)

Die Vorfahren der dreifarbigen Glückskatzen kamen offenbar vor etwa tausend Jahren von China oder Korea nach Japan. (Das wissen wir, weil sie in Schriften aus dieser Zeit erwähnt werden; zudem sind sie in vielen alten Drucken und Gemälden abgebildet.) Die Legende besagt, daß die ersten Katzen, die japanischen Boden betraten, schwarz waren; ihnen folgten weiße und diesen wiederum orange Katzen. Und so entstanden die Calicos (oder japanisch „mi-ke", was wörtlich übersetzt „Dreifell" bedeutet).

2
Wie bekommt man einen George?

Man nehme eine dreifarbige Katze ...

Das, was im vorangegangenen Kapitel über den Ursprung von Calico-Katzen gesagt wird, konnte die meisten unserer Besucher keineswegs zufriedenstellen, und häufig wurde ich gefragt: „Wenn es praktisch keine Männchen gibt, wie kommt man denn dann an mehr Calicos?"

Als Einstieg in dieses Thema diente mir wiederum *The Book of the Cat*; es liefert detaillierte Abbildungen der felinen Fortpflanzung, die eindeutig erklären, wie sich Katzen, dreifarbige und andere, vermehren. Ganz allgemein gesagt, machen sie es genauso, wie man erwarten sollte: Samen- und Eizellen produzieren, Hormone ausschütten, rollig werden, Katzengesänge anstimmen. Katzen unterscheiden sich jedoch offenbar dadurch vom Menschen, daß sie ihre Eizellen statt in regelmäßigen Abständen nur bei Bedarf entlassen, nämlich dann, wenn sie rollig werden (mehrmals im Jahr) und durch die Tätigkeit des unerfreulich stachligen Penis (das war eine Überraschung) ein Eisprung ausgelöst wird. Anders als beim Menschen werden pro Eisprung gleichzeitig drei bis sechs Eizellen freigesetzt. Da Katzen in freier Wildbahn oft Einzelgänger sind und nicht gemeinsam frühstücken oder ins Kino gehen, sondern sich nur zur Paarung treffen, helfen der Eisprung nach Bedarf wie auch die simultane Freisetzung mehrerer Eier, den Fortbestand der Art zu sichern.

Wie beim Menschen gilt auch bei der Katze: Sobald ein Spermium in eine Eizelle eingedrungen ist, gelangt kein zweites hinein. Doch gewöhnlich gibt es weitere Eizellen, die nur darauf warten, befruchtet zu werden. Daher können die verschiedenen Kätzchen eines Wurfs verschiedene Väter haben, ein Mechanismus, der eine große genetische Vielfalt sicherstellt. Um die Situation noch produktiver zu machen, kann eine Katze gelegentlich auch dann noch rollig werden und sich paaren, wenn sie bereits trächtig ist. Das erweist sich oft als Nachteil für den zweiten Wurf, der gewöhnlich zu früh geboren wird, nämlich zum gleichen Zeitpunkt wie der erste. Doch manchmal geht alles gut, und auch der zweite Wurf kommt ein paar Wochen später gesund und munter zur Welt.

Es sieht offenbar so aus, als hätten Katzen eine Menge Möglichkeiten, Calico-Nachwuchs zu produzieren. Alles, was man dazu braucht, ist ein befruchtetes Ei, das folgende widersprüchliche genetische Information enthält: ein Gen eines Elternteils, das ein orangefarbenes Fell fordert, wohingegen das korrespondierende Gen des anderen Elternteils ein nichtorangefarbenes Fell verlangt. Die Gene, die die orange Fellfärbung kontrollieren, liegen zufälligerweise auf dem X-Chromosom, so daß dieser Konflikt nur bei weiblichen Kätzchen auftreten kann: Sie sind die einzigen, die zwei X-Chromosomen haben (sollten). Doch da die Hälfte aller Kätzchen weiblich sind, ist dies keine ernsthafte Einschränkung für die Produktion von Calicos.

Wenn die Mutter ein oranges Fell hat, kann jeder nichtorange Kater – sei er schwarz, getigert oder schwarz-weiß gemustert wie Max – das für den Calico-Typus benötigte Nicht-Orange-Gen beisteuern. Hier macht die Vielzahl möglicher Väter ein Calico-Junges wahrscheinlicher als anders gefärbten Nachwuchs. In allen diesen Fällen weisen die weiblichen Nachkommen höchstwahrscheinlich schwarze und orange Fellpartien auf. (Um ein echtes, dreifarbiges Calico-Fell statt eines einfachen Schildpatt-Fells zu erzeugen, wird zudem ein Gen benötigt, das für weiße Flecken sorgt. Dieses Gen kann jedoch von jedem der beiden Elterntiere beigesteuert werden und liegt auf einem anderen Chromosom.)

Um sich graphisch vorstellen zu können, wie die ganze Angelegenheit funktioniert, sehen Sie sich das nebenstehende Kreuzungsschema an. (Es wird im Amerikanischen nach dem Mann, der es zuerst benutzt hat, auch als Punnett-Quadrat bezeichnet.) Die Standardzeichen für männlich ♂ und weiblich ♀ sind Ihnen wahrscheinlich bekannt, aber vielleicht kennen Sie ihren mythischen Ursprung nicht: ♂ stellt Schild und Speer des Kriegsgotts Mars dar, ♀ den Handspiegel der Liebesgöttin Venus.

Das obere Kästchen in Abbildung 1 zeigt ein nichtorangefarbenes (in diesem Fall schwarzes) Männchen und darunter die beiden Spermientypen, die es liefern kann: eines mit einem X-Chromosom, das ein Nicht-Orange-Gen trägt, das andere mit einem Y-Chromosom, das die Färbung gar nicht beeinflußt.

Links ist ein oranges Weibchen zu sehen, dessen Eizellen zwangsläufig identisch sind, was die Färbung angeht: Jede enthält ein X-Chromosom mit einem Orange-Gen. (Dieses Gen ist nur eines von vielen hundert, die auf dem X-Chromosom liegen, daher ist seine Größe hier stark übertrieben.)

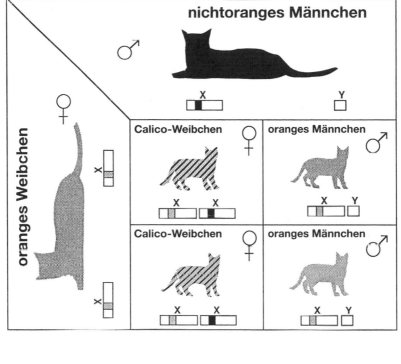

nichtoranges Männchen

oranges Weibchen

Calico-Weibchen ♀

oranges Männchen ♂

Calico-Weibchen ♀

oranges Männchen ♂

X
X-Chromosom-Chromosom mit Orange-Gen

X
X-Chromosom-Chromosom mit Nicht-Orange-Gen

Y
Y-Chromosom-Chromosom (ohne Farb-Gen)

Abbildung 1: Ein oranges Weibchen paart sich mit einem nichtorangen Männchen.

In der Mitte sieht man die Nachkommen, die sich aus den Kollisionen dieser verschiedenen Ei- und Samenzellen ergeben. Wie man erkennt, sind alle weiblichen Kätzchen Calicos und alle männlichen Nachkommen orange wie die Mutter.

Dieses Diagramm besagt natürlich nicht, daß aus jeder Paarung exakt vier Junge hervorgehen, zwei Calico-Weibchen und zwei orange Männchen. Es sagt lediglich etwas aus über Möglichkeiten und Wahrscheinlichkeiten und zeigt die Verteilung der Fellfär-

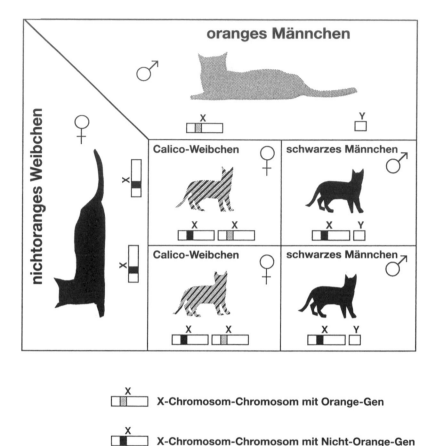

X ⊏⊒▦⊐ X-Chromosom-Chromosom mit Orange-Gen

X ⊏▦⊒⊐ X-Chromosom-Chromosom mit Nicht-Orange-Gen

Y □ Y-Chromosom-Chromosom (ohne Farb-Gen)

Abbildung 2: Ein oranges Männchen paart sich mit einem nichtorangen Weibchen.

bung, wie sie im statistischen Mittel zu erwarten ist. Unter jedem Kätzchen sind die Ei- und Samenzelltypen aufgeführt, die es später einmal produzieren wird, zumindest was die Geschlechtschromosomen und die Farbe Orange angeht.

In Abbildung 2 sind die Farbschemata die gleichen, aber die Geschlechter sind vertauscht: Statt eines orangen Weibchens, das sich mit einem nichtorangen Männchen paart, handelt es sich diesmal um ein oranges Männchen, das sich mit einem nichtorangen Weibchen paart. Vielleicht erwarten Sie ähnlich wie die frühen Genetiker, daß eine derartige reziproke Kreuzung zu identischen Ergebnissen führt. Aber es kommt ganz anders: Obwohl die Weibchen wiederum alle Calicos sind, sind die Männchen jetzt sämtlich schwarz statt orange. (Eine genaue Betrachtung der jeweiligen Eizellen und Spermien bringt rasch des Rätsels Lösung.)

Als abschließendes Beispiel wollen wir die Paarung eines Calico-Weibchens mit einem nichtorangen Männchen betrachten. Das ergibt ein etwas komplizierteres Kreuzungsschema mit vier mög-

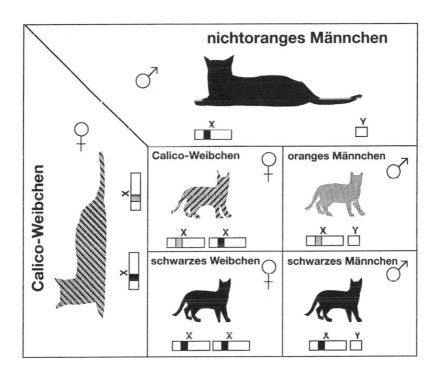

Abbildung 3: Ein Calico-Weibchen paart sich mit einem nichtorangen Männchen.

lichen verschiedenen Nachkommen. Die weiblichen Nachkommen können entweder dreifarbig oder schwarz, die männlichen entweder orange oder schwarz sein. Jeder dieser vier Typen ist gleich wahrscheinlich, kommt also im statistischen Mittel bei 25 Prozent des Nachwuchses vor. In Abbildung 3 ist die Variabilität in der Fellfärbung größer, weil die Calico-Mutter zwei verschiedene Eitypen produzieren kann: einen mit einem X-Chromosom, das oranges Fell fordert, und einen zweiten mit einem X-Chromosom, das nichtoranges Fell fordert.

Diejenigen, die das Spiel gerne weiterverfolgen möchten, können ein eigenes Kreuzungsschema aufstellen, um zu sehen, was passiert, wenn sich ein Calico-Weibchen mit einem orangen Männchen paart. Daraus ergibt sich wieder eine andere Kombination von Geschwistern, unter denen ebenfalls ein Calico-Weibchen ist.

Diese Schemata verdeutlichen, daß das Hervorbringen neuer Calicos kein besonders geheimnisvoller oder schwieriger Prozeß ist. Anders als in anderen Zuchtsituationen, wo man Überraschungen erleben kann, wenn man nicht den gesamten Stammbaum kennt, ist in diesem Fall fast alles klar: Wenn irgendwo ein Orange-Gen beteiligt ist, dann findet man höchstwahrscheinlich auch orange Fellpartien, die dies sichtbar belegen.

Als ich diese Diagramme studierte, fragte ich mich, warum ich mir soviel Gedanken über Georges Fruchtbarkeit gemacht hatte. Was sollte er anzubieten haben, das irgendeine andere Katze nicht ebensogut oder vielleicht noch besser liefern könnte? Er selbst ist ein genetischer Unfall, er trägt kein Calico-Gen in sich oder einen Plan, wie man mehr männliche Calicos produziert. Er besitzt lediglich ein gutes, altes Orange-Gen und würde (wie die ersten Genetiker zu ihrer Verwunderung feststellen mußten) keine anderen Nachkommen zeugen als irgendein gewöhnlicher oranger Kater. Daran ist weiter nichts Besonderes.

Im meinem Kopf dreht es sich

Wie aber *bekommt* man einen George? Im Grunde genommen ist es wieder die alte Geschichte: Spermium trifft Eizelle, und die Zellen teilen sich glücklich bis an ihr Lebensende. Um einen George zu erzeugen, muß dabei jedoch etwas schiefgehen – was nicht allzu erstaunlich ist, wenn man bedenkt, wie unglaublich kompliziert es ist, aus einer befruchteten Eizelle auch nur einen Floh zu produzieren. Wenn ich den Tierarzt mit seinem kryptischen XXY richtig verstanden hatte, dann bedeutete dies wohl, daß

Georges X-Chromosomen hinsichtlich des Orange-Gens nicht übereinstimmten und das Y-Chromosom männlichkeitsbestimmend war. Demnach müßte George auf irgendeine Weise mit drei Geschlechtschromosomen statt wie normal mit zwei gesegnet sein. Plausibel, wie aber kann es dazu kommen?

Einzelheiten über Georges Stammbaum sind dank der Anonymität einer Adoption im Tierheim für immer verloren. Alles, was wir mit Sicherheit über seine Eltern wissen, ist, daß es zwei Katzen waren. Lassen Sie uns annehmen, daß beide Wald- und Wiesenkatzen mit der Standardausrüstung von 19 Chromosomenpaaren waren. Buchstäblich jede Zelle ihres Körpers besaß eine Kopie dieser 38 Chromosomen, und jedesmal, wenn eine Zelle teilungsbereit war, wurden neue Kopien hergestellt.

Die Chromosomen bestehen, wie Sie sich erinnern, aus einfachen, aber scheinbar endlosen DNS-Sequenzen, die bei jeder Zellteilung stets völlig originalgetreu kopiert werden müssen, wenn es nicht zu großen Problemen kommen soll – zu Krebstumoren beispielsweise. Ein erwachsener Mensch besitzt, wie ich zu meinem Schrecken erfuhr, über 100 Billionen Zellen – etwa das Tausendfache der Zahl der Sterne in unserer Galaxis. (Das ist für jemanden wie mich, der sich nie wohl dabei gefühlt hat, sich die immensen Größenordnungen astronomischer Systeme vorzustellen, ein erschreckender Gedanke.) Und, so las ich weiter, jede Sekunde finden rund 25 Millionen Zellteilungen statt. Das sind mehr als 2 Billionen Teilungen pro Tag! Während ich also hier sitze und darüber nachgrüble, was es heute zu Mittag geben soll, frage ich mich gleichzeitig, ob sich auch alle meine Zellen richtig teilen. Man stelle sich nur vor, wieviel Fehlermöglichkeiten es dabei gibt!

Da ich Computersysteme entworfen habe, bin ich mir der Bedeutung von Redundanzen bewußt, doch die Entscheidung, die die Natur bei ihrem Entwurf getroffen hat, erschien mir extravagant. Muß wirklich die gesamte vom Organismus benötigte genetische Information in jeder einzelnen Zelle vorliegen? Ist es erforderlich, daß die Hautzellen nicht nur Informationen über die eigene Färbung in sich tragen, sondern auch über die Färbung von Augen und Haaren und darüber, ob der Organismus an der Huntington-Krankheit erkranken wird, wenn er lange genug lebt?

Weiteres Nachdenken brachte mich dann zu dem Schluß, daß die Natur in diesem Fall kaum eine andere Wahl hatte. Schließlich beginnt jeder Organismus seine Entwicklung als einzelne befruchtete Eizelle, die alle nötigen Informationen enthalten muß, um zum Ziel zu gelangen. Die Natur hat seit Äonen – vor rund 200 Millionen Jahre traten die ersten Säuger auf Erden in Erscheinung, und vor mehr als 3 Milliarden Jahren begann sich das Leben auf unserem Planeten zu entwickeln – an diesem System gearbeitet, und es scheint die meiste Zeit ganz zufriedenstellend zu funktionieren. Dennoch kann einen der Gedanke daran schwindlig machen.

Als ich dann versuchte, die beiden Grundmechanismen zu verstehen (und zu beschreiben), mit deren Hilfe sich Zellen teilen, wollte das Drehen in meinem Kopf gar nicht mehr aufhören – vielleicht geht es Ihnen bald ebenso. Den ersten Mechanismus nennt man Mitose (vom griechischen Begriff für „Faden" – eine Anspielung auf die fadenförmige Struktur der Chromosomen). Die Mitose ist der Basisprozeß, der es einer Zelle ermöglicht, sich zu replizieren, indem sie sich in zwei Tochterzellen teilt; alle höheren Organismen halten sich an dieses Verfahren.

Der zweite, komplexere Mechanismus wird als Meiose bezeichnet (vom griechischen Begriff für „reduzieren" – eine Anspielung auf die Tatsache, daß die Meiose eine Reduktionsteilung ist, bei der die Zahl der Chromosomen halbiert wird). Die Meiose ist ein ganz spezieller Vorgang, der bei Säugern nur zur Herstellung von Ei- oder Samenzellen dient. Da sich die meisten Arten sexuell fortpflanzen und daher Geschlechtszellen benötigen, findet bei den meisten Lebewesen eine Meiose statt.

Wenn Sie mit diesen beiden Pfeilern der Genetik ebensowenig vertraut sind, wie ich es war, als ich meine Odyssee begann, bitte lassen Sie sich nicht entmutigen; die folgenden Seiten sollen Ihnen die nötigen Informationen liefern. Ich habe versucht, das Ganze so einfach wie möglich zu machen, und die Belohnung für Ihre Mühen ist Ihnen sicher.

Mitose

Mitose heißt der Vorgang, bei dem sich eine Zelle durch zwei neue Zellen ersetzt, die sowohl untereinander als auch mit ihrer Vorgängerin identisch sind: Dabei werden zuerst alle Chromosomen verdoppelt – 38 im Fall der Katze – und anschließend voneinander getrennt, wobei ein kompletter Satz von 38 Chromosomen (19 Chromosomenpaare) – metaphorisch gesprochen – zum Nordpol, der andere zum Südpol wandert. Sobald das geschehen ist, schnürt sich die Zelle in Höhe des Äquators in zwei Hälften, so daß jeder Chromosomensatz von einer neuen Zellmembran eingeschlossen wird. Auf diese Weise kann sich die Ursprungszelle exakt replizieren: Es entstehen zwei neue Zellen mit einem vollständigen und

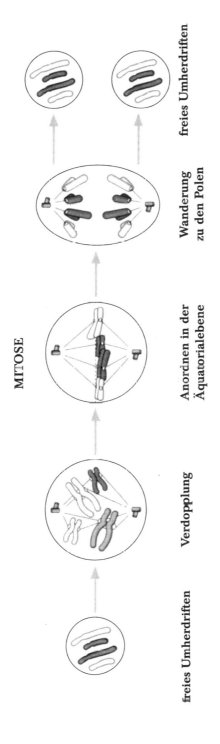

MITOSE

freies Umherdriften   Verdopplung   Anordnen in der Äquatorialebene   Wanderung zu den Polen   freies Umherdriften

Abbildung 4: Das Entstehen zweier identischer Zellen durch Mitose (nur zwei Chromosomenpaare sind abgebildet)

identischen Chromosomensatz – sehr einfach in der Beschreibung, wenn auch nicht in der Durchführung.

Um sich den Mitosevorgang im Detail anzusehen, betrachten Sie die beiden Chromosomenpaare in Abbildung 4, und stellen Sie sich neunzehn dieser Paare vor – denken Sie an Katzen. Diese Chromosomenpaare sind alle verschieden groß und verschieden geformt, doch die Partner eines jeden Paares sind immer gleich groß und gleich geformt (falls es sich nicht um die beiden ungleichen Geschlechtschromosomen X und Y handelt, die hier nicht berücksichtigt werden sollen). Schwarze Chromosomen sind in diesem Beispiel vom Vater geerbt, weiße von der Mutter. Die Phase des freien Umherdriftens in diesem Diagramm muß man sich ebenfalls vorstellen, denn sie ist nur sehr schwer zu sehen: Die Chromosomen verbergen sich in einem dichten Knäuel inmitten der Zelle und lassen sich nur mit außerordentlich starken Mikroskopen enttarnen.

Dort, in der dunklen Intimität des Zellkerns, beginnt sich jedes Chromosom zu verdoppeln und wird zu einem identischen Paar von Chromatiden, die durch eine knopfartige Struktur, das sogenannte Centromer, miteinander verbunden sind. Diese Chromatidenpaare bezeichnet man als Dyaden.

Als nächstes tauchen Spindelfasern auf, die sich durch die ganze Zelle von Pol zu Pol erstrecken, ähnlich wie die Nähte eines Fußballs. Das Centromer einer jeden Dyade heftet sich an eine geeignete Spindelfaser wie an ein Schlepptau an und wird zunächst in Richtung auf den einen, dann auf den anderen Pol hin- und hergezogen. Schließlich wird ein Gleichgewichtszustand erreicht, und die Dyaden liegen ordentlich in einer Art Äquatorialplatte angeordnet.

In der darauffolgenden Phase der Wanderung zu den Polen beginnen die Spindelfasern ernsthaft mit dem Tauziehen. Sie zerren jede Dyade auseinander, so daß das Centromer sich spaltet, und ziehen die beiden damit verbundenen, scheinbar widerstrebenden Chromatiden zu den beiden gegenüberliegenden Zellpolen. Diese Chromatiden sind nun mit den Chromosomen identisch, mit denen die Zelle den Mitosezyklus begonnen hat. Jetzt existieren zwei komplette Chromosomensätze, die sich jeweils um einen Pol drängen.

Schließlich beginnt die Trennungsphase, bei der sich die Zelle in zwei Hälften auseinanderschnürt. Zwei neue Membranen formen sich um zwei neue Zellkerne, von denen jeder 38 Chromosomen (19 Chromosomenpaare) enthält, die wie vor der Teilung frei im Zellkern flottieren. Statt einer Mutterzelle gibt es nun zwei identische Tochterzellen, und der ganze Zellzyklus kann von neuem beginnen. Die Mitose ist vorüber, und wir stehen wieder auf Feld 1.

Wie lange hat das alles gedauert? Wahrscheinlich viel länger, als Sie gebraucht haben, um diese vereinfachte Darstellung zu lesen. All dieses Verdoppeln, Aufreihen, Zu-den-Polen-Wandern und Auseinanderschnüren beansprucht mindestens zehn Minuten. Häufiger dauert es ein bis zwei Stunden; das hängt von Art, Zelltyp, Temperatur und anderen Faktoren ab. Dabei benötigt die Verdopplungsphase rund sechzig Prozent der Gesamtzeit. Das ist nicht verwunderlich, denn währenddessen finden all die zeitaufwendigen Kopiervorgänge statt.

Meiose

Die Meiose ist bei Säugern der Vorgang, bei dem die Geschlechtszellen entstehen. Sie findet ausschließlich in besonderen Zellen der Keimdrüsen (Eierstöcke und Hoden), den Keimzellen, statt. Die Keimzellen haben die Aufgabe, sich in reife Ei- beziehungsweise Samenzellen zu verwandeln. Die fertigen Geschlechtszellen sind für den Erhalt der Art verantwortlich und unterscheiden sich grundlegend von allen anderen Zellen des Körpers.

Einer der Hauptunterschiede besteht darin, daß jede Geschlechtszelle nur über einen vollständigen Chromosomensatz verfügt (alle anderen Körperzellen haben deren zwei). Für Katzen bedeutet dies, daß jede Ei- oder Samenzelle nur einen einfachen Satz von 19 Chromosomen statt des doppelten Satzes von 38 Chromosomen enthalten sollte. Der Grund für diesen Unterschied liegt natürlich in der geschlechtlichen Fortpflanzung: Bei der Befruchtung entsteht aus zwei Geschlechtszellen (die von verschiedenen Geschlechtern stammen, versteht sich) eine einzelne Zelle, aus der sich eine neue Katze entwickeln soll, und um diese Aufgabe ordentlich zu erfüllen, benötigt die Zelle 38 Chromosomen und nicht etwa 76.

Ein weiterer wichtiger Unterschied besteht darin, daß sich der einfache Chromosomensatz in einer gegebenen Geschlechtszelle in der Regel vom einfachen Chromosomensatz jeder anderen Geschlechtszelle unterscheidet! (In allen übrigen Zellen des Körpers sind die Chromosomensätze im allgemeinen untereinander identisch.) Der Grund für diesen Unterschied hat mit der enormen Bedeutung der genetischen Vielfalt zu tun. Ohne Diversifikation fiele es den Arten schwer, sich an wechselnde Umweltbedingungen anzupassen, und ohne Anpassung gäbe es weder mich noch George.

Um zu verstehen, wie dank der Meiose Geschlechtszellen mit diesen beiden wichtigen Eigenschaften entstehen, stellen Sie sich eine Keimzelle in den Hoden eines Katers vor. Wie alle anderen Zellen seines Körpers weist sie neunzehn Chromosomenpaare auf, wobei der Kater eine Hälfte des Paares von der Mutter, die andere vom Vater geerbt hat. All diese Chromosomenpaare sind miteinander vermischt und treiben träge durch das Innere des Zellkerns.

Nun stellen Sie sich vor, daß die Keimzelle mit der Meiose beginnt, indem sie die Chromosomenpaare zur Ordnung ruft. Sie reihen sich auf wie beim Einzug in die Arche Noah, das heißt, mütterliche und väterliche Versionen gruppieren sich Seite an Seite in Höhe des Zelläquators. Einige der mütterlichen Versionen kommen dabei auf der Südhalbkugel zu liegen, andere auf der Nordhalbkugel – die Verteilung ist zufällig. Nun stellen Sie sich vor, daß sich die Keimzelle in der Mitte durchschnürt, so daß alle Chromosomen auf der Nordhalbkugel in die eine, diejenigen auf der Südhalbkugel in die andere Zelle gelangen. So entstehen zwei neue Zellen, jede mit einem einfachen kompletten Satz von neunzehn Chromosomen, doch jeder Satz unterscheidet sich deutlich vom anderen.

Die Entscheidung, auf welcher Seite des Äquators sich ein mütterliches oder väterliches Chromosom aufreiht, fällt rein zufällig; daher entsteht in der Regel jedes Mal, wenn dieser Vorgang stattfindet, eine andere Mischung. Da dieser Prozeß für jedes der 19 Chromosomenpaare auf eine Entscheidung zwischen zwei Möglichkeiten hinausläuft, heißt das, daß 2^19 verschiedene Spermientypen existieren können – das ist über eine halbe Million.

Diese Zahl von Variationen zu einem Thema mag Ihnen ausreichend erscheinen, um eine hohe Anpassungsfähigkeit zu gewährleisten, doch die genetische Vielfalt ist in Wirklichkeit nicht so ausgeprägt, wie man auf den ersten Blick annehmen könnte. Das liegt daran, daß die Gene in großen Blöcken vererbt werden.

Wenn alles nach diesem Schema verliefe, würden alle Gene eines bestimmten Chromosoms in einer Samenzelle des Katers entweder aus der Familie mütterlicher- oder väterlicherseits stammen. Um dieses Problem zu lösen, wendet die Meiose einen Kniff an, damit die Variabilität ihres Endprodukts steigt. Direkt bevor sich die mütterlichen und väterlichen Partner eines jeden Chromosomenpaars längs des Äquators anordnen, lagern sie sich zusammen und umklammern einander; dieses romantische Ereignis wird wissenschaftlich ganz nüchtern als „Crossing-over" (Überkreuzen) bezeichnet. Wenn das Paar in diese Phase der Umklammerung eintritt, trägt ein Partner die genetische Information der Mutter, der andere diejenige des Vaters des Katers, wobei beides streng getrennt ist. Wenn sie sich wieder aus dieser Umklammerung lösen, sieht die Lage jedoch ganz anders aus. Die Heftigkeit ihrer Umarmung führt häufig dazu, daß einander entsprechende Chromosomenabschnitte ausgetauscht werden: Die Chromosomensegmente brechen an der Überkreuzungsstelle ab und heften sich an die entsprechende Position des Partnerchromosoms. Daher besitzt jeder Partner eines Paares am Ende der Crossing-over-Phase in der Regel eine Mischung von Genen beider Elternteile – ausgenommen nur die beiden ungleichen Geschlechtschromosomen X und Y.

Es mutet ironisch an, daß gerade zwischen den Geschlechtschromosomen, von denen man meinen könnte, sie vermischten sich stärker als andere Chromosomen, kaum ein Crossing-over stattfindet. Die Chromosomenpaare eines Katers sind sehr ungleich. Das zwergenhafte Y-Chromosom trägt nur an der Spitze einige wenige Gene, die denjenigen auf dem viel größeren X-Chromosom entsprechen, daher können die beiden höchstens sehnsüchtig ihre Fingerspitzen kreuzen und müssen sonst einander in Ruhe lassen.

So läuft, vereinfacht gesehen, die Meiose ab, deren Aufgabe es ist, dafür zu sorgen, daß die Spermien eines Katers möglichst unterschiedlich werden. Zuerst erzeugt sie eine zufällige Mischung von Genen innerhalb der einzelnen Chromosomen, indem sie korrespondierenden Paaren erlaubt, sich nebeneinanderzulegen und zu überkreuzen, dann verteilt sie die jetzt mosaikartig zusammengesetzten Partner eines jeden Paares auf zwei Tochterzellen. Da bei einem solchen Crossing-over zahlreiche verschiedene Mosaiktypen entstehen, lassen sich auf diese Weise noch weit mehr als 219 Spermienvarietäten erzeugen, wodurch sich die genetische Vielfalt beträchtlich erhöht.

Die einzelnen Phasen der Meiose verlaufen leider komplizierter als nötig und sind zweifellos die Quelle vieler genetischer Seltsamkeiten wie George. Die Meiose leitet sich von der evolutionsbiologisch älteren und viel einfacheren Mitose ab, und daher beginnt sie, wie es sich für eine Nachahmerin gehört, mit der Verdopplung aller Chromosomen, so daß Dyaden entstehen. Da das Ziel der Meiose aber darin besteht, die Anzahl der Chromosomen auf die Hälfte zu reduzieren, scheint eine Verdoppelung der Chromosomenzahl kein sehr vernünftiger Start zu sein. Das ist sie auch nicht, und die Meiose muß diese Torheit ausbügeln, indem sie zwei Zellteilungen durchführt statt einer.

Bei der ersten Teilung entstehen zwei Zellen, wie bei der Mitose beschrieben. Jede dieser beiden Zellen enthält nur ein Element eines jeden Chromosomentyps, doch nun handelt es sich wegen der anfänglichen Verdoppelung um Dyaden statt um einzelne Chromosomen. Daher muß sich jede Zelle nochmals teilen. Durch diese beiden Teilungen entstehen vier Samenzellen, von denen jede den erforderlichen einfachen Satz von neunzehn Chromosomen trägt und damit „einsatzbereit" ist.

Diejenigen von Ihnen, die den komplexen Prozeß der Meiose in all seinen wunderbaren Details verstehen möchten, sollten sich Abbildung 5 sorgfältig ansehen. Diejenigen, die kein Interesse daran haben, werden erleichtert sein zu hören, daß nur ein allgemeines Verständnis dieser Reduktionsteilung nötig ist, um das Folgende zu begreifen.

Obwohl der oben beschriebene allgemeine Mechanismus gleichermaßen für Eizellen wie für Spermien gilt, weisen diese beiden Geschlechtszelltypen recht unterschiedliche Merkmale auf. Die Eizelle ist die größte Zelle im Körper, die Samenzelle die kleinste. Beim Menschen würden über eine Viertelmillion Spermien in eine Eizelle passen – falls sie alle dort Zutritt erhielten. Eizellen sind so groß, weil sie einen Nährstoffvorrat für die Entwicklung enthalten, während die Samenzellen rank und schlank sind und ständig herumjagen auf der Suche nach einer Eizelle, an die sie ihre Erbinformation weitergeben können.

Auch die Dauer der meiotischen Teilung ist bei Ei- und Samenzellen völlig verschieden. Spermien werden bei Bedarf ständig nachgeliefert, wobei die Herstellung nur wenig länger als einen Mitosezyklus dauert. Eine Säugereizelle hingegen schließt die Endphase der Meiose erst dann ab, wenn sie von einem Spermium befruchtet worden ist. Für einige menschliche Eizellen kann dieser Zeitraum fünfzig Jahre betragen!

Diese grundlegenden Unterschiede in Größe und Funktion führen notwendigerweise dazu, daß auch die Herstellungsverfahren von Ei- und Samenzellen voneinander abweichen. Daher gilt das symbolische Schema in Abbildung 5 für Spermien, aber nicht für Eizellen: Eine spermienproduzierende Keimzelle verwandelt sich tatsächlich in vier gleich große Spermien, doch aus einer eizellenproduzierenden Keimzelle entstehen nur eine große Eizelle und drei kleine sogenannten „Polkörper".

Und das geschieht so: Wie Irene Elia in ihrem Buch *The Female Animal* (Das weibliche Tier) beschreibt, verfügen alle weiblichen Embryonen beim Menschen anfangs über Millionen von Zellen, die das Potential haben, zu Eizellen zu werden (wenn auch Hunderttausende dieser Zellen im Verlauf der Schwangerschaft degenerieren können). Nach drei Monaten Entwicklung hat bei den

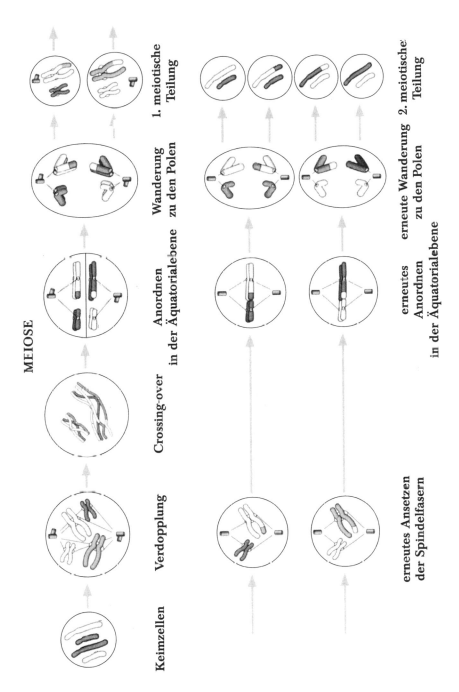

MEIOSE

Keimzellen — Verdopplung — Crossing-over — Anordnen in der Äquatorialebene — Wanderung zu den Polen — 1. meiotische Teilung

erneutes Ansetzen der Spindelfasern — erneutes Anordnen in der Äquatorialebene — erneute Wanderung zu den Polen — 2. meiotische Teilung

Abbildung 5: Das Entstehen nichtidentischer Samenzellen via Meiose (nur zwei Chromosomenpaare sind abgebildet)

Eizellen eines weiblichen Embryos bereits die Meiose begonnen; zum Zeitpunkt seiner Geburt verfügt ein Mädchen über mehr als zwei Millionen potentieller Eizellen. Diese Keimzellen verharren im Ruhezustand, bis das Mädchen in die Pubertät eintritt; dann führen Hormone dazu, daß einige hundert dieser Zellen die nächsten Meiosestadien durchlaufen. In der Folgezeit wird jeden Monat eine Eizelle freigesetzt, die gerade ihre erste meiotische Teilung abgeschlossen hat (Eisprung, Ovulation).

Bei Eizellen unterscheiden sich die beiden Tochterzellen, die aus dieser Teilung resultieren, in ihrer Größe beträchtlich (statt gleich groß zu sein wie die Spermien in Abbildung 5). Eines der Teilungsprodukte, der Polkörper, ist klein und degeneriert, doch zuvor kann er sich in zwei weitere Polkörper teilen. Das andere Teilungsprodukt ist groß, denn es trägt den gesamten Nährstoffvorrat der ursprünglichen Zelle, und wird durch den Eileiter auf die Reise zur Gebärmutter geschickt. Dringt innerhalb der 24 Stunden andauernden Empfängnisbereitschaft ein Spermium in die Eizelle ein, so kommt es endlich zur zweiten meiotischen Teilung. Diese zweite Teilung führt wiederum zu zwei Produkten: einem weiteren degenerierenden Polkörper und einer großen Zelle, in der die genetische Information von Ei- und Samenzelle miteinander verschmilzt.

Diese befruchtete Eizelle nennt man Embryonalzelle oder Zygote – vom griechischen Begriff für „Paar". Es ist die einzige Zelle, die durch die Vereinigung zweier anderer Zellen statt aus der Teilung einer einzelnen Zelle entsteht. Es ist zudem eine sehr wichtige Zelle, denn sie enthält die gesamte genetische Information, die notwendig ist, um einen neuen Organismus – wie Sie oder mich – hervorzubringen.

Was bedeutet schon ein Name?

Mitose, Meiose, Chromatid, Centromer, Dyade und jetzt auch noch Zygote. Mein Gott, welche seltsamen Blüten wird die Terminologie als nächstes treiben? Spielen derartige Begriffe überhaupt eine Rolle? Was steckt in einem Namen?

Nun, eine ganze Menge. Namen rufen Bilder in unserem Kopf hervor, ermöglichen es, daß wir uns an Objekte und Konzepte erinnern, und verknüpfen sie in unserem komplexen geistigen Netzwerk mit anderen Objekten und Konzepten, die uns bereits vertraut sind.

Der berühmte britische Zoologe William Bateson hat einen bedeutenden Teil der genetischen Standardterminologie geschaffen. Um 1901 hatte er bereits eine große Zahl wichtiger Begriffe geprägt, und im Jahr 1906 führte er schließlich einen Namen für dieses neue Gebiet ein: „Um weitere Umschreibungen zu vermeiden, lassen Sie uns von Genetik sprechen." Bateson starb 1927, doch wie der deutsche Genetiker Renner 1961 sagte: „Wann immer sich Genetiker versammeln, ist Bateson mitten unter ihnen – in ihrer Fachsprache."

Der Begriff „Gen" stammt allerdings von Professor Johannsen von der Universität Kopenhagen, der 1909 vorschlug, Darwins Terminus „pangene" zu verkürzen. Zu diesem Begriff und anderen, die er prägte und die heute noch gebraucht werden, schreibt Johannsen 1911:

> Es ist eine wohlbekannte Tatsache, daß die Sprache nicht nur unser Diener ist, wenn wir unsere Gedanken ausdrücken – oder auch verheimlichen – wollen, sondern gleichfalls unser Meister sein kann, der uns mit der Bedeutung überwältigt, die gegenwärtig mit diesem oder jenem Begriff verbunden ist. Das ist der Grund, warum es wünschenswert erscheint, in all den Fällen eine neue Terminologie zu schaffen, wo momentan neue oder revidierte Konzepte entwickelt werden. Alte Termini sind meist durch ihre Verwendung in antiquierten oder irrigen Theorien und Systemen kompromittiert, aus denen sie Splitter unpassender Vorstellungen übertragen, die für die sich entwickelnden neuen Erkenntnisse nicht immer harmlos sind.

Wie vorauszusehen, setzte sich die neue Terminologie der Genetik bald aus Wörtern wie heterosomal, Phänotyp, Euchromatin, Tetraploidie und anderen vielsilbigen Sprachschöpfungen zusammen, die sich meist aus dem Griechischen ableiten. Und obgleich diese Begriffe sorgfältig gewählt und sachdienlich sein mögen, rufen sie bestimmt keine Bilder im Kopf derjenigen hervor, die zum erstenmal damit konfrontiert werden; man kann sich im Gegenteil des Eindrucks nicht ganz erwehren, daß sie eingeführt wurden, um Leute wie uns in gebührendem Abstand zu halten. (Der Terminus „allelomorph", den Bateson 1901 erfand, um eine Variation innerhalb eines Satzes von Genen zu beschreiben, die alle am selben Genort liegen, ist ein gutes Beispiel. Er ist seitdem zu Allel verkürzt worden, doch das hilft einem Neuling auf diesem Gebiet kaum weiter. Als meine Enkelin zum erstenmal in ihrem Biologieschulbuch auf den Begriff Allel stieß, erinnerte er sie lediglich an Ukulele, und sie konnte sich nie merken, wofür Allel eigentlich steht.)

Und selbst ein so hübsches neues Wort wie Gen – kurz und knapp, leicht auszusprechen und von seinem Urheber klar definiert – ist heute in Schwierigkeiten geraten. 1952 fühlten sich zwei britische Genetiker verpflichtet, darauf hinzuweisen, daß „der Begriff Gen gegenwärtig auf mindestens zwei verschiedene Weisen" gebraucht werde und dieser beklagenswerte Zustand bereits seit etwa 1939 andauere. Wie sie zeigten, kann Gen entweder für „eine individuelle erbliche Einheit" (wie Johannsen es meinte) oder als „ein Sammelbegriff für alle Allele an einem Genort" benutzt werden.

Ein ähnliches Schicksal erlebte der Begriff Keimzelle, der erstmals 1855 verwendet wurde und damals als „die erste Zelle mit Zellkern, die im befruchteten Ovum auftritt" definiert wurde. 1868 tauchte der Begriff im Satz „sexuelle Unterscheidung der generativen Zellen in Samenzellen und Keimzellen" auf. Und heute sagt uns die dritte Auflage des „Webster", der Begriff könne sich auf „eine Eizelle oder eine Samenzelle oder eine ihrer Vorläuferzellen" beziehen. Treffen Sie Ihre Wahl und hoffen Sie, daß Sie sich unter Berücksichtigung des Kontextes richtig entscheiden.

Und dann gibt es da noch den Chromosomensatz, von dem uns der „Webster" erklärt, dabei könne es sich entweder um „die gesamte Gruppe von Chromosomen in einem Zellkern" handeln oder um „die Chromosomen, die von einem Elternteil empfangen werden". Die Genetik mit ihren vielen verschiedenen Ebenen scheint für Mehrdeutigkeiten dieser Art besonders anfällig zu sein. Um solche Probleme zu vermeiden, beschränkt sich die Bedeutung derartiger Begriffe in diesem Buch auf den im Text und in dem sehr formlosen Glossar am Ende des Buches definierten Rahmen.

Die meisten Leser dieses Buches sind wahrscheinlich keine Genetiker, daher habe ich einen großen Teil der Standardnomenklatur Batesons und seiner frühen Mitstreiter über Bord geworfen und versucht, sie durch andere, besser vertraute Begriffe zu ersetzen. Ich hoffe, daß diese Begriffe tatsächlich Ideensplitter vermitteln, die helfen, ein allgemeines Bild dessen zu entwerfen, um das es geht. Daher finden Sie im Glossar einige Begriffe, die wie Fachwörter aussehen, und einige, die nicht so aussehen – doch in diesem Kontext sind einige Termini, die nicht so aussehen, durchaus fachsprachlich. Die Liste solcher Begriffe ist möglichst kurz gehalten, doch da Sie auf den kommenden Seiten ständig mit neuen Begriffen wie Zygote konfrontiert werden, finden Sie einen kurzen Blick ins Glossar vielleicht hilfreich.

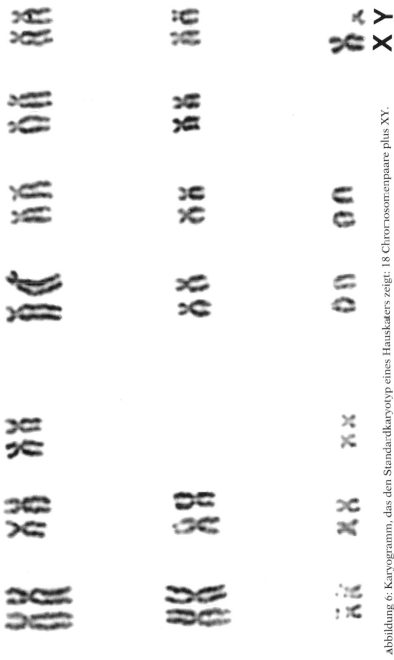

Abbildung 6: Karyogramm, das den Standardkaryotyp eines Hauskaters zeigt: 18 Chromosomenpaare plus XY.

Diejenigen, die sich ausführlicher mit Genetik beschäftigen möchten, müssen die Fachterminologie natürlich erlernen. Doch für sie wie für uns übrige hoffe ich, daß meine „laienhafte" Ausdrucksweise den Weg zu einem grundlegenden Verständnis erleichtert und mehr hilft als schadet.

Der Karyotyp eines Katers

Abbildung 4 und 5, die Mitose und Meiose illustrieren, zeigen Zellen, in denen nur zwei der neunzehn Chromosomenpaare einer Katze sichtbar sind. Diese sind stark abstrahiert, und Sie sind gebeten, sich die übrigen siebzehn Chromosomenpaare vorzustellen. Im Gegensatz dazu zeigt Abbildung 6 alle neunzehn Chromosomenpaare eines Katers so, wie sie wirklich aussehen, und zwar in der Phase, in der sie sich verdoppeln und am besten zu erkennen sind. Diese Chromosomen sind mit rund 5000facher Vergrößerung aufgenommen worden.

Die meisten Chromosomen, selbst das zwergenhaft kleine Y-Chromosom, sehen dem Buchstaben X ziemlich ähnlich, und als ich derartige Bilder zum erstenmal sah, dachte ich, sie zeigten ein Crossing-over – aber das stimmt nicht. Die Chromosomen sehen wie X aus, weil sie in ihrer verdoppelten Form vorliegen: Jedes bildet eine Dyade, ein Chromatidenpaar, das am Centromer miteinander verbunden ist. Die Teile, die vom Centromer nach außen weisen, werden Arme genannt (auch wenn einige vielleicht eher wie Beine aussehen). Daher heißt es manchmal auch, ein Gen liege auf dem langen oder dem kurzen Arm eines bestimmten Chromosoms.

Wenn Chromosomen auch viel Übung darin haben, sich aufzureihen (selbst wenn sie es in der Mitose anders als in der Meiose machen), haben sie diese spezielle Anordnung nicht freiwillig eingenommen. Sie wurden in diese Position von einem biologisch-technischen Assistenten gebracht, der über eine scharfe Schere und genügend Wissen verfügte, um die vergrößerten Bilder so auszuschneiden und aufzukleben. So entstand diese Standardkonfiguration, die man als Karyotyp (vom griechischen Begriff für „Kern") bezeichnet.

Ein Karyotyp besteht aus einem vollständigen Chromosomensatz, der aus einer einzelnen Zelle stammt. Dazu identifiziert man zunächst die verschiedenen Paare und ordnet sie dann entsprechend verschiedener Standardkonventionen an, wobei die Geschlechtschromosomen stets an letzter Stelle stehen. (Die Reihenfolge für Katzen wurde auf einer Konferenz von Säugetiergenetikern festgelegt, die 1964 in San Juan, Puerto Rico, stattfand; die Anordnung wird daher als Puerto-Rico-Konvention bezeichnet.) Die Paare werden der Länge nach vom längsten zum kürzesten arrangiert und nach der Lage ihres Centromers gruppiert. Das Centromer nimmt meist eine mehr oder minder zentrale Lage ein – daher der Name –, doch es liegt bei jedem Chromosomentyp verschieden, bei einigen sogar an dem einen oder anderen Ende, wie bei dem Paar vor den Geschlechtschromosomen X und Y.

Wahrscheinlich ist Ihnen aufgefallen, daß die beiden ersten Chromosomen in der unteren Reihe scheinbar so etwas wie kleine Hüte tragen. Dieser Eindruck entsteht durch eine sekundäre Einschnürung, ähnlich wie ein Centromer, die den Eindruck erweckt, dieser Chromosomentyp weise eine Lücke auf. Ähnliche „Hüte" findet man in den Karyotypen von Löwen, Jaguaren und Ozelots; tatsächlich ähneln sich die Karyotypen aller Katzen, ob groß oder klein, in hohem Maß.

Vom Widerstreben, sich zu trennen

„Schön, in Ordnung", kann ich Sie sagen hören, aber das ist genug über Karyotypen und ähnliches. Wie *bekommt* man denn nun einen George? (Geduld, Geduld, wir sind gleich beim springenden Punkt.)

Wir wissen, wie die Geschlechtszellen von Georges Eltern hätten aussehen sollen – Samenzellen beim Kater, Eizellen bei der Kätzin, alle ausgestattet mit einem einfachen Satz von neunzehn Chromosomen. Aber die Dinge verlaufen nicht immer ganz nach Plan. Gelegentlich kommt es vor, daß ein zusammenpassendes Chromosomenpaar sich nicht voneinander trennen mag – eine Situation, die man (fachsprachlich und völlig unromantisch) als „Non-disjunction" bezeichnet. Da dieses zweifach verneinende Wort schwer zu behalten ist und wahrscheinlich bei niemandem geistige Bilder hervorruft, habe ich mich entschieden, statt dessen vom „Widerstreben, sich zu trennen" zu sprechen, zumindest für den Anfang.

Jedes Chromosomenpaar kann dieses Widerstreben, sich zu trennen, zeigen, und das führt in der Regel zu einer Katastrophe: Beim Menschen kann daraus ein Kind mit Down-Syndrom entstehen (in diesem Fall existiert ein überzähliges Chromosom 21), oder der Embryo ist nicht lebensfähig. Ein derartiges Widerstreben, sich zu trennen, kann bei der ersten oder zweiten meiotischen

Teilung, aber auch bei der mitotischen Teilung auftreten, wenn die verdoppelten Chromosomen auseinandergezogen und wieder in die einfache Form überführt werden. Das kann die ganze Sache ebenfalls zum Scheitern bringen. Wenn es jedoch die Geschlechtschromosomen sind, die sich irgendwann während der Mitose oder Meiose nicht voneinander trennen können, müssen die Folgen nicht ganz so gravierend sein wie in anderen Fällen.

Erinnern Sie sich daran, daß weibliche Säuger über zwei X-Chromosomen verfügen, während Männchen ein X- und ein Y-Chromosom tragen? Wenn Eizellen gebildet werden, wird das weibliche X-Chromosomen-Paar voneinander getrennt, so daß jede Eizelle nur ein X-Chromosom enthält (auf diese Weise kann eine Calico-Mutter entweder ein Orange-Gen oder ein Nicht-Orange-Gen an ihren Nachwuchs weitergeben). Wenn Samenzellen gebildet werden, werden X- und Y-Chromosom des Männchens voneinander getrennt, so daß jede Samenzelle entweder ein X- oder ein Y-Chromosom trägt. Darum bestimmen bei den Säugern die Männchen über das Geschlecht der Nachkommen: Wenn das Spermium, das in die Eizelle eindringt, ein X-Chromosom enthält,

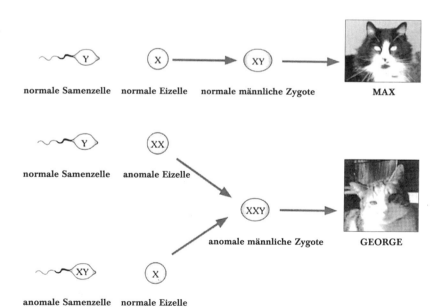

Abbildung 7: Zwei Möglichkeiten, einen XXY-George zu erhalten, weil sich die Geschlechtschromosomen eines Elterntiers nicht getrennt haben (Mitte und unten). Oben zum Vergleich ein normaler Kater wie Max.

wird der sich entwickelnde Embryo weiblich, und er wird männlich, wenn die Samenzelle ein Y-Chromosom trägt.

Eine mögliche Antwort auf die Frage „Wie bekommt man einen George?" lautet daher: Georges Mutter oder Vater besaßen ein Paar Geschlechtschromosomen, denen es derart widerstrebte, sich zu trennen, daß sie zusammenblieben: Entweder erbte er von der Eizelle seiner Mutter zwei X-Chromosomen, denen sich ein Y-Chromosom aus der Samenzelle seines Vaters zugesellte, oder das Spermium seines Vaters lieferte ihm sowohl ein X- als auch ein Y-Chromosom, zu dem das X-Chromosom aus der Eizelle seiner Mutter kam. Die verschiedenen Szenarios sind in Abbildung 7 dargestellt.

So oder so ist das Ergebnis eine XXY-Zygote, eine befruchtete Eizelle, die sich teilt und weiter teilt und mitotisch mehr und mehr identische Zellen erzeugt, die alle von Anfang an „falsch" sind. Und in allen Fällen ist das Produkt ein George, ein XXY-Kater, ein Kater mit drei Geschlechtschromosomen, wo er doch nur zwei haben sollte, mit 39 statt mit 38 Chromosomen in fast allen Zellen seines Körpers – eine Superkatze, eine ganz besondere Katze, eben unser George.

Vielleicht. Aber gibt es nicht auch noch andere Möglichkeiten, die seine Existenz erklären könnten? Wie kann ich herausfinden, wie seine Chromosomen wirklich aussehen? Wie wird ein derartiger Test durchgeführt? Ist so etwas schmerzhaft? Kostet es viel Geld?

Der verrückte Bibliothekar

All die Informationen darüber, warum es praktisch keine Calico-Kater gibt, wie man unter solchen Umständen Calico-Nachwuchs bekommt und wie sich das gelegentliche Auftreten von Georges erklären läßt, hatten sich relativ leicht in *The Book of the Cat* und *Human Genetics* finden lassen. Doch die übrigen Fragen waren offenbar schwieriger zu lösen, und es kamen ständig neue Fragen hinzu – ich mußte mich allmählich ernsthaft auf die Suche machen.

Bewaffnet mit meinem alten Studentenausweis, machte ich mich also auf die lange Fahrt zu meiner ehemaligen Universität, in der Hoffnung, dort in der naturwissenschaftlichen Bibliothek einiges über Menschen mit XXY-Chromosomen, über das Ungleichgewicht zwischen X und Y, über die artspezifische Zahl von Chromosomen und über ich weiß nicht welche anderen bizarren Fakten aus diesem seltsamen und ungewohnten Gebiet zu finden. Ich war gewarnt worden, das ganze Unternehmen werde wahrscheinlich eine ernüchternde Erfahrung werden. Es werde unmöglich sein, einen Parkplatz zu finden, der Campus würde von Studenten wimmeln, die alle Kapazitäten der Bibliothekare und Computer für sich beanspruchten, die Hälfte der Computer werde sowieso nicht funktionieren, ich würde nicht das finden, was ich suchte, schon gar nicht auf einem Gebiet, mit dem ich nicht vertraut sei, und die Leute würden mich behandeln, als gehörte ich nicht dazu (was ich ja auch nicht tat).

Statt dessen klappte alles wie am Schnürchen. Die Parkplatzsuche war kein Problem, die Studenten waren gerade woanders, und Computer waren nicht nur verfügbar, sondern auch von einem Neuling leicht zu bedienen. Sie lieferten mir sofort Informationen über alles, was ich nur wissen wollte. Ich gab zunächst „Geschlechtschromosomen" ein und fand auf der Stelle eine Reihe von Hinweisen auf Bücher, die in den offenen Regalen neben mir standen. Dann versuchte ich es mit „Katzengenetik", und dabei entpuppte sich ein Treffer als echte Überraschung: Das Buch mit dem harmlos klingenden Titel *Genetics for Cat Breeders* (Genetik für Katzenzüchter) war als „unter Verschluß, Fach Nr. 2" deklariert, zusammen mit den Büchern über Aphrodisiaka – offensichtlich galt es als diebstahlgefährdet! Aber davon einmal abgesehen, verbrachte ich mehrere glückliche Stunden, vertieft in geheimnisvolle Bände über Zellgenetik mit unverständlichem Vokabular und rätselhaften elektronenmiskroskopischen Aufnahmen. Es war wirklich eine seltsame neue Welt, die keinerlei Beziehung zur Welt sehr toter Sprachen aufwies, mit der ich mich viele Jahre zuvor an dieser Universität beschäftigt hatte.

Der Bibliothekar akzeptierte meinen alten Studentenausweis ohne Probleme und erklärte mir, daß man die Bücher für einen Monat ausleihen, die Leihfrist aber telephonisch verlängern könne, wenn niemand anderes die Bände benötige. Die Bücher, die ich mir ausgesucht hatte, waren seit Jahren nicht mehr ausgeliehen worden, daher war es unwahrscheinlich, daß in nächster Zukunft große Nachfrage danach herrschen würde. Ich kehrte also triumphierend nach Hause zurück, ganz aufgeregt über einen Hinweis auf XXY-Menschen, den ich gefunden hatte. Diese Menschen litten unter dem sogenannten Klinefelter-Syndrom und hatten überproportional lange Beine, genau wie George! Ich war auch auf eine Theorie gestoßen, die evolutionsbiologisch zu erklären versucht, warum das Y-Chromosom geschrumpft war (offenbar hatte es anfangs die gleiche Größe wie sein Freund, das X-Chromosom, und all die anderen Chromosomen). Das paßte gut zu einer Theorie in einem anderen Buch, in der die Ansicht vertreten wird, alle

Säuger seien primär weiblich, und die einzige Funktion des Y-Chromosoms bestehe darin, diese Vorliebe für das weibliche Geschlecht zu überwinden. Ich begann zu glauben, es könne mir gelingen, die geographischen wie auch die intellektuellen Distanzen zu meistern, die es zu überwinden gab. Ich verfolgte mehrere vielversprechende Spuren.

Mein zweiter Raubzug in der Bibliothek verlief völlig anders als der erste. Es war nach einem langen Urlaub, vor dessen Antritt ich alle meine Bücher durch einen Freund hatte zurückgeben lassen. Das Buch über die Evolution des kleinen Y-Chromosoms war besonders interessant, aber auch besonders schwer zu lesen gewesen, und ich wollte es mir noch einmal ausleihen, um einiges gründlicher nachzulesen. Ich war voller Zuversicht, denn ich wußte genau, was ich wollte, wo es zu finden war und wie man es auslieh – nichts konnte einfacher sein. So dachte ich wenigstens, bis ich auf den ziemlich überheblich aussehenden jungen Mann traf, der diesmal an der Ausleihtheke stand.

„Das ist kein Bibliotheksausweis!" klärte er mich auf, während er voller Abscheu auf meinen alten Studentenausweis starrte. „Den können Sie nicht benutzen. Sie müssen zur Hauptbibliothek gehen und dort die Ausstellung eines richtigen Bibliotheksausweises beantragen." Mein schwacher Einwand, das letzte Mal habe es keine Schwierigkeiten gegeben, machte ihn nur noch unerbittlicher, und die nächste Stunde verbrachte ich damit, mich in der Mittagshitze zur Hauptbibliothek zu schleppen und dort endlos in einer langen Schlange zu warten. Schließlich kehrte ich, mit einem neuen Ausweis bewaffnet, an die Theke zurück, um nun mein Buch abzuholen.

„Sie können dieses Buch nicht ausleihen. Es gehört zu einer Serie von Monographien und darf nicht ausgeliehen werden." Diesmal reagierte er wirklich verärgert auf meinen Protest, daß ich es nicht nur schon einmal ausgeliehen, sondern die Leihfrist auch problemlos per Telefon verlängert hätte.

„Wir werden sehen, was der Computer dazu zu sagen hat." Der Computer sagte: „Kein Problem, leihen Sie's aus", was wirklich der letzte Strohhalm war.

„In Ordnung, schon in Ordnung, Sie können es ausleihen, aber nur für einen Tag!" Und damit stempelte er voller Rachsucht das Datum des nächsten Tags auf den Inneneinband. Ich erklärte ihm, daß ich weit weg wohnte und mir ein einziger Tag nichts nutze, aber es war hoffnungslos, er gab nicht nach. Schließlich legte ich meine nun verbotene Frucht zurück und machte mich völlig geschlagen auf den langen Heimweg

Frustriert, entmutigt und noch immer erbost über meine Niederlage tat ich, was man unter solchen Umständen eben tut: Ich
rief meine Mutter an. Sie hat einen Bibliotheksausweis, und ich
bat sie, ihr Glück zu versuchen und mein Buch aus den Klauen des
Bibliothekars zu befreien. Sie traf auf nämlichen jungen Mann, der
sie sehr höflich informierte, das Buch sei leider gerade verlegt – ob
sie bitte morgen wiederkommen könne? Am nächsten Tag war das
Buch immer noch unauffindbar, und noch monatelang danach
erhielt meine Mutter wöchentlich Post von einem Computer, der
ihr mitteilte, das Buch sei immer noch nicht aufgetaucht, aber die
Suche gehe weiter. Schließlich gab selbst der Computer auf und
sandte ihr eine Notiz, die besagte, das Buch sei wohl verlorengegangen. Ohne Zweifel hielt es mein eifriger Bibliothekar sorgfältig
vor mir und meinesgleichen versteckt, um seine Schätze vor den
Blicken Unwürdiger zu schützen.

Angst vor Pick-ups

George fürchtet sich vor Pritschenwagen, sogenannten Pick-ups,
und das aus gutem Grund: Sie sind beladen mit Hunden. Anfangs
war es Max, der mehr Vorsicht zeigte, sich in sicherer Entfernung
hielt und aufs Dach zurückzog, während bei George stets die
Neugier siegte und er sich, schnuppernd und in einer immer enger
werdenden Spirale, näher heranwagte. Auch die Hunde interes-
sierten sich für dieses kleine gescheckte Wesen, das keine Angst
vor ihnen zu haben schien, und sie beschnüffelten und umkreisten
George ebenfalls, während Max die Szene aus sicherer Höhe
beobachtete.
   Eines Tages geschah, was geschehen mußte, und ein schokola-
denbrauner Labrador folgte seinem Jagdtrieb, womit er Georges
Neugier in bezug auf Hunde und ihre Intentionen ein für allemal
vollständig befriedigte. George entkam mit knapper Not – um den
Preis von etwas Schwanzfell –, und obwohl die Wunde bald ver-
heilt war, hat seine Psyche möglicherweise auf Dauer Schaden
gelitten. Wenn er heute einen Pick-up auch nur in der Einfahrt
hört, preßt sich George ganz eng an den Boden und stiehlt sich in
Groucho-Marx-Manier davon. Seine langen Beine irgendwie unter
seinem abgeflachten Körper verborgen, kriecht er langsam und
leise auf das hohe Wiesengras zu. Kaum hat er es erreicht, jagt er,
vollständig gestreckt wie ein Gepard, hindurch, um sich im dichten
Unterholz dahinter in Sicherheit zu bringen. Max blickt weiterhin
mit wachsamer Gelassenheit vom Dachfirst herunter, aber von

George ist nichts mehr zu sehen, bis der Pick-up in sicherer Entfernung, scheppernd die Gänge wechselnd, über die steile, enge Bergstraße davonfährt.

Eines Frühlingsmorgens frühstückte George gerade im Wäscheraum, als ein Freund mit dem üblichen Pick-up samt Hund eintraf, um uns zu helfen, den Obstgarten einzuzäunen. Die Außentür war geschlossen, doch George wußte, daß sie sich jeden Moment öffnen konnte, woraufhin ungezügelte hündische Energie hineinstürmen und seine Zufluchtsstätte verwüsten würde. Da er sich nicht in die Wiese davonstehlen konnte, quetschte er sich in den engen Zwischenraum zwischen Wand und Waschmaschine. Und dort, eingekeilt zwischen Rohrleitungen und Schläuchen, den Kopf zur Wand, verbrachte er den ganzen Tag, wobei er sich so klein wie möglich machte. Nichts konnte ihn herauslocken, bevor der letzte Zaunpfahl eingesetzt worden und das schreckenerregende Fahrzeug mit seiner noch schreckenerregenderen Ladung geräuschvoll davongefahren war.

Wir fanden es betrüblich, den früher so neugierigen George derart ängstlich zu sehen, und kramten ein Bild von früher hervor, das ihn zeigte, wie er auf der Wiese aus nächster Nähe ein Reh beäugte. Wir hatten uns bei der Aufnahme nicht beeilen müssen, denn das Treffen hatte mehrere Minuten gedauert: Der halbwüchsige Kater und die ausgewachsene Ricke bewegten sich langsam aufeinander zu, bis sie nur noch wenige Schritte voneinander entfernt waren. Schließlich machte ein Geräusch im Unterholz die Ricke nervös, und sie sprang rasch davon, doch George hatte seinen Platz behauptet, fasziniert von diesem enormen und interessanten Geschöpf, das so ganz anders war als er selbst. Aber vielleicht ist es doch ganz gut, dachten wir dann, daß er nun eine so große Furcht vor Hunden hat. In letzter Zeit hatte es in der Nachbarschaft eine Menge Kojoten gegeben.

3
Georges wilde Ahnen

Felis genesis

Wann traten die ersten Calicos auf – oder, wenn wir schon dabei
sind, wann traten überhaupt die ersten Katzen auf? Als ich mir
diese Fragen ursprünglich stellte, dachte ich vor allem an Katzen
wie George und in zweiter Linien an solche wie Max. Definitive
Antworten auf derartige Fragen zu finden ist sehr schwierig. Illustrationen von Calicos und „Elstern" (wie schwarze Katzen mit
weißem Brustlatz gelegentlich genannt werden) gibt es erst seit
relativ kurzer Zeit, doch ihre Geschichte reicht sicherlich viel
weiter zurück als bildliche oder schriftliche Zeugnisse. Wie bereits
erwähnt, tauchten dreifarbige Katzen vermutlich erstmals im Ori-
ent auf; in Japan entstanden um 1000 nach Christus wunderbare
Zeichnungen von dreifarbigen Katzen (mi-ke). Wo und wann sie
sich ursprünglich entwickelten, läßt sich jedoch heute wahrscheinlich nicht mehr exakt klären.

Seitdem ich mir diese Fragen stelle, interessiere ich mich für
Evolutionstheorie, und heute sehe ich die Calicos in einem größeren Zusammenhang. Daher ist aus der Frage „Wann traten die
ersten Katzen auf?" die Frage geworden: „Wann wurden Katzen,
welcher Art auch immer, zu einem neuen Zweig am Baum der
Evolution?"

Die Antwort lautet: vor rund 45 Millionen Jahren. Offenbar
konnte diese Entwicklung erst nach dem Abtreten der Dinosaurier
einsetzen, die etwa 20 Millionen Jahre zuvor, also vor etwa 65
Millionen Jahren, verschwanden. Zu dem Zeitpunkt, als die größten Dinosaurier ausstarben, existierten Säuger schon seit mehr als
100 Millionen Jahren, doch sie waren die ganze Zeit über sehr klein
geblieben – etwa marder- bis wieselgroß. Solange die Dinosaurier
herrschten, hatten die Säuger keine Chance, so groß und dominant
zu werden, wie sie es heute sind.

Die Familie der Katzen, wissenschaftlich *Felidae*, entwickelte
sich aus fleischfressenden Säugern, den *Miacidae*, die bereits zu-
rückziehbare Krallen besaßen. Im Lauf der Zeit (und ohne stören-
de riesige Dinosaurier rundum) bildeten sich einige wirklich große
Katzen heraus: Vor 35 Millionen Jahren lebte ein gewaltiger Höh-

lenlöwe in Europa, ein gigantischer Tiger im nördlichen Asien, und der Säbelzahntiger durchstreifte Europa, Asien, Afrika und Nordamerika. Alle diese Großkatzen sind heute ausgestorben, weil sie unglücklicherweise mit einem kleinen Gehirn und einem großen Körper ausgestattet waren statt vice versa. Der Säbelzahntiger war der erfolgreichste Vertreter dieser riesigen Räuber und terrorisierte das Land über Jahrmillionen. Möglicherweise durchkämmte er noch vor 13 000 Jahren unsere kalifornischen Hügellandschaft, wie es heute sein kleiner Vetter, der Puma, tut.

Die meisten Zoologen stimmen darin überein, daß die Familie *Felidae* 38 Arten umfaßt, darunter auch die Hauskatze. Diese 38 Arten werden gewöhnlich in zwei Hauptgruppen zusammengefaßt, je nachdem, ob ihre Vertreter brüllen können oder nicht. Diejenigen, die brüllen können (Löwen, Tiger, Leoparden), sind im allgemeinen größer, aber das ist nicht der entscheidende Faktor; Pumas (Berglöwen), die mehr als fünfzig Kilogramm wiegen, können nicht brüllen (wenn wir sie in der Paarungszeit auch gelegentlich schreien hören).

Der entscheidende Unterschied liegt im Zungenbeinbogen, einer Reihe von langen, dünnen Knochenelementen an der Zungenbasis, die Kehlkopf und Schädel verbinden. Bei einigen Katzen ist der Zungenbeinbogen nicht vollständig verknöchert, sondern eines der Knochenelemente ist durch ein elastisches Band ersetzt, was dem Stimmapparat erlaubt, zu vibrieren und widerzuhallen. Bei anderen ist der Zungenbeinbogen hingegen vollständig verknöchert. Die Katzen mit dem elastischen Band im Zungenbeinbogen können also brüllen und gehören zur Gattung *Panthera* (Großkatzen), die anderen, die es nicht können, zur Gattung *Felis* (Kleinkatzen). (So ein Pech für George und Max – wäre es nicht wunderbar, wenn sie brüllen könnten! Dafür können sie schnurren, aber erstaunlicherweise kann niemand erklären, wie sie das eigentlich machen.)

Die meisten Vertreter der Familie *Felidae* besitzen neunzehn Chromosomenpaare, genau wie George und Max. Eine Ausnahme bilden Ozelots und Kleinfleckkatzen, die nur über achtzehn Chromosomenpaare verfügen und manchmal in eine eigene Gattung, *Leopardus*, gestellt werden. Da Geparden die einzigen Vertreter der *Felidae* sind, die ihre Krallen nicht vollständig einziehen können, sind sie ebenfalls in eine eigene Gattung, *Acinonyx*, einsortiert worden. (Diese „Spikes" führen dazu, daß Geparden beim Rennen eine vorzügliche Bodenhaftung haben, und machen sie mit über hundert Kilometern pro Stunde nicht nur zu den schnellsten Katzen, sondern auch zu den schnellsten Landsäugetieren überhaupt.)

Fossilien, die den uns vertrauten kleineren Katzenarten ähneln, datieren etwa zwölf Millionen Jahre zurück, und vor drei Millionen Jahren, in der Epoche der großen Eiszeiten, gab es bereits Katzen der Gattung *Felis*.

Wenn wir die Frage „Wann traten die ersten Katzen auf?" nun noch einmal stellen, sollte man sie vielleicht präzisieren: „Wann traten die ersten Vertreter von *Felis domestica* auf?" Nun, sie erschienen wohl recht spät auf der Bühne der Evolution – vielleicht vor kaum 4000 Jahren. Daher muß es eine düstere Periode von über 200 000 Jahren gegeben haben, während der Menschen lebten, die uns ähnelten, aber keine Katzen, die George und Max auch nur entfernt geähnelt hätten. Unsere Vorfahren, die nicht einmal wußten, was sie versäumten, mußten sich mit Hunden, Rentieren, Bären und Pferden zufriedengeben. Knochenfunde dieser Tiere lassen sich sehr weit zurückverfolgen, aber es gibt keinen definitiven Nachweis unserer felinen Freunde, der weiter als bis etwa 2000 vor Christus zurückreicht.

Obgleich früher in unserem Jahrhundert *Felis domestica* oder *Felis domesticus* in Mode war, habe ich mir sagen lassen, daß die meisten Zoologen heute wieder den ursprünglichen Namen *Felis catus* bevorzugen, den der berühmte schwedische Systematiker Carl von Linné der Hauskatze 1758 verlieh. Dieser Name ist jedoch langst nicht so klangvoll, daher habe ich mich entschieden, mich auf die Seite der Konservativen zu schlagen und bei *Felis domestica* zu bleiben, dieser wunderbaren, wohlklingenden Bezeichnung für die gemeine Hauskatze. Aber ob *catus*, *domestica* oder *domesticus* – sie alle bezeichnen dasselbe, nämlich den Artnamen für einen George oder einen Max.

Glückliches Ägypten

Soweit wir wissen, waren die alten Ägypter die ersten, die sich an der Gesellschaft von *Felis domestica* erfreuen konnten – wahrscheinlich waren sie es, die Katzen domestizierten. Möglicherweise fingen sie einige der einheimischen Wildkatzen, die um ihre Kornspeicher herumlungerten. Als die Ägypter sie darin einsperrten, um das Heer der Nager zu dezimieren, das dort sein Unwesen trieb, müssen die Katzen geglaubt haben, sie seien gestorben und im Paradies wieder aufgewacht.

Offenbar wußten die Ägypter die Gesellschaft ihrer neuen Hausgenossen zu schätzen. Sie verehrten Katzen, schützten sie und versuchten, sie für sich zu gewinnen. Man verehrte die Katzen nicht nur wegen ihrer Fähigkeit, die Kornvorräte ratten- und mäusefrei zu halten, sondern auch wegen ihrer großen Eleganz und Schönheit. Um 1580 vor Christus entwickelte sich ein echter Katzenkult, der fast 2000 Jahre andauerte. Im Zentrum stand dabei die Göttin Pasht (möglicherweise der Ursprung des englischen „puss" und des deutschen „Pussie"), die den Leib einer schlanken, majestätischen Frau, aber den Kopf einer Katze hatte.

Zeit ihres Lebens standen ägyptische Katzen unter dem Schutz des Gesetzes, und jedermann, der eine Katze verletzte, riskierte sein Leben. Nach ihrem Tod wurden Katzen einbalsamiert und mumifiziert; dann bettete man sie ehrfürchtig in hölzerne Sarkophage, die die Form einer Katze hatten. Die Katzenmumien wurden in farbige Bandagen eingewickelt, und ihr Gesicht zierte eine hölzerne Maske, auf der Augen, Mund und Nase einschließlich der Schnurrbarthaare sorgfältig aufgemalt waren. (Ebenso wurden Krokodile, Ibisse und sogar Mäuse mumifiziert, die der Katze in der Unterwelt zur Nahrung dienen sollten.)

Im späten 19. Jahrhundert fand man eine solche Menge Katzenmumien, daß niemand wußte, was man mit ihnen anfangen sollte. Allein in einer einzigen Totenstadt bei Beni Hassan wurden mehr als 300 000 Stück ausgegraben. Schließlich erwarb ein ideenreicher Händler die Mumien, verschiffte sie nach Liverpool und verkaufte sie an englische Bauern als billigen Dünger – zu einem Preis von nur fünfzehn Dollar pro Tonne.

Glücklicherweise entkamen einige ägyptische Katzenmumien diesem schändlichen Schicksal. Diese Exemplare wurden von Archäologen und Biologen untersucht, die wissen wollten, welche Katzenart mumifiziert worden war. Sie fanden heraus, daß die meisten Schädel dem der Falbkatze (*Felis libyca*) ähnelten, der afrikanischen Wildkatze, die bei den Kornspeichern jagte. Doch ein paar Schädel erinnerten auch an die etwas größere Rohrkatze (*Felis chaus*), die wahrscheinlich ebenfalls dort vorkam. Für unsere Zwecke können wir jedoch davon ausgehen, daß *Felis libyca* die Katze war, die von den Ägyptern domestiziert wurde, die Art, aus der der Zweig *Felis domestica* am Baum der Evolution hervorging.

Unnatürliche Selektion

Auch heute noch streifen viele Falbkatzen in Teilen Afrikas und Asiens durch die Wildnis. Sie wiegen zwischen 4,5 und 8 Kilogramm – für eine Hauskatze wäre das ziemlich schwer – und haben eine hellbraune Färbung, die die Katzenzüchter „Agouti" nennen.

(Ein Agouti ist ein kleiner südamerikanischer Nager aus der Familie der Meerschweinchen, der freundlicherweise seinen Namen zur Verfügung gestellt hat, um die Farbe seines Fells zu bezeichnen.) Von diesem hellbraunen Untergrund, in dem die einzelnen Haare in zwei unauffälligen Braunschattierungen gebändert sind, heben sich etwas dunklere Tigerstreifen ab. Damit sind Falbkatzen gleich zweifach getarnt: Ihr hellbraunes Fell läßt sie optisch mit dem trockenen Gras und dem Boden verschmelzen, während die Tigerstreifen ihren Umriß auflösen, indem sie Schatten und Zweige vortäuschen. *Felis libyca* hat sich in den letzten 4000 Jahren offenbar kaum verändert, daher sehen ihre modernen Vertreter ihren Vorfahren aus der Zeit der Pharaonen wahrscheinlich sehr ähnlich. Innerhalb dieser evolutionsbiologisch recht kurzen Zeitspanne bestand für Falbkatzen anscheinend keine Notwendigkeit, ein neues, verbessertes Modell zu entwickeln.

Wenn sich die Umweltbedingungen nicht drastisch ändern, ist Evolution in der Regel ein sehr langsamer Prozeß. Große Veränderungen finden im Zeitlupentempo statt – durch viele kleine Veränderungen –, und man muß eigentlich in geologischen Dimensionen denken, um dieses Thema aus der richtigen Perspektive anzugehen. (Tatsächlich hatten die Schriften des berühmten Geologen Charles Lyell großen Einfluß auf Darwins Denken.) Genauso, wie es mir schwerfällt, in astronomischen Maßstäben zu denken, habe ich große Schwierigkeiten, mir Zeitspannen vorzustellen, die nicht Jahrtausende, sondern Hunderte von Millionen Jahren umfassen.

Es hat viele Versuche gegeben, sich derartige Größenordnungen zu vergegenwärtigen, die so weit außerhalb unseres normalen Vorstellungsvermögens liegen. Vor Jahren versuchte es ein Freund mit Mohnsamen. Er stellte ein Glas mit einer Million solcher Samen auf seinen Schreibtisch, um ein gewisses Gefühl für die Zahl der Wörter im Speicher seines Computers zu gewinnen. Er würde 180 solcher Gläser benötigen, um mit Mohnsamen die Zahl der Jahre darzustellen, die verflossen sind, seitdem primitive Säuger eines ihrer Hauptmerkmale erwarben: ein Kleid aus Haaren, ein Fell.

Behaarung schützt vor Hitze und Kälte und hilft, ihren Besitzer gegenüber Beute und Raubfeind gleichermaßen zu tarnen. Viele Gene sind an der Kontrolle von Haarfarbe, -typ und -länge beteiligt, und diejenigen, die ihre Träger am erfolgreichsten schützen konnten (wie das Agouti-Gen), gehören heute zum gemeinsamen Genbestand vieler verschiedener Säugerarten, die sich im Lauf der Evolution entwickelt haben. Dank der unendlich langen Zeiträume, in denen Mutter Natur an diesem Problem gearbeitet hat, sind einige Gene heute so gescheit, daß sie je nach Jahreszeit oder Lebensstadium des Tiers die Farbe des Fells wechseln.

Die natürliche Zuchtwahl (Selektion) verläuft nicht nur langsam, sondern sie ist auch ungerichtet – sie hat kein Ziel. Nach dem natürlichen Lauf der Dinge fördert sie im Endeffekt jedoch stets und unausweichlich die Weitergabe derjenigen Gene, die ihren Trägern helfen, sich am erfolgreichsten an ihre sich ständig verändernde Umwelt anzupassen. Im Gegensatz dazu verläuft die „unnatürliche Selektion" mittels Zuchtprogrammen viel rascher und zudem zielgerichtet: Sie favorisiert den Erhalt und die Weitergabe derjenigen Gene, die dem Züchter und seinen Kunden am besten gefallen. Diese Gene helfen ihren Trägern, sich an die „künstliche Umwelt" anzupassen, die durch die Wünsche des *Homo sapiens* geschaffen wurde.

Die Domestikation wilder Tiere und das daraus resultierende Entstehen einer neuen Art ist ebenfalls ein langsamer Prozeß, doch er findet innerhalb eines Zeitraums statt, den wir überschauen können. Beispielsweise haben Menschen den Hund seit ungefähr 10 000 Jahren nach ihren Bedürfnissen geformt, und heute gibt es Hunde aller Größen und Formen, je nach der Aufgabe, für die sie gezüchtet wurden. Innerhalb dieser Zeitspanne haben sich ihre wilden Vorfahren, die Wölfe, hingegen kaum verändert.

Ähnlich weisen die Vertreter von *Felis domestica*, an denen sich die Menschen erst seit 4000 Jahren zu schaffen machen, deutliche Veränderungen auf, während *Felis libyca* mehr oder weniger dieselbe geblieben ist. Anders als Hunde werden Katzen jedoch selten als Nutztiere gezüchtet (Katzen haben eine eigene Meinung darüber, wie sie ihr Leben verbringen sollten), daher sind Veränderungen in ihrer Körperform viel weniger ausgeprägt, und es wird wahrscheinlich keine kätzische Bernhardiner- oder Schäferhundversion geben.

Da Katzen wegen ihrer Schönheit gezüchtet werden, haben sich jedoch Fellfarbe und Felltyp beträchtlich verändert. Die natürliche Selektion hätte natürlich gegen jede Färbung votiert, die einem Tier, das zu klein ist, um sich zu verteidigen, keine Tarnung geboten hätte, doch die unnatürliche Zuchtwahl hat die Regeln umgestoßen: In einer Umgebung, wo das Dem-Menschen-Gefallen an erster Stelle steht, sind die erfolgreichsten Katzen nicht länger die unauffälligen, sondern diejenigen, die im Rampenlicht paradieren.

So verschieden wie die Menschen, so verschieden sind natürlich auch die Dinge, die ihnen gefallen. Es gibt heute ein Gen, das

Haarlosigkeit bewirkt (und zu einer sehr kälteempfindlichen Katzenrasse namens Sphinx führt), und ein anderes, das Faltohren hervorruft (und in einer manchmal tauben Rasse, dem Schottischen Faltohr, resultiert). Diese Katzen sind in meinen Augen eher häßlich als schön, und ich denke, man hätte diese Varietäten lieber nicht weiterzüchten sollen. Aber wer bin ich, daß ich mir ein Urteil darüber anmaße? Als 1871 in England die erste Seal-Point-Siamkatze ausgestellt wurde, wurde sie in einem zeitgenössischen Journal als „ein unnatürlicher Nachtmahr von Katze" beschrieben, doch heute würde wahrscheinlich niemand mehr diesem Urteil zustimmen.

Georges Gene
(und die von Max und Libby)

Die katzenverehrenden Ägypter hinterließen uns eine Menge Hinweise auf das Aussehen ihres Lieblingstiers. Eine besonders reichhaltige Grabmalerei um 1400 v. Chr. zeigt eine große Katze – nennen wir sie Libby –, die einen fast gleich großen Vogel fängt. Ein wunderbares Mosaik in Pompeji stellt eine ähnliche Szene dar; die abgebildete Katze weist große Ähnlichkeiten mit der älteren Libby-Darstellung auf, und beide Tiere erinnern stark an Falbkatzen.

Diese Tiere sind kurzhaarig, und ihr Fell hat einen goldenen Schimmer. Ihr Körper ist deutlich gestreift, der Schwanz dunkel geringelt; derartige Streifenmuster nennt man heute Tabby. (Wie Calico leitet sich Tabby von einem Ort ab, an dem Tuch hergestellt wird. In diesem Fall handelt es sich um den Attabiah-Distrikt im alten Bagdad, und das Tuch ist ein gestreifter Taft, kurz Tabby-Seide genannt.)

Ein einziger Blick auf George oder Max verrät Ihnen, daß sich seit Libbys Zeiten einiges verändert hat. Wo einst nur der Wildtyp „Agouti mit Streifen" existierte, gibt es heute kohlschwarz, weiß oder orange gefärbte Katzen, gar nicht zu reden von Grauvarianten und den exotischen Smoke-Tönungen, wie man sie auf Rassekatzenausstellungen findet. Und statt kurz tragen viele Katzen ihr Haar heute lang – manchmal sogar so lang, daß sie Schwierigkeiten haben, sich ohne menschliche Hilfe sauberzuhalten. Woher kommen alle diese Variationen?

Nun, teilweise rühren sie von fehlerhaften Teilungen her, wie sie im Rahmen des komplizierten Meioseprozesses auftreten. Im Verlauf von 4000 Jahren müssen viele Millionen Mutationen stattgefunden haben, denn man schätzt, daß pro Million produzierter Geschlechtszellen im Durchschnitt ein genetischer Fehler auftritt. Ein Großteil dieser mutierten Gene geht natürlich verloren, denn die meisten Geschlechtszellen entwickeln sich nicht weiter. Auch bei denjenigen, die sich weiterentwickeln, verschwinden die mutierten Gene, es sei denn, sie gereichen ihrem Träger zum Vorteil oder erwecken die Aufmerksamkeit des Züchters. Einige genetische Unfälle können sich als vorteilhaft erweisen, die meisten sind jedoch nicht nur unvorteilhaft, sondern schlichtweg tödlich. Dominante letale Gene stellen kein Problem dar, denn es gibt keinen überlebenden Nachkommen, der sie verbreiten könnte, aber schädliche rezessive Gene überdauern im Genpool und töten oder verkrüppeln diejenigen Nachkommen, die das Pech haben, zwei dieser Gene (von jedem Elternteil eines) zu erben.

Alle Vertreter von *Felis libyca* haben kurzes Haar, daher muß es ein (evolutionsbiologisch wahrscheinlich sehr altes) „Wildtyp-Gen" geben, das kurzes Haar hervorruft. Dieses Gen wurde an *Felis domestica* weitergegeben, und so trugen alle Hauskatzen kurzes Haar, bis ein Kopierfehler auftrat (offenbar irgendwo im südlichen Rußland). Dieser Fehler führte zu einer Genmutante, die langes Haar hervorruft. Wie viele Mutanten verhielt sich dieses Gen rezessiv gegenüber dem Wildtyp, von dem es abstammt, daher war es, auf sich allein gestellt, nicht in der Lage, seine Wünsche durchzusetzen (oder auch nur seine Gegenwart kundzutun). Doch als sich zwei Katzen paarten, die beide dieses mutierte Gen an ihre Nachkommen weitergaben, traten plötzlich Langhaarkatzen wie Max auf und verbreiteten sich, von Rußland ausgehend, über die Türkei und den Iran, wo die Angora- und Perserkatzen herstammen. Langes Haar bringt möglicherweise einige Vorteile mit sich, zumal im russischen Klima, doch zweifellos förderten die Menschen den Erhalt dieses Merkmals nach Kräften, indem sie die wunderschönen neuen langhaarigen Katzen zu sich nahmen und fütterten (und wahrscheinlich auch kämmten).

Auf ähnliche Weise haben Mutationen der Gene, die die Haarfarbe kontrollieren, zum Gen für oranges Fell und zum Gen für weiße Fleckung geführt; beide Gene sind dominant gegenüber dem Wildtyp-Gen, von dem sie sich ableiten. Wir wissen nicht genau, wann und wo dies geschah, doch Untersuchungen der heutigen Verteilung von Fellfärbungen lassen vermuten, daß diese beiden Mutationen zu den ältesten Farbmutationen gehören, denn sie sind am weitesten verbreitet. Vermutlich hatten Menschen, die Katzen mit vielen Farben bevorzugten, bei der Verbreitung dieser Gene ihre Hand im Spiel. Das Gen für weiße Flecken, das sich sowohl bei George als auch bei Max manifestiert hat, scheint ganz besonders dazu entworfen worden zu sein, den Menschen zu gefallen: Es ruft oft eine besonders hübsche Gesichtszeichnung, einen weißen Brustlatz und gescheckte Pfoten hervor.

Alle Falbkatzen sind getigert, also Tabbies, so auch Libby und ihr Ebenbild in Pompeji. Das ursprüngliche Wildtyp-Gen führt zu einem tigerstreifigen Mackerel-Tabby, von dem es zwei Mutanten gibt: eine dominante Mutante, den Abyssinian Tabby (der eher gefleckt als gestreift wirkt), und ein rezessive Mutante, den gestromten oder marmorierten Classic Tabby. Daher verfügen alle Vertreter von *Felis domestica* über zwei Tabby-Gene und sind auch Tabbies, ob sie das nun zugeben wollen oder nicht.

Wenn man George anschaut, kann man die wunderbar gestreifte Tabby-Musterung erkennen, die sich über alle nichtweißen Partien seines Körpers zieht; das gilt besonders für die Region rund um seine Augen und für seinen dunkel geringelten „Waschbärschwanz". Er stellt sein Wildtyp-Gen, das sich wahrscheinlich kaum von demjenigen Libbys (und aller heutigen Falbkatzen) unterscheidet, stolz zur Schau. Wenn man jedoch Max betrachtet, der überall dort, wo er nicht reinweiß ist, kohlschwarz aussieht, fällt es schwer, darin den Wildtyp zu finden.

Wir wissen aber, daß diese Streifen vorhanden sind, weil einfarbig schwarze Kätzchen häufig ein schwaches Streifenmuster zeigen, solange ihre Haare noch nicht vollständig pigmentiert sind. Diese Musterung kann man gelegentlich auch bei voll ausgewachsenen Katzen sehen, wie Kipling im *Dschungelbuch* poetisch beschreibt: „Es war Bagheera, der schwarze Panther, tintenschwarz über und über, doch mit der Pantherzeichnung, die in gewissem Licht aufleuchtete wie eine Musterung auf nasser Seide."

Wenn ich früher gewußt hätte, was ich heute weiß, hätte ich bei Max nach Streifenmustern gesucht, als er noch sehr jung war. Aber heute sind seine schwarzen Streifen vor einem völlig schwarzen Untergrund nicht mehr auszumachen. Daher gibt es keine Möglichkeit herauszufinden, welches Tabby-Gen Max besitzt; wir wissen aber, daß er im Herzen eine echte Tigerkatze ist.

Wie Libby ist George durch sein Tabby-Streifenmuster wie auch durch seine bräunliche Agouti-Fellfärbung getarnt. Seine schwarzen und orange Flecken sind nicht gleichmäßig einfarbig, sondern bestehen aus gebänderten Agouti-Haaren, durchflochten von weißen Streifen – er ist eine wandelnde Reklame für das Wirken zahlreicher Gene. Da er sowohl ein Tortie (Schildpatt) wie auch ein Tabby ist, sollte man ihn eher einen Torbie nennen oder, genauer noch, einen Torbie mit Weiß. Das Weiß ist es natürlich, das ihn verrät und die ganze Tarnung auffliegen läßt. (Selbst so habe ich manchmal Schwierigkeiten, ihn zu finden, wenn er in unserem Redwoodwald auf einem Baumstumpf hockt, die langen weißen Beine sorgfältig unter seinem gestreiften Rumpf verborgen.)

Max hingegen ist stets gut zu sehen, sogar bei Nacht. Sein üppiger weißer Brustlatz reflektiert selbst das schwache Sternlicht und zieht das Auge bei jeder Bewegung auf sich. Eine derartig unpraktische Färbung können sich nur domestizierte Tiere erlauben: Die meisten Katzen jagen nicht mehr, um ihren Lebensunterhalt zu sichern, sondern verlassen sich darauf, von ihrem Besitzer gefüttert zu werden; die meisten sind in ihrem zivilisierten urbanen Lebensraum, der sich sehr von der Umwelt zu Libbys Zeiten unterscheidet, auch vor Raubfeinden sicher. Selbst unsere Wald- und Wiesenkatzen, die noch jagen und gejagt werden, sind von freundlichen Menschen umgeben, die sie füttern und schützen und sich an ihrer extravaganten Musterung erfreuen.

Ein Waldspaziergang

Unsere Katzen sind wie Hunde – sie mögen es, wenn wir mit ihnen im Wald spazierengehen. Wir rufen, und sie kommen angelaufen, Max offensichtlich voller Unternehmungslust, wobei sein üppiger schwarzer Schwanz wie ein Banner im Winde weht, und George, genauso unternehmungslustig, aber keineswegs gewillt, es zuzugeben. Max läuft gerne vornweg, um zu führen, doch zuerst wartet er ab, um zu sehen, welchen der vielen Wege wir gewählt haben. Dann jagt er unbekümmert voran, während der methodischere George vorsichtig hinterherstrolcht, herumschnüffelt, den Vogelrufen lauscht und jede Duftspur wie auch jedes Geräusch verfolgt. Wir stöbern ebenfalls herum und müssen öfter anhalten, um den erschöpften Max aufzunehmen, der schweratmend vor uns auf dem Weg liegt. Dann rufen wir nach George, der so weit hinterhertrödelt, daß er mittlerweile außer Sicht ist. Alle Wege führen hangabwärts, zumindest zu Beginn, und wir wandern durch ein Gebiet mit Eichen und Kiefern den Hügel hinunter; dann folgen Douglasfichten und Kalifornische Erdbeerbäume. Noch weiter hügelabwärts erreichen wir Senken, wo sich der Nebel von der Küste sammelt und niederschlägt und so ideale Voraussetzungen für das Gedeihen von Redwoods mit ihrem Teppich aus Sauerampfer und Farnen schafft. Schließlich erreichen wir eines unserer Lieblingsziele: vielleicht Cat Meadow, wo wir uns auf einen Holzstapel setzen und unseren Begleitern zusehen, wie sie im hohen Gras kleinen Tieren nachstellen, oder Caretaker's Glen, wo die beiden sich jedes Mal den schrägen Stamm eines großen Lorbeerbaums hinaufjagen, oder Big Stump, den sie ignorieren, den wir aber jedes Mal voller Verwunderung betrachten und uns vorzustellen versuchen, wie es Männern, nur mit Handsägen und Ochsen ausgerüstet, vor fast 150 Jahren gelingen konnte, Redwoodstämme dieses Ausmaßes zu fällen und abzutransportieren.

Manchmal spitzen George und Max während des Spiels plötzlich Augen und Ohren und reagieren auf einen Anblick oder ein Geräusch, das uns verborgen bleibt. Ihre Ohren drehen und wenden sich, während sie, die Pupillen auf Stecknadelgröße verengt, denselben Platz fixieren, aber wir finden nur selten heraus, was ihre Aufmerksamkeit erregt hat. Einmal, nach mehreren Minuten gemeinsamer Konzentration, sahen wir jedoch, was sie entdeckt hatten: Ein Fuchs tauchte aus dem Unterholz auf und schnürte lautlos über die Wiese.

Nach etwa einer Meile beginnen die Klagen, aber nur dann, wenn wir immer noch hügelabwärts gehen und uns weiter von zu Hause entfernen. Sie miauen und inszenieren einen Liegestreik, sie wollen nicht weiter, ohne auf den Arm genommen zu werden. Sobald wir umkehren, verschwindet ihre Erschöpfung. Max galoppiert mit gestrecktem Schwanz den Hügel hinauf und führt unsere kleine Truppe auf den Heimweg. Aber bald bricht er zusammen, bleibt keuchend liegen und muß aufgenommen und gestreichelt werden. George sprintet und kollabiert niemals in dieser ziellosen und unvorhersehbaren Art und Weise, sondern schlendert gemächlich voran, ohne sich bei seinen gründlichen Untersuchungen längs des Weges antreiben zu lassen.

Letzte Woche nahm ich die beiden nach Cat Meadow und weiter mit – zumindest Max nahm ich weiter mit, weil George eifrig mit Jagen beschäftigt war und sich weigerte mitzukommen. Diesmal suchte ich einige Redwood-Orchideen, an deren Standort ich mich vage aus dem Vorjahr erinnerte. Ich wollte ihr abgelegenes und geschütztes Versteck unbedingt wiederfinden, deshalb trug ich Max den größten Teil des weiten Wegs. Als wir schließlich nach Cat Meadow zurückkehrten, war nichts von George zu sehen. Max miaute und ich rief, aber ohne Erfolg. Wir warteten und riefen und begannen uns zu sorgen, denn es wurde allmählich spät. Schließlich gaben wir auf und machten uns widerstrebend auf den Heimweg. Diesmal nicht mit hocherhobenem Banner – Max schleppte sich vorwärts und sah müde und betrübt aus, als wir die alte Holzfällerstraße hinauf langsam heimwärts trotteten. Ich blieb immer wieder stehen und rief, aber von George keine Spur. Die Beine wurden mir ebenfalls schwer; ich war besorgt, machte mir Vorwürfe und fürchtete, die Verlockung der Orchideen habe zum Verlust von George geführt.

Ich war deshalb überrascht und überglücklich, den Verlorengeglaubten, in der hereinbrechenden Dämmerung kaum mehr zu erkennen, beim Tor am Ende der Straße sitzen zu sehen. Max und ich rannten, um ihn zu begrüßen, doch er erwartete uns gleichmütig und gelassen – kein ähnlicher Freudenausbruch bei *ihm*. „Wo seid ihr bloß gewesen?" schien er ungehalten zu fragen. „Was hat euch bloß aufgehalten? Wie in aller Welt seid ihr auf die verrückte Idee gekommen, so weit zu gehen?"

Katzenverrückt

Lady Aberconway stellte fest (wie im Vorwort zitiert), daß Katzen entweder geliebt oder verabscheut werden. Sie bezog das auf „Individuen, gleichgültig welcher Epoche", doch das gleiche scheint auch für bestimmte Perioden der Geschichte zu gelten. Zeiten der Katzenliebe wechselten sich ab mit Zeiten des Katzenhasses, genau wie andere Manien.

Die ersten katzenverrückten Leute waren die alten Ägypter, die ihre Katzenliebe wirklich sehr weit trieben. Sie verehrten, schützten und mumifizierten diese Tiere nicht nur, sondern sie wollten auch die einzigen Katzenhalter auf Erden bleiben. Ein paar Katzen wurden jedoch auf Schiffe geschmuggelt (oder gingen als blinde Passagiere an Bord), wo man sie dringend brauchte, um die Ladung zu schützen. Daher breiteten sie sich mit der Zeit überall dort aus, wo Schiffe anlegten, und wurden schließlich im ganzen Mittleren Osten, in Indien, China und Japan zum Haustier. Doch wahrscheinlich hat sie niemand so geliebt wie die Ägypter, die ihre Augenbrauen zum Zeichen der Trauer abrasierten, wenn eine Katze starb.

Die alten Griechen und Römer konnten das ganze Getue nicht so recht verstehen – zahme Wiesel, Marder und Iltisse schützten ihre Kornspeicher sehr effizient. Man weiß nicht einmal genau, ob die Griechen überhaupt Katzen hielten. In einem anonymen Artikel zur Abstammung der Hauskatze, der 1917 im „Journal of Heredity" erschien, wurde die These aufgestellt, daß sich der Terminus „ailuros", mit dem die alten Griechen die Rattentöter bezeichneten, die sie an Bord ihrer Schiffe hielten, vielleicht nicht auf Katzen, sondern auf einen weißbrüstigen Marder bezog. (Von

diesem Terminus leiten sich die Begriffe „ailurophil" und „ailuro-
phob" ab, die soviel wie „Katzenliebhaber" beziehungsweise „Katzenhasser" bedeuten.)

Mit den Römern gelangten die Hauskatzen anschließend weiter
nach Norden und erreichten schließlich wohl irgendwann vor
Beginn des 5. Jahrhunderts Großbritannien. Auf dem Weg dorthin
müssen diese römischen Importe gelegentlich mit der Europäi-
schen Wildkatze, *Felis silvestris*, angebändelt haben, denn sie hinterließen Junge, die die dunklere Streifung und den untersetzteren
Körper dieser Wildkatzen aufwiesen.

Eine der ersten schriftlichen Erwähnungen von Katzen in
Europa findet sich im Dimetianischen Gesetzbuch aus dem Jahr
936 nach Christus, das von dem walisischen Prinzen Hywel Dda
verfaßt wurde. Unter den dort aufgeführten Gesetzen befinden
sich einige zum Schutz der Katzen, in denen ihr Wert beurteilt
wird und demjenigen schwere Strafen angedroht werden, der eine
Katze stiehlt oder tötet. Artikel XXXII lautet (in freier Übersetzung):

> Der Wert einer Katze, die getötet oder gestohlen worden ist: Sie
> soll über einem sauberen, ebenen Boden aufgehängt werden,
> so daß ihr Kopf den Boden gerade berührt, während ihr
> Schwanz steil nach oben zeigt. Dann soll so lange Weizen
> darüber geschüttet werden, bis die Schwanzspitze bedeckt ist;
> und das soll ihr Wert sein. Wenn kein Getreide vorhanden ist,
> dann soll ihr Wert dem eines Milchschafes mit seinem Lamm
> und seiner Wolle entsprechen, wenn es eine Katze ist, die die
> Kornspeicher des Königs bewacht. Der Wert einer gemeinen
> Katze beträgt vier gesetzliche Pence.

Um dies in den richtigen historischen Zusammenhang zu stellen,
erinnert uns der berühmte Katzenliebhaber Carl van Vechten
daran, daß ein Penny zu jener Zeit dem „Wert eines Lammes, eines
Zickleins, einer Gans oder einer Henne [entsprach]; ein Hahn oder
ein Ganter waren zwei Pence wert, ein Schaf oder eine Ziege vier
Pence". Daher waren also selbst Wald- und Wiesenkatzen im 10.
Jahrhundert sehr wertvoll. Das läßt darauf schließen, daß sie die
Bühne dort erst vor kurzem betreten und noch keine Gelegenheit
gehabt hatten, ihren Wert durch üppige Vermehrung zu mindern.

Es ist interessant, daß sich in der Bibel, in der viele andere Tiere
erwähnt werden, keine Anspielung auf Katzen findet. Anscheinend
waren keine Katzen an Bord von Noahs Arche, um die Nahrungs-
vorräte zu schützen. Van Vechten aber erzählt folgende arabische

Legende, die die Entstehungsgeschichte der Katze erklärt: „Das Paar Mäuse an Bord der Arche Noah vermehrte sich so rasch, daß das Leben für die übrigen Passagiere unerträglich wurde, woraufhin Noah mit seiner Hand dreimal über den Kopf der Löwin strich und diese zuvorkommenderweise die Katze ausnieste."

Im frühen Mittelalter galten Katzen nach offizieller kirchlicher Lesart als Symbol des Bösen, doch die Menschen kümmerten sich nicht allzusehr darum, weil sie wie die Passagiere der Arche wußten, daß ihr Leben ohne Katzen unerträglich wäre. Die religiöse Verfolgung von Katzen hat in Europa offenbar in der Mitte des 13. Jahrhunderts begonnen; vielleicht war der Grund ein wiedererwachendes Interesse der Bevölkerung an heidnischen Fruchtbarkeitskulten. Hexen wurden zusammen mit schwarzen Katzen dargestellt, die sie bei ihrem ruchlosen Tun unterstützten, und speziell den nordischen Hexen wurde nachgesagt, sie führen in Kutschen, gezogen von Katzen, und trügen Handschuhe aus Katzenhaut. Während der Pest wurde die Verfolgung von Katzen aber zeitweise ausgesetzt.

Zur Zeit des Schwarzen Tods, dem um die Mitte des 14. Jahrhunderts ein Viertel bis die Hälfte der Bevölkerung Europas zum Opfer fiel, konnten sich diejenigen Familien glücklich schätzen, die eine Katze besaßen. Als die Kirche erkannte, daß die Pest von Rattenflöhen übertragen wurde, die die Kreuzritter samt den dazugehörigen Ratten aus dem Heiligen Land mitgebracht hatten, kam sie zu der Ansicht, daß Katzen vielleicht doch nicht so böse seien. Aber Mitte des 15. Jahrhunderts, als die Pest besiegt schien, gerieten Katzen wieder ins Visier frommer Christen, die sie wegen ihrer Verbindungen zum Heidentum haßten und fürchteten. Mittelalterliche Christen waren echte Ailurophobe, Katzenhasser, und zu dieser Zeit wurden Katzen – besonders schwarze – grausam verfolgt; manchmal wurden sie aufgehängt, manchmal auch als Symbole der Ketzerei lebendig auf Scheiterhaufen verbrannt. Überbleibsel dieses alten Aberglaubens kann man noch heute finden, wenn Leute ihren Weg ändern, um zu verhindern, daß eine schwarze Katze ihn kreuzt.

In Asien, wo Muslime und Buddhisten eine ganz andere Haltung zu Katzen einnahmen, erging es ihnen viel besser. Von Mohammed wird berichtet, er habe sie so geliebt, daß er, um eine schlafende Katze nicht zu stören, den Teil seines Gewandes abschnitt, auf dem sie ruhte. Die Buddhisten glaubten, daß man nach dem Tod in den Körper einer Katze eintrete, wenn man genügend erleuchtet sei; nach dem Tod der Katze werde die Seele dann schließlich ins Paradies eingelassen. In Anerkennung ihrer Bedeutung wurden in thailändischen Tempeln heilige Katzen gehalten, und noch 1926 nahm eine Siamkatze an der Krönungsparade des Königs teil, dessen Vorgänger sie symbolisierte.

Um 1000 nach Christus waren Katzen von China nach Japan gelangt. Dort wurden sie als verhätschelte Schoßtiere gehalten und durften nicht auf Mäuse- oder Rattenjagd gehen. Diese Situation dauerte mehrere Jahrhunderte an, während deren sich die Nager explosionsartig vermehrten. Die Mäuse wurden besonders von den vielen Seidenspinnerlarven angelockt, die emsig damit beschäftigt waren, Japans wichtigsten Industriezweig zwischen dem 13. und 15. Jahrhundert in Schwung zu halten. Selbst in dieser Situation widerstrebte es den Japanern, ihre kostbaren Lieblinge mit derartigem Ungeziefer in Berührung kommen zu lassen, und sie versuchten es statt dessen mit Einschüchterung. Sie stellten überall Gemälde und Skulpturen von Katzen auf, doch diese Maßnahme blieb, wie kaum anders zu erwarten, ohne Erfolg, und aus irgendeinem Grund machte man die echten Katzen dafür verantwortlich. Im 17. Jahrhundert hatte sich die Situation zugespitzt; Getreideproduktion wie auch Seidenindustrie steckten in ernsten Schwierigkeiten, die Katzen waren in Ungnade gefallen, und die Japaner kamen endlich wieder zur Vernunft. Ein Dekret wurde erlassen, das jedermann den Besitz von Katzen untersagte sie mußten sämtlich freigelassen werden, damit sie ihrem räuberischen Geschäft nachgehen konnten. Und so wurden Getreidevorräte und Seide gerettet.

Währenddessen hatte sich die Lage für Georges und Max' Vorfahren in Europa verbessert; es gibt einen Bericht über eine Katzenausstellung, die 1598 auf dem Jahrmarkt von St. Giles in Winchester stattfand. Katzen wurden wieder populär, als Napoleons Armee in Ägypten kurz vor Ende des 18. Jahrhunderts von der Pest befallen wurde, doch es war der berühmte Arzt Louis Pasteur, dessen Forschungen im 19. Jahrhundert dazu führten, daß Katzen als liebenswerte Hausgenossen rehabilitiert wurden. Er entdeckte die Bakterien, was jedermann sauberkeits- und hygienebewußt machte, und kein Tier ist reinlicher als eine Katze.

Bis ihnen ernsthaft Aufmerksamkeit geschenkt wurde, mußten die Katzen jedoch noch bis zur zweiten Hälfte des 19. Jahrhunderts warten; damals bildeten sich die ersten Katzenliebhaberorganisationen in England. Eine große Katzenausstellung, die 1871 im Londoner Crystal Palace durchgeführt wurde, brachte den Stein ins Rollen, und die viktorianische Gesellschaft wurde katzenverrückt; Katzenhaltung, Katzenausstellungen und Katzenzucht kamen in Mode. Man versuchte mit allen Mitteln, Merkmale, die man schätzte, wie lange Haare oder exotische Farben, zu erhalten und zu verstärken; gleichzeitig war man bestrebt, unerwünschte Merkmale, wie die anscheinend unauslöschlichen Tabby-Streifen, wegzuzüchten, die noch immer die alten *Felis-libyca*-Gene anzeigten.

Diese züchterischen Bemühungen mögen bewirkt haben, daß Naturforscher, die sich bis dahin bereits mit den Resultaten von Kaninchen-, Mäuse- und Taubenzuchten beschäftigt hatten, nun auch auf Katzen aufmerksam wurden und begannen, über die Ergebnisse kontrollierter Paarungen Buch zu führen. Während die Katzenliebhaber nach Blauen Bändern strebten, forschten die angehenden Genetiker nach den Genen der Katze (wenn sie ihre Suche damals auch noch nicht mit diesen Begriffen beschreiben konnten). Nun waren es statt der mittelalterlichen Kleriker die Wissenschaftler, vor denen die Katzen sich hüten mußten. Besonders in acht nehmen mußten sie sich vor Mivart, der (wie im Vorwort zitiert) der Meinung war, es sei an der Zeit, daß das Katzengeschlecht seinen Beitrag leiste und sich sezieren lasse, damit die Menschheit die Säuger besser verstehen lerne.

Gegenwärtig befinden wir uns in einer katzenfreundlichen Periode, zumindest in den Vereinigten Staaten, wo gegenwärtig rund 58 Millionen Katzen leben. Wir halten heute mehr Katzen als Hunde und geben jedes Jahr mehr Geld für Katzenfutter aus als für Babynahrung. Doch wer weiß schon, wann ein neues ailurophobes Zeitalter heraufdämmert und aus welchem Grund? Vielleicht könnte die gegenwärtige AIDS-Hysterie (völlig zu Unrecht) der Anlaß sein, denn Veterinäre beschreiben die feline Leukämie häufig als AIDS-ähnliche Katzenerkrankung. Wenn sich ihre besten Freunde wieder einmal gegen sie wenden, werden unsere unnatürlich verhätschelten Haustiere in große Schwierigkeiten geraten.

Die Poonery

Am Heiligabend des Jahres 1988 begann es zu schneien, allmählich zunächst und dann mit zunehmender Ausdauer, als wollten die dicken weißen Flocken ankündigen, diesmal gehe es nicht nur um einen dünnen Zuckerguß, sondern tatsächlich um weiße Weihnachten. Soviel Schnee ist ein relativ seltenes Ereignis bei uns, die wir 700 Meter hoch in Sichtweite des Pazifiks liegen, und so machten wir uns in der Dämmerung zu einem Spaziergang im Schnee auf.

George und Max folgen uns, wie es ihre Gewohnheit ist, und sie sind überrascht über das, was sie vorfinden. Irgend etwas stimmt nicht mit dem Boden. Er scheint an ihren Pfoten zu kleben und gleichzeitig rutschig zu sein; außerdem ist es ungewöhnlich kalt. Max ist unangenehm überrascht. Er versucht, beim Laufen sowenig Bodenkontakt wie möglich aufzunehmen. Seine Füße verlassen den Boden so rasch, daß er tänzelt und durch die Luft springt wie ein erschrecktes Reh. George, der von Natur aus viel neugieriger ist, schnappt nach den fallenden Schneeflocken und schmatzt dabei, als fange er Fliegen. Bald beginnt er kleine Schneebälle zusammenzuscharren, die er spielerisch mit den Pfoten hin- und herstößt.

In den darauffolgenden Tagen fällt die Temperatur auf minus acht Grad Celsius und bleibt dort. Die Rohre, nach kalifornischer Bauweise ungeschützt, frieren ein und platzen. Die rund 30 000 Liter Wasser aus unserem Vorratstank drohen sich auf die tiefer liegende Wiese zu ergießen, sobald der Eispfropfen taut, der sie an Ort und Stelle hält. George untersucht neugierig die gefrorenen Artischockenpflanzen und die langen Eiszungen, die von den Rohren herabhängen, doch dann kehrt er zu Max in die Wärme und Sicherheit des Korbs im Wäscheraum zurück. Zweifellos hoffen sie, daß das, was auch immer da draußen schiefgegangen ist, bald wieder in Ordnung kommt.

Menschen dagegen haben Pläne. In den Weihnachtsferien wollen wir mit dem Bau eines Studios beginnen, in dem ich ungestört arbeiten kann, und so helfen mein Sohn und meine Enkelin, Unmengen eisiger Bretter einen gefrorenen, rutschigen Abhang hinunter zum Bauplatz am Fuß der Wiese zu schleppen. Es ist so kalt, daß das Hämmern schwerfällt, und so grau, daß der Tanklaster, der die enge, gefährliche Straße hinunterkeucht, um unsere Gasreserven aufzufüllen, plötzlich wie ein riesiges Mirakel auftaucht, als seine gelben Lichter den wirbelnden Nebel durchdringen. Ich renne ins Haus zurück, um die ausgehende Post zusammenzusuchen; ich hatte nicht gewagt, die vier Meilen zum Briefkasten selbst zu fahren, und tue nun so, als wäre der Laster meine einzige Verbindung zur Außenwelt.

Am Ende der Woche steht das Gerüst. Die kleine Hütte mit ihrem Spitzdach schmiegt sich unter die Kiefern, während sie auf ihre Wände und Fenster wartet. Wir taufen sie in Anlehnung an den Namen unseres Anwesens, Poon Hill, „Pooncry".

„Was bedeutet 'poon'?" schrieben viele unserer Freunde zurück, als wir ihnen vor Jahren unsere neue Adresse sandten. Einige sahen sogar im Lexikon nach und glaubten, daß sich dahinter ein großer ostindischer Baum, der Gummiapfel, verberge, aus dessen Samen eine bitter schmeckende Medizin und Lampenöl hergestellt wird. Wir haben in unserer Gegend aber keine Gummiapfelbäume, wenn es auch vielleicht interessant wäre zu versuchen, einige hier anzupflanzen. Der Name leitet sich vielmehr von einem fast 4000 Meter hohen „Hügel" ab, der einem Major Poon von der nepalesischen Armee gehörte. Auf dessen Spitze errichtete er einen wunderbaren wackligen Turm mit zwei Treppen – eine zum Hinauf- und eine zum Hinunterklettern –, von dem aus man einen erstaunlich abwechslungsreichen Rundblick genießen konnte. Auf einer Seite liegen die schneebedeckten Gipfel des Annapurna und seiner erhabenen Freunde, die alle über 7000 Meter hoch sind, auf der anderen Seite erstrecken sich sanft gewellte Hügel, die zu den grünen und goldenen Ebenen Indiens hinunterführen. Dieser Blick ähnelt demjenigen, den wir hier oben genießen, wenn der aufziehende Nebel den blauen Pazifik verbirgt.

Sobald das Gerüst steht, tun es die Menschen den weisen Katzen nach und ziehen sich nach drinnen zurück, um wärmere Zeiten abzuwarten. Bald aber wird es in der Poonery geschäftig, und da das Geschäft mit Katzen zu tun hat, sind sie zu einem Besuch eingeladen. Sie nehmen die Sache sehr ernst und erkunden den Raum gründlich, schnüffeln eifrig herum und erforschen jeden Winkel. Sie schärfen ihre Krallen sanft und entspannt an dem alten Perserteppich, der die Mitte des Raumes ziert. Dann wählen sie ihre jeweiligen Sofaecken, wo sie sich niederlassen, sich putzen und dösen. Dieses Ritual wiederholt sich in gewisser Weise bei jedem Besuch.

Eines Tags erschien George auf der Türschwelle, weil er hereinkommen wollte, während ich gerade hinausging. Das war gar nicht in seinem Sinn, daher jagte er einmal durch den ganzen Raum, kratzte eine halbe Sekunde am Teppich und sprang dann hastig, aber entschieden auf sein Sofaende. Dort rollte er sich zu einem festen Knäuel zusammen, legte die Pfoten über die Augen und gab vor, sofort in tiefen Schlaf zu fallen. Er setzte sich natürlich durch, und ich hockte mich noch ein oder zwei Stunden an meinen Schreibtisch.

So lag George zusammengerollt während vieler Monate schlafend auf dem Sofa, während ich mit den Materialbergen kämpfte, die sich ständig höher auf meinem Schreibtisch auftürmten. Würde ich jemals die Antworten finden, die ich suchte? Warum war ich nicht als Katze geboren worden, um mich nur zu entspannen und mein Leben zu genießen?

George trillt Oscar

Ich konnte mich nicht einmal nachts richtig entspannen, denn in jenem Winter wurden wir allzuoft von Heulen und Schreien aufgeweckt, gewöhnlich um vier Uhr morgens. Voller Sorge, Kojoten hätten sich George und Max als Nachtmahl auserkoren, rannten wir dann im Schlafanzug in die bitterkalte Nacht hinaus und machten soviel Lärm wie möglich. Beim ersten Mal konnte ich den schwarzen Max nicht finden, doch der Strahl meiner Taschenlampe erfaßte rasch Georges lange weiße Beine, die sich langsam und entschieden die Einfahrt hinunterbewegten. Ich rief ihm zu, ins Haus zu kommen, alles sei in Ordnung, aber zu meiner Überraschung beachtete er mich gar nicht, sondern setzte seinen Weg unbeirrt fort.

Bald kamen wir dahinter, daß es kein wildes Raubtier war, das unseren Schlaf störte, sondern ein vormals zahmes – ein weißbeiniger Kater mit scheckigem Fell, dessen Besitzer wohl glaubte, das Tier könne für sich selbst sorgen, und es in der Nachbarschaft ausgesetzt hatte. Es war nicht George gewesen, den ich gesehen hatte, sondern Oscar (wie wir ihn nannten), der ihm sehr ähnlich war. Selbst nach zahlreichen nächtlichen Besuchen hatte ich immer noch Mühe, George von Oscar zu unterscheiden, obwohl George doch orange Flecken hat und Oscar nicht.

Oscar erkannte natürlich eine gute Gelegenheit, wenn sie sich ihm bot, und wollte sich in der Nachbarschaft ansiedeln, doch das paßte George und Max gar nicht in den Kram. Zuerst war es Max, der sich mit Oscar auseinandersetzte, während George auf den Stufen vorm Hauseingang saß und das Geschehen gelassen beobachtete. Standen wir vor einer romantischen Dreiecksbeziehung mit George an der Spitze? Gedanken dieser Art mußten wir bald aufgeben, denn nun war es George, der sich in den Kampf stürzte, während Max erhobenen Hauptes auf dem Geländer saß oder das Getümmel vom sicheren Hausdach aus beobachtete. George griff Oscar wild an und brachte ihm tiefe Wunden im Nacken bei. George war, wie sich herausstellte, ein gewaltiger Krieger.

Obgleich George und Max häufig gemeinsam auf Jagd gehen, wobei jeder am anderen Ende eines Mäuselochs lauert oder beide einen verzweifelten Nager in die Enge treiben, sahen wir sie nur selten zusammen auf Oscar losgehen. Es war, als fänden sie „zwei gegen einen" nicht fair – es verdarb den Spaß. Eines Morgengrauens wurden wir jedoch durch seltsame Geräusche geweckt. Als wir hinunterkamen, stießen wir an der Tür auf George und Max, die beide einen furchteinflößenden Katzenbuckel machten, wobei ih

ren Kehlen statt des üblichen hohen Miaus ein tiefes Grollen
entstieg. Jeder hielt die Höhen eines Stuhls, während Oscar die
Niederung des Hauseingangs zwischen ihnen verteidigte. Unser
plötzliches Erscheinen führte dazu, daß Oscar erschreckt kehrt-
machte und davonraste, was Georges und Max' erstarrte Gestalten
förmlich explodieren ließ. Sie setzten Oscar nach, so rasch sie
konnten, wobei George Max ein oder zwei Fußlängen voraus war,
und jagten den Eindringling die Eingangstreppe hinunter, so daß
man meinen konnte, vor uns galoppiere ein Trupp Pferde.

Oscar sprang die letzte Stufe hinunter und stürmte auf das
Unterholz zu, um dort Schutz zu suchen, George und Max (und
uns) dicht auf den Fersen. Dann, während wir ungläubig zusahen,
holte Max George ein, griff ihn – in der Verwirrung des Augenblicks
– an und warf ihn zu Boden. Auf Georges Protestgeschrei hin
bremste Oscar seinen wilden Lauf abrupt ab und wandte sich um,
um zu sehen, was in aller Welt da hinter ihm vorging. Auch er
beobachtete ungläubig, wie George aufstand, sich schüttelte und
verächtlich davonstolzierte. Da erkannte Max seinen Irrtum, und
die Jagd nahm ihren Fortgang.

Nicht nur einer, sondern sieben kleine Schneestürme suchten
uns in diesem ungewöhnlich kalten Winter heim. Das würde Oscar
schon in tiefere Gefilde treiben, wo es wärmer ist, hofften wir –
jedoch vergebens. Der Schlafmangel begann uns zuzusetzen, wir
wurden allmählich schlecht gelaunt. Irgend etwas mußte geschehen, aber was? Eines Nachts, als ich die Seitentür der Garage
schloß, stieß ich auf Max und Oscar, die gerade dort drinnen einen
Strauß ausfechten wollten. Ich packte Max, warf ihn hinaus und
schlug die Tür zu – alles in einer einzigen Bewegung. Oscar war
gefangen, zumindest im weiteren Sinn des Wortes, aber wie ihn
im engeren Sinn fangen?

Die Antwort war eine Eichhörnchenfalle, die für einen Kater
von Oscars Größe allerdings ziemlich klein war. Wir verwendeten
Georges und Max' Lieblingsfutter als Köder und gingen zu Bett in
der beruhigenden Gewißheit, diesmal ungestört durchschlafen zu
können. Am nächsten Morgen erwachten wir ausgeruht. Unser
erster Besuch galt der Garage. Oscar saß in der Falle und füllte
jeden Zentimeter des verfügbaren Raumes aus, unglücklich und
ziemlich niedergeschlagen durch die unerwartete Einschränkung
seiner Freiheit.

Aber er mußte nicht lange leiden, denn unsere Nachbarin stellte
fest, daß Oscar genau der Richtige für sie sei. Sie bewunderte seine
Kraft und sein Durchhaltevermögen, seine Fähigkeit, trotz aller
widrigen Umstände für sich selbst zu sorgen, und nicht zuletzt sein

wirklich gutes Aussehen. So setzte Oscar seinen Willen durch und wurde ein geschätztes Mitglied der Gemeinschaft. Er ist jetzt ein richtiger *Felis domesticus* und fühlt sich nur noch gelegentlich zu einem nächtlichen Gefecht mit George genötigt – vielleicht, weil George, soviel ich weiß, immer gewinnt.

4
Fortpflanzungstheorien von der Antike bis ins 19. Jahrhundert

Animalculi

Als ich eines Tages in meinem Lieblingsantiquariat stöberte, entdeckte ich im obersten Regal, direkt unter der Decke, ein Buch von John Farley mit dem Titel *Gametes and Spores*. Ich interessierte mich damals gerade für Pilze, weil sie rund um Poon Hill so üppig gediehen: Pilze mit roten, orangen, purpurnen, braunen und weißen Hüten, die in den Jahren vor der Dürreperiode nur darauf warteten, identifiziert zu werden. Mit den „Gameten" im Titel konnte ich nichts anfangen – sie erwiesen sich später als Geschlechtszellen –, aber ich wußte einiges über Sporen. Ich hatte damit begonnen, von meinen Pilzen Sporenproben zu gewinnen, denn ich hatte vor, diejenigen, die die Sicherheitstests bestanden, zu verspeisen, sobald ich genügend Mut dazu gefunden hatte.

Also holte ich mir eine Leiter und sah mir das Buch genauer an; dabei entdeckte ich, daß sein Titelbild keine Sporen zeigte, sondern Animalculi, wie Samenzellen früher so rührend genannt wurden. Der Untertitel „Vorstellungen über die geschlechtliche Fortpflanzung 1750–1914" war viel interessanter als der Haupttitel, er sah sogar verheißungsvoll aus. Daher nahm ich das Buch mit nach Hause, um es in Ruhe zu studieren, und wurde reich belohnt: Die Vorstellungen, die darin beschrieben werden, sind abstruser und wunderbarer, als ich es mir jemals hätte träumen lassen.

Ich las über Antoni van Leeuwenhoek, einen niederländischen Kaufmann aus dem 17. und 18. Jahrhundert, der sich in seiner Freizeit mit Biologie und Optik beschäftigte. Er hatte damals geduldig Hunderte von Linsen geschliffen und schließlich einige Mikroskope mit 250facher Vergrößerung gebaut. Als er 1677 frisch ejakuliertes Sperma (wahrscheinlich eigenes) mikroskopisch untersuchte, sah er darin Würmchen mit rundlichem Kopf und schlangenartigem Schwanz herumschwimmen. Er nannte sie Animalculi (kleine Tiere). Eine Million dieser Tierchen, so berichtete er voller Staunen, seien „nicht einmal so groß wie ein großes Sandkorn".

Nun, da die Animalculi sichtbar gemacht worden waren, stellten zahlreiche Leute Theorien über ihre Funktion auf. Viele hielten sie lediglich für Parasiten, die in den Hoden lebten, doch Leeuwenhoek und andere, die diese lebhaften Würmchen im Mikroskop betrachteten, sahen in ihnen etwas Grundlegenderes: In dem abgerundeten Kopf stellten sie sich ein vollständig vorgeformtes kleines Wesen vor, das nur auf die Wärme und Geborgenheit der Gebärmutter wartete, um sich in einen heranwachsenden Embryo zu verwandeln. Als Entdecker der Spermien wurden Leeuwenhoek und seine Anhänger zu überzeugten „Spermisten", die dem weiblichen Geschlecht lediglich eine reine Nährfunktion zubilligten.

Kontroversen über den Anteil des männlichen und weiblichen Beitrags zur Zeugung gibt es zweifellos schon so lange, wie Menschen Fragen stellen, und sie wurden bis in unser Jahrhundert hinein fortgesetzt. Frühe Menschen haben wahrscheinlich nicht nur danach gefragt, wie sich Menschen vermehrten, sondern auch, wie Tiere und Pflanzen dies täten. Angesichts all der weiblichen Wesen mit wachsenden Bäuchen rundum billigten primitive Völker dem weiblichen Geschlecht wahrscheinlich das Haupt- oder sogar das alleinige Verdienst für die Nachwuchsproduktion zu, zumindest, was die Säuger anging.

Doch bereits während des Goldenen Zeitalters begannen die alten Griechen (wie ich später aus einem anderen bemerkenswerten Buch, *A History of Genetics, from Prehistoric Times to the Rediscovery of Mendel* [Geschichte der Genetik von der Prähistorie bis zur Wiederentdeckung von Mendel] von Hans Stubbe lernte) sich über den Beitrag des männlichen Samens Gedanken zu machen: woher er komme, wozu er diene. Plato und andere vermuteten, der Samen werde im Gehirn und im Rückenmark produziert. Hippokrates, Anaxagoras und Demokrit schufen daraus eine Theorie, die sie Pangenesis nannten: Nach dieser Theorie wird der Samen überall im Körper erzeugt und mit dem Blutstrom transportiert; die Hoden gelten lediglich als Vorratsbehälter. (Diese Vorstellung hielt sich bis in frühchristliche Zeiten, ging verloren und wurde im 18. Jahrhundert von verschiedenen Engländern wiederentdeckt. Einer ihrer profiliertesten Verfechter war John Rogers, der gesagt haben soll: „Der Samen, als die eigentliche Essenz des Körpers, wird hauptsächlich im Gehirn erzeugt und durch unzählige Kanäle in die Testikel transportiert.")

Viele frühe Griechen glaubten, daß Frauen ebenso Samen produzierten wie Männer, wenn man sich auch darüber stritt, was dieser Samen sei und woher er komme. Galen, Arzt am Hof des römischen Kaisers Marc Aurel, hielt den weiblichen Samen für eine schleimige Substanz, die von den Eileitern abgesondert wurde und anschließend in die Gebärmutter gelangte, um dort das männliche Sperma zu ernähren und die Entwicklung des Embryos zu fördern. Nach Galens Ansicht war der weibliche Samen minderwertig, „weniger reichlich, kälter, schwächer und wäßriger" als sein männliches Pendant.

Andere frühe Griechen setzten den weiblichen Samen mit der Menstruationsflüssigkeit gleich. In jedem Fall galt der menschliche Embryo als Ergebnis der Mischung aus beiden Samentypen. Welche Art von Mischung dies war und nach welchen Regeln sich dessen Produkt entwickelte, aber war unter den Gelehrten umstritten. Kurze Zeit lang galt der weibliche Samen dem männlichen als ebenbürtig, was Fortpflanzung und Vererbung betraf, doch bereits zur Zeit des Aristoteles wurde die Bedeutung des weiblichen Beitrags erneut negiert.

Aristoteles, Diogenes und vielleicht auch Pythagoras vertraten die Ansicht, der Samen sei ein Schaum, der bei Nahrungsüberschuß im Blut gebildet werde. Aristoteles leugnete jedoch im Gegensatz zu anderen Gelehrten seiner Zeit die Existenz von weiblichem Samen: Frauen fehle die „lebenswichtige Hitze", die für die Samenproduktion nötig sei. Er sprach sich auch entschieden dafür aus, zwischen Stoff und Form zu unterscheiden. Seiner Ansicht nach lieferte der weibliche Part durch das Menstruationsblut die stoffliche Komponente, während der männliche Samen diesen Stoff in die geeignete Form brachte und ihm Energie und Bewegung verlieh. Am Beispiel eines (natürlich männlichen) Bildhauers erläuterte er, daß die Frau lediglich den Stein liefere, während der Mann die ganze interessante und kreative Arbeit leiste. (Mehr als 2000 Jahre später sollte Darwin dem zustimmen: „Die Frau schafft den Keim, der Mann gibt das ursprüngliche Lebensprinzip hinzu.")

Als die griechische Zivilisation auseinanderfiel und Christen im Jahr 391 die berühmte Bibliothek von Alexandria in Schutt und Asche legten, gerieten die Theorien von Hippokrates, Aristoteles und anderen bedeutenden Griechen zeitweise in Vergessenheit. Viele griechische Schriften sollten dennoch auf höchst verschlungenen Pfaden ins Europa des Mittelalters gelangen: Sie wurden von den Arabern in Alexandria und Kleinasien gerettet, ins Arabische übersetzt, über Mesopotamien und Ägypten nach Spanien geschafft und dann wiederum in mittelalterliches Latein übersetzt. Doch die christliche Kirche versuchte noch jahrhundertelang, einen Teil der Schriften des Aristoteles zu unterdrücken, und erst 1231 erlaubte Papst Gregor IX. den Gläubigen das Studium dieser Werke.

Gerade zur rechten Zeit für den heiligen Thomas von Aquin (geboren 1225 oder 1226), der die Gelegenheit beim Schopf packte und sich gründlich in die Schriften vertiefte. Von Aristoteles übernimmt er die Vorstellung vom Samen, der sich aus Blut und überschüssigen Nährstoffen bildet. Da der männliche Samen für Form und Bewegung zuständig sei, würde es seiner normalen Intention entsprechen, sich selbst so exakt wie möglich zu replizieren, führt er Aristoteles' Gedankengang weiter. Daher ist die Geburt eines weiblichen Wesens in den Augen dieses Kirchenlehrers auch „monströs", ein Fehltritt, eine Abweichung von der Norm. (Da derartige Fehltritte in rund fünfzig Prozent aller Fälle eintraten, kann man nur fragen, welche Entschuldigungen sich dafür anführen ließen.)

Selbst Leonardo da Vinci, der im 16. Jahrhundert lebte, hat Aristoteles' Ansichten zu diesem Thema offenbar kritiklos akzeptiert, doch im 17. Jahrhundert begann man erneut den weiblichen Beitrag zur Fortpflanzung anzuerkennen. Einer der Fürsprecher war William Harvey, ein britischer Anatomie- und Chirurgieprofessor, der nicht nur wußte, daß die Befruchtung mit Samen für die Fortpflanzung aller höheren Tiere unabdingbar war, sondern auch, daß sich Küken aus dem Eidotter entwickeln. Von dieser relativ schmalen Wissensbasis ausgehend, verfaßte er einen Artikel mit dem Titel „Ein Ei ist der gemeinsame Ursprung aller Tiere" – eine kühne Behauptung, denn weder er noch jemand anderes hatte jemals ein Säugerei gesehen. Harvey schrieb dies um 1650, lange Jahre, bevor der niederländische Anatom Reinier de Graaf etwas entdeckte, von dem er annahm, es sei ein Säugerei; wie sich später herausstellte, handelte es sich jedoch nur um das (Graafsche) Follikel, aus dem das Ei freigesetzt wird.

Mitte des 17. Jahrhunderts kam Harveys durch Fakten kaum gestützte Theorie vom Ei (lateinisch „ovum") als Ursprung allen tierischen Lebens groß in Mode, und die meisten gebildeten Leute schlugen sich auf die Seite der „Ovisten". Viele von ihnen glaubten zudem, daß diese Eier – zumindest im Fall des Menschen – gottgegebene, vorgeformte Embryonen enthielten. Dann sah Leeuwenhoek die Animalculi im Mikroskop, und die Bühne war bereit für den Krieg zwischen Spermisten und Ovisten.

Homunculus, Homunculus, wo bist du, Homunculus?

Was für ein seltsamer Krieg es doch war, der so faszinierende Kunstwerke hervorbrachte! Beide, Spermisten und Ovisten, zeichneten wundervolle Bilder von Homunculi (kleinen Menschen), die zusammengekauert, die Arme über den Knien verschränkt, in einem Ei oder einem Spermium hockten, je nachdem, welches Lager seine Sicht der Dinge darstellen wollte. Beide Lager glaubten, die Homunculi seien winzige Menschen, perfekt in allen Details, vorgeformte, von Gott entworfene Miniaturgebilde, die nur auf eine Gelegenheit warteten, so weit heranzuwachsen, daß sie in der Außenwelt überleben konnten. Jedes Lager billigte dem anderen nur einen minimalen Anteil am Zeugungsprozeß zu: Die Spermisten gestanden gerade mal ein, daß eine hübsche warme Gebärmutter ein nützlicher Brutkasten sei und die Eier Nährstoffe für den sich entwickelnden Keim liefern könnten; einige Ovisten glaubten, daß die Samenflüssigkeit einen positiven, stimulierenden Effekt auf das Ei habe, doch die meisten vertraten die Ansicht, Spermien seien nicht anders als Parasiten. (Noch 1868 erklärte Darwin, daß die Samenflüssigkeit, aber nicht die Samen, für eine Empfängnis unverzichtbar sei.)

Die radikalsten Mitglieder beider Lager glaubten an eine Art unendlicher Regression: Sie stellten sich nicht nur diese winzigen präformierten Menschen vor, sondern gleich auch die darauffolgende Generation, versteckt in den Eiern oder Spermien der Homunculi, und in deren Eiern oder Spermien wiederum die nächste Generation ... und so weiter – alle zukünftigen Menschen, ad infinitum, sämtlich von Gott in einer einzigen kreativen Orgie zum Anbeginn der Zeit geschaffen. (Möglicherweise wurden sie von den Mathematikern beeinflußt, diese unendlich vielen kleinen menschlichen Wesen zu postulieren. Nicholas Malebranche, einer der Urheber der Präformationstheorie, erklärte 1673: „Wir haben aussagekräftige mathematische Beweise dafür, daß die Materie in infinitum teilbar ist, und das genügt, um uns davon zu überzeugen, daß es Tiere geben könnte, die immer kleiner und noch kleiner als andere sind, in infinitum.")

Zu Beginn des 18. Jahrhunderts wurde deutlich, daß die Ovisten den Krieg gewinnen würden. Die meisten Menschen glaubten damals, nichts existiere ohne Zweck; daher hatten die Spermisten einen schweren Stand, zu erklären, warum Gott mit seiner wertvollen Handarbeit eine derartige Verschwendung betreiben sollte: all diese armen, zum Untergang verurteilten Homunculi, gefangen im Inneren ihrer Animalculi, deren Chance, jemals irgend etwas zu werden, kleiner war als eins zu vielen Millionen. Aus den gleichen Gründen gerieten die „Pollenisten" auf der botanischen Seite in ernste Schwierigkeiten, denn jeder Dummkopf konnte erkennen, daß der größte Teil des Pollens verschwendet, vom Wind verweht wurde.

Carl von Linné, dieser damals wie heute berühmte Botaniker und Systematiker, war sicherlich kein Spermist. Er hatte 1737 Spermien im Mikroskop beobachtet und daraus geschlossen, daß „Spermien keineswegs Animalculi [sind], die sich willkürlich bewegen können, sondern inerte Korpuskeln, die die innewohnende Hitze flott hält, genau wie fetthaltige Teilchen". Aber er war auch kein Ovist. Tatsächlich war Linné einer der wenigen, der die Präformationstheorien beider Lager ablehnte. Wenn er auch 1751 über eine höhere Präformationsebene geschrieben hatte: „Es gibt so viele Arten, wie sie von Anfang an verschieden geschaffen wurden", so widerrief er diese Ansicht später, denn es war ihm und anderen gelungen, durch Kreuzungen neue, hybride Pflanzen zu schaffen. Linné vertrat jedoch noch immer eine gewisse Form des Kreationismus, als er 1764 schrieb: „Wir dürfen annehmen, daß Gott erst ein Ding machte, bevor er zwei machte, zwei Dinge, bevor er vier machte, daß er zuerst Einfaches und dann Komplexes schuf."

Aus seinen Beobachtungen an Pflanzenbastarden, Maultieren und Mischlingen aller Art schloß Linné, daß beide Geschlechter gleichermaßen zum Nachwuchs beitragen. Einige Probleme erwuchsen dabei aus seiner Annahme, alle Pflanzen würden sich geschlechtlich fortpflanzen, was für viele Algen, Pilze, Moose, Flechten und Farne nicht zutrifft. Er und einige andere Rebellen konnten ihre Theorie vom gleichwertigen Beitrag beider Geschlechter nicht überzeugend darlegen, und sie geriet in Mißkredit.

Gegen Ende des 18. Jahrhunderts galt das Ei als omnipotent. Nachdem 2000 Jahre lang der männliche Beitrag im Vordergrund gestanden hatte, saß das weibliche Geschlecht nun wieder fest im Sattel (wenn auch natürlich nur im Hinblick auf seine wichtige Funktion bei der Kinderproduktion). Kaum ein Spermist hatte den Krieg der Geschlechter überlebt.

Der Apfel fällt nicht weit vom Stamm

Schon sehr früh müssen die Menschen bemerkt haben, daß Nachkommen ihren Eltern mehr oder minder stark ähneln, daß Haarfarbe, Körpertyp und Nasenform offenbar von Generation zu

Generation weitergegeben werden, wobei manchmal eine Generation übersprungen wird. Pindar, ein griechischer Dichter aus dem 5. Jahrhundert v. Chr., war ein entschiedener Verfechter der Aristokratie; er war davon überzeugt, daß männliche Tugenden in adligen Familien genauso vererbt würden wie physische Merkmale. Sogar für die Tatsache, daß in diesen Familien hin und wieder Taugenichtse auftraten, hatte er eine Erklärung: In einem solchen Fall „schlummerten" die noblen Tugenden nur und würden in kommenden Generationen wieder erwachen.

Zur Zeit des Hippokrates, der in etwa geboren wurde, als Pindar starb, waren die Ärzte der Meinung, daß Epilepsie, Tuberkulose und Melancholie vererbt werden könnten, und zwar von beiden Seiten der Familie. Da man dem männlichen und dem weiblichen Samen (von dem man nach der Pangenesistheorie annahm, daß er in allen Teilen des Körpers gebildet werde) in jenen Tagen gleiche Bedeutung zubilligte, war der Vererbungsprozeß nicht schwer zu erklären: „Das Kind ähnelt stärker dem Elternteil, der eine größere Menge [Samen] und aus mehr Teilen des Körpers zur Ähnlichkeit beisteuert." Hippokrates' Vorstellungen, die von einem gleichwertigen Beitrag beider Geschlechter zur Fortpflanzung ausgehen, sollten während der nächsten tausend Jahre den Tenor bestimmen.

Aristoteles, der die Existenz des weiblichen Samens leugnete und den weiblichen Beitrag ganz allgemein geringschätzte, steckte hingegen in argen Schwierigkeiten. Seine Bildhauertheorie war großartig, solange Männer Söhne nach ihrem Ebenbild zeugten – was aber, wenn nicht? Um seine Theorie zu retten, sah sich Aristoteles zu einer wenig überzeugenden Beschreibung eines Kampfes zwischen dem formspendenden Sperma und dem minderwertigen Menstruationsblut gezwungen, wobei letzteres (leider) manchmal gewann. Er beschäftigte sich mit vielen Fragen der Vererbung und erklärte dazu: „Er, der seinen Eltern nicht ähnelt, ist bereits in gewissem Sinne eine Monstrosität (...), die Natur ist einfach vom Typ abgewichen. Tatsächlich liegt bereits dann eine Abweichung vor, wenn der Nachkomme weiblich statt männlich ist."

Thomas von Aquin, der mehr als 1500 Jahre später in Aristoteles' Fußstapfen trat, steckte ebenfalls in ernsten Schwierigkeiten. Da der Samen seiner Ansicht nach aus überschüssiger Nahrung gebildet wurde, fiel es ihm sehr schwer zu erklären, wie Merkmale der Großvatergeneration gelegentlich ganz offensichtlich auf die Enkelgeneration durchschlugen – die entscheidende Nahrung war sicherlich nicht von den Großvätern verdaut worden. Um dieses

Problem zu lösen, postulierte er eine dem Samen innewohnende „Tugend" oder „Kraft", eine Qualität, die von der Seele ausstrahle und über die väterliche Linie der Familie weitergegeben werde. Er machte sich selbstverständlich nicht die Mühe zu diskutieren, wie mütterliche Merkmale vererbt werden, denn er sah alles Weibliche als schrecklichen Irrtum der Natur an.

Zu Zeiten der Ovisten herrschte der gleiche Erklärungsnotstand, wenn auch mit umgekehrtem Vorzeichen. Wenn das Ei omnipotent war und einen vorgeformten Embryo enthielt, wenn das Spermium nutzlos war und die Samenflüssigkeit lediglich stimulierend wirkte, wie konnte man dann die häufig zu beobachtenden Ähnlichkeiten erklären, die über die väterliche Seite der Familie weitergegeben wurden? William Harvey, der den ganzen Eiertanz gestartet hatte, gab dafür eine Erklärung: Wenn das Gehirn einer Frau eine Vorstellung erzeugen kann, die das Ebenbild eines Objekts ist, das sie wahrnimmt, dann sollte die Gebärmutter einer Frau in der Lage sein, ein Kind hervorzubringen, das das Ebenbild des Mannes ist, der sie befruchtet.

Die Ovisten, die zu Beginn des 19. Jahrhunderts das Schlachtfeld behaupteten, ignorierten diese peinliche Frage zumeist. Unterdessen hatte sich der Kampfplatz von England und Frankreich nach Deutschland verlagert, wo es zu einer Renaissance der Universitäten gekommen war und die Wissenschaft blühte. Die Forschung, besonders die Laborforschung, genoß hohes Ansehen, und viele Studenten beugten sich eifrig übers Mikroskop, in der Hoffnung, ein Ei zu sehen oder ein anderes winziges Wunderwerk. Sie waren so fasziniert von der neuen Miniaturwelt, die sich vor ihnen auftat, daß sie kaum noch vor die Tür gingen, um zu sehen, was in freier Natur geschah.

Schließlich, im Jahr 1827, rund 175 Jahre, nachdem Harvey seine Existenz postuliert hatte, wurde das Säugerei im Inneren eines Follikels entdeckt – in jener Prä-Mivart-Ära nicht etwa bei der Katze, sondern beim Hund. 1842 stand fest, daß das erste Stadium der Säugerentwicklung die Teilung des Eis in zwei gleiche Teile ist. Damit waren Zellen als die fundamentalen Einheiten des Lebens erkannt. Mit Hilfe immer besserer Zeiss-Mikroskope und neuer Färbetechniken ließen sich sogar einzelne Bestandteile der Zelle – wie Wände und Zellkern – erkennen und die Zellen bei der Teilung beobachten.

Bekannt war auch, daß Sperma nicht im Gehirn oder im Rückenmark gebildet wurde, sondern in den Hoden, Eizellen entsprechend in den Eierstöcken. Samenzellen galten nicht länger als Parasiten, aber ob oder wie sie es schafften, die Eizelle zur Teilung zu stimulieren, wie viele Samenzellen dazu notwendig waren (man ging allgemein von einer Vielzahl aus) und ob sie dabei tatsächlich in den Kern der Eizelle eindrangen – das waren noch immer Fragen, die heftig diskutiert wurden. Selbst diejenigen, die an ein Eindringen des Spermiums ins Ei glaubten, gestanden ihm nicht die Bedeutung zu, die ihm gebührte, und sahen es lediglich als Stimulanzmittel oder Katalysator an.

Die Entwicklungen auf dem Feld der Botanik konnten durchaus mit denjenigen auf zoologischem Gebiet Schritt halten, doch lag die Betonung hier eher auf der Beobachtung mit unbewaffnetem Auge. Die Forscher, die sich mit Pflanzenzucht und -hybridisierung beschäftigten, hatten inzwischen eine Unmenge verwirrender und widersprüchlicher Daten gesammelt, doch eines zeichnete sich deutlich ab: Der Pollen hatte eine Menge mit dem Aussehen des Endprodukts zu tun, daher mußte es zu einer wie auch immer gearteten Form der Verschmelzung zwischen den Eizellen im Stempel und dem Samen (Pollen) kommen – aber niemand wußte, wie so etwas funktionierte. Das Ei regierte noch immer souverän, während sich das Spermium mit der Rolle eines Bürgers zweiter Klasse zufriedengeben mußte.

Mitte des 19. Jahrhunderts hatte sich eine ernsthafte Kluft zwischen den Naturforschern und den „Wissenschaftlern" aufgetan, die in ihrem Überlegenheitsgefühl dazu neigten, die Naturforscher als wichtigtuerische Amateure abzutun. Aber diese Freilandforscher konnten das Wirken der Vererbung aus erster Hand studieren und suchten dafür eine Erklärung, während die Laborforscher nur daran interessiert waren, mikroskopische Vorgänge zu beobachten, die für das unbewaffnete Auge unsichtbar waren. Keine Seite hatte die Weitsicht zu erkennen, daß die Arbeit des jeweils anderen Lagers wichtig war und man einander ergänzen mußte.

Das war der Stand der Dinge, als sich Gregor Mendel 1851 an der Universität von Wien einschrieb.

5
Die Genesis der Genetik

Nur ein unbedeutender mährischer Mönch

Wir wissen nur wenig über Mendel, denn zeit seines Lebens interessierte sich niemand besonders für ihn. Wie hätten seine Zeitgenossen auch ahnen können, daß er zum Begründer einer neuen und wichtigen Wissenschaft werden sollte? Er war nur ein unbedeutender mährischer Mönch, der seine Gebete murmelte und im Klostergarten mit seinen vielen Erbsenvarietäten herumhantierte. Die einheimische Bevölkerung schätzte und achtete ihn, nahm seine botanischen Experimente aber ebensowenig ernst wie die Handvoll Wissenschaftler, mit denen er Kontakt aufzunehmen versuchte. Als die Welt endlich bemerkte, wie intelligent und geschickt er war, war er bereits seit sechzehn Jahren tot, und die meisten seiner Zeitgenossen lebten ebenfalls nicht mehr.

Doch dieser Mangel an Information hat viele nicht davon abgehalten, über Mendel zu schreiben (wie mein eigenes Beispiel zeigt). Die Elemente der Geschichte sind so romantisch: ein armer Bauernjunge, ein am Hungertuch nagender Student, das Kloster als friedlicher Hafen, Jahre mühevollen Forschens, eine faszinierende Entdeckung, die völlig ohne Anerkennung blieb, ein verlorenes Manuskript und ein unbesungener Tod. Als ob dies nicht genug wäre, läßt sich anschließend noch trefflich über die Wiederentdeckung und Würdigung Mendels schreiben, über den Versuch einer wissenschaftlichen Gemeinschaft mit schlechtem Gewissen, einen ihrer einsamsten Pioniere postum zu ehren. Und selbst der dunkle Punkt fehlt nicht ganz: die vorsichtige Andeutung eines Statistikers, Mendels Daten seien zu gut, um wahr zu sein. Wie kann man diesem Stoff widerstehen?

Die Details sind natürlich höchst umstritten. Ein Bericht besagt, Mendel habe „bei Krankenbesuchen so heftige Reaktionen gezeigt, daß der Abt des Klosters ihn von diesen Pflichten entbinden mußte". An anderer Stelle hingegen wird berichtet, daß er aufgrund seines Interesses an der Vererbung physischer Merkmale „oft an Autopsien in einem Krankenhaus teilnahm". Ein stimmiges Bild seiner Persönlichkeit läßt sich aus solch widersprüchlichen Angaben kaum gewinnen, doch das allgemeine Szenario wird deutlich

Wir wissen, daß Gregor Mendel arm und intelligent war und Lehrer werden wollte. Er fiel jedoch nicht nur einmal, sondern zweimal durch die Lehrerprüfung und mußte damit jede Hoffnung auf eine Karriere in dieser Richtung aufgeben. Statt dessen wurde er Abt in einem kleinen böhmischen Kloster und schließlich zum Vater einer neuen Wissenschaft, die man später einmal Genetik nennen sollte. In ein oder zwei Prüfungen durchzufallen hat meist keine positiven Konsequenzen, doch in Mendels Fall half das schlechte Abschneiden, die Straße zum Ruhm zu pflastern.

Der Grund für seinen ersten Mißerfolg im Examen waren mangelnde naturwissenschaftliche Kenntnisse. Der junge Gregor hatte eine kleine, zweitklassige Schule besucht und seinen Geldbeutel durch Nachhilfestunden aufgebessert; schlecht ausgebildet und überarbeitet, versagte er in der entscheidenden Prüfung. Und so kam es, daß er als Novize in das Augustinerkloster bei Brünn eintrat, nicht aus religiöser Überzeugung, sondern aus dem Bedürfnis nach materieller und intellektueller Unterstützung. Letztere wurde ihm in Form eines zweijährigen Aufenthalts an der berühmten Universität von Wien zuteil, wo er Mathematik studierte, dazu Physik und Chemie, Zoologie, Entomologie und Botanik.

Wenn die Zeitspanne auch kurz war, so war der Zeitpunkt doch gut gewählt, denn die deutschsprachigen Universitäten genossen damals einen ausgezeichneten Ruf: Sie legten nicht nur Wert auf den Erwerb von Faktenwissen, sondern betonten auch den Wert menschlicher Individualität und die Bedeutung unabhängiger Forschung. Das war zweifellos entscheidend für Mendels zukünftigen Erfolg, half ihm aber nicht, Prüfungen zu bestehen. Er fiel wieder durchs Lehrerexamen (teilweise wegen Krankheit) und zog sich erneut in sein Kloster zurück. Dort hatte er nun genügend Zeit, seine Kreuzungsexperimente an Pflanzen durchzuführen, die das Sammeln von Daten über viele Generationen hinweg erforderten. (In dieser Beziehung ähnelte er Darwin, dessen schlechter Gesundheitszustand ihn dazu veranlaßte, sich in die Ruhe und Abgeschiedenheit seines Landsitzes zurückzuziehen. Darwins Frieden wurde durch persönlichen Wohlstand ermöglicht, Mendels mit religiösen Andachten erkauft.)

Zum Glück für die Nachwelt protokollierte Mendel seine Versuche sorgfältig, und aus seinen Schriften, so klar und doch so selten zitiert, läßt sich am meisten lernen. Seinen heute berühmten Aufsatz „Versuche über Pflanzenhybriden" stellte er 1865 fertig und präsentierte seine Ergebnisse bei einem Treffen des Naturforschenden Vereins in Brünn, der in der Nähe seines Klosters tagte; der Aufsatz wurde im Jahr darauf in den „Verhandlungen" des

Vereins veröffentlicht. Wenn man Mendels Aufsatz heute liest, staunt man darüber, wie wenig Eindruck er damals gemacht hat. Was war Mendels Problem? Hätte er einen Agenten gebraucht? Einen interessanteren Titel? Einen fesselnderen ersten Satz?

Mendels einleitende Worte klingen seltsam und lassen uns realisieren, daß die Suche nach Schönheit unerwartete und tiefgreifende Konsequenzen haben kann. Er beginnt mit folgendem harmlosen Satz: „Künstliche Befruchtungen, welche an Zierpflanzen deshalb vorgenommen wurden, um neue Farbvarianten zu erzielen, waren die Veranlassung zu den Versuchen, die hier diskutiert werden sollen." Wenn man diese Zeilen liest, stellt man sich die Zuhörerschaft als eine Schar begeisterter Hobbygärtnerinnen vor, die andächtig den Worten eines Blumenzüchters lauscht. Diesem wenig aufregenden und scheinbar trivialen Auftakt folgt jedoch bald der große Entwurf; Mendel erklärt kurz und knapp, was er mit seinen Experimenten erreichen will:

Wer die Arbeiten auf diesem Gebiet überblickt, wird zu der Überzeugung gelangen, daß unter den zahlreichen Versuchen keiner in dem Umfange und in der Weise durchgeführt ist, daß es möglich wäre, die Anzahl der verschiedenen Formen zu bestimmen, unter welchen die Nachkommen der Hybriden auftreten, daß man die Formen mit Sicherheit in den einzelnen Generationen ordnen und die gegenseitigen numerischen Verhältnisse feststellen könnte.

Der erste Teil dieses Satzes ist Mendels höfliche Umschreibung der Tatsache, daß die Botanik damals eine ziemlich schlampige Wissenschaft war. Die Botaniker züchteten zahlreiche Pflanzen und führten Kreuzungen mittels künstlicher Befruchtung durch, doch sie schlossen unerwünschte Befruchtungen nicht immer sorgfältig aus und protokollierten auch Ziel und Ergebnis ihrer Experimente nicht immer präzise. Sobald eine neue Pflanzengeneration herangewachsen war, traten diese Möchtegernbotaniker einen Schritt zurück, kratzten sich am Bart und lieferten eine subjektive, ungenaue Beschreibung dessen, was sie sahen, zu sehen meinten oder zu sehen wünschten. Aus derart dubiosen Daten versuchten sie dann exakte Schlußfolgerungen abzuleiten.

Der zweite Teil des Satzes deutet Mendels so ganz anderen Stil an, seine so ganz andere Vorgehensweise. Statt einfach loszulegen und irgend etwas zu pflanzen, setzte sich Mendel vermutlich zunächst einmal still in eine Ecke und dachte nach; dabei machte er guten Gebrauch von seiner Ausbildung in Mathematik und in der neuen wissenschaftlichen Methodik: Er stellte Hypothesen darüber auf, was wohl passieren würde, wenn er Pflanzen kreuzte, um Hybriden zu gewinnen; mehr noch als das: Er formulierte seine Hypothesen so, daß sie sich quantitativ überprüfen ließen. Dann entschied er sich für ein Versuchsobjekt – *Pisum sativum*, die Gartenerbse –, das sich später als ideal herausstellen sollte, und führte eine Reihe sorgfältig geplanter Experimente durch, um seine Hypothesen zu bestätigen oder zu widerlegen.

Heutzutage müßte man, um ein solches Langzeitprojekt zu finanzieren, den zuständigen Stellen im Forschungsministerium einen ausführlichen Antrag schicken und dabei vielleicht erklären, wie die zu erwartenden Resultate dazu beitragen können, den Krebs zu besiegen oder den Weltraum zu besiedeln. Doch Mendel wählte einen anderen Weg – er bat sein Kloster um Unterstützung. Acht Jahre und 10 000 Pflanzen später schließt Mendel die Einleitung, in der er seine Experimente beschreibt, mit diesem bescheidenen Satz:

> Ob der Plan, nach welchem die einzelnen Experimente geordnet und durchgeführt wurden, der gestellten Aufgabe entspricht, darüber möge eine wohlwollende Beurteilung entscheiden.

Leider sollte Mendel nie herausfinden, *wie* wohlwollend dieses Urteil ausfallen sollte. Niemand schien seine Ergebnisse zu verstehen oder sich für sie zu interessieren, weder zum Zeitpunkt seines Vortrags noch im späteren Verlauf seines Lebens. Während Darwin reich und berühmt starb, starb Mendel unbekannt und unbesungen, nur ein unbedeutender kleiner Mönch in einem verschlafenen Kloster, der seine Ave Maria betete und Erbsen zählte.

Mendel verfaßte lediglich einen weiteren botanischen Artikel, eine kurze Beschreibung seiner Experimente mit *Hieracium*-Bastarden. In diesem Fall hatte er eine weitaus weniger glückliche Hand bei der Auswahl seines Versuchsobjekts, und seine Ergebnisse konnten seinen früheren Erfolg bei Erbsen nicht bestätigen. Das war so, weil *Hieracium* (Habichtskraut) sich ungeschlechtlich, ohne Bestäubung, vermehren kann und dies auch tut, wann immer es ihm in den Sinn kommt. Das konnte Mendel natürlich nicht wissen, und er hantierte weiter mit Pinzette und Pollen herum.

Er erkannte jedoch, daß irgend etwas nicht stimmte, denn er schrieb an Carl Wilhelm Nägeli, einen der führenden Botaniker seiner Zeit: „Bei dieser Art ist es mir bisher noch nicht gelungen, den Einfluß ihres eigenen Pollens zu neutralisieren", aber er verstand nicht, was eigentlich vor sich ging. Er fuhr fort: „Bei *Pisum* wie auch in anderen Gattungen habe ich nur einheitliche Mischlinge beobachtet und daher bei *Hieracium* dasselbe erwartet." Doch seine Erwartungen wurden nicht erfüllt, und er konnte nur einen kurzen, unbefriedigenden Bericht darüber schreiben. Dieser Artikel erschien 1869 unter dem Titel „Über einige aus künstlicher Befruchtung gewonnene *Hieracium*-Bastarde". Wahrhaftig Bastarde – in diesem Wort scheint sich seine ganze Frustration mit dieser Gattung widerzuspiegeln.

Mendels Interesse reichte weit über die Pflanzenwelt hinaus. Er interessierte sich für Astronomie und zeichnete über lange Jahre meteorologische Daten auf. Er wollte wissen, wie Menschen ihre physischen Merkmale von Generation zu Generation weitergeben, daher stellte er persönliche Beobachtungen an und studierte zudem den Stammbaum alteingesessener Brünner Familien. Er fragte sich, ob das, was er über Erbsen herausgefunden hatte, auch für Bienen gelten könnte, daher hielt er rund fünfzig Bienenkörbe mit verschiedenen Varietäten von Königinnen. Er untersuchte die Farbe der Bienen, beobachtete, wie sie flogen, notierte ihr allgemeines Verhalten und die Häufigkeit, mit der sie stachen. Zweifellos führte er über all diese Experimente und ihre Ergebnisse sorgfältig Buch, doch leider sind diese Aufzeichnungen nicht erhalten geblieben.

Im Jahr 1868 forderte das Kloster schließlich den Tribut für all die Jahre der Unterstützung: Es wählte Mendel zum Abt. Er fiel die Treppe hinauf, was sich, wie zu erwarten, als Todesstoß für seine Forschungen erwies. Spätestens 1871 waren seine wissenschaftlichen Arbeiten völlig zum Erliegen gekommen, zweifellos erstickt in klösterlicher Bürokratie. 1873 schreibt Mendel recht unglücklich an Nägeli, der ihm diese elenden Pflanzen geschickt hatte:

Die *Hieracia* sind wieder verwelkt, kaum daß ich ihnen ein paar kurze Besuche abstatten konnte. Ich bin wirklich unglücklich darüber, meine Pflanzen und meine Bienen so vollständig vernachlässigen zu müssen. Da ich momentan etwas Zeit übrig habe und weil ich nicht weiß, ob ich nächstes Frühjahr dazu komme, sende ich Ihnen einiges Material, das von meinen letzten Experimenten 1870 und 1871 stammt.

Elf Jahre später, 1884, starb Mendel, ohne daß es ihm gelungen wäre, Interesse an seinen Theorien zu wecken, die noch weitere sechzehn Jahre unbeachtet wie die *Hieracia* vor sich hin welken sollten. Einmal wiederentdeckt, sollten seine glatten und runzeli gen Erbsen jedoch das Fundament bilden, auf dem die klassische Genetik bis heute ruht.

Zentimeter um Zentimeter, Reihe um Reihe

Was hatte Mendel eigentlich genau getan in all den Jahren, in denen er im Garten seines Klosters herumwerkelte?

Bevor er zum Spaten griff, hatte er sich mit den Arbeiten anderer vertraut gemacht, die Tier- oder Pflanzenmischlinge erzeugt hatten. Da war zum Beispiel der Schweizer Collandon, der weiße und graue Mäuse gekreuzt und dabei festgestellt hatte, daß sich die Farben niemals vermischten. Mendel arbeitete ebenfalls eine Zeitlang mit Mäusen – vielleicht, um Collandons Experimente zu bestätigen –, bevor er auch nur eine einzige Erbse pflanzte.

Dann war da noch Dzierzon, ein Priester im benachbarten Schlesien, der deutsche und italienische Bienen gekreuzt und beobachtet hatte, daß die Bastardköniginnen Drohnen beider Typen in gleicher Zahl hervorbrachten; daraus folgte, daß eine Bastardkönigin zwei Typen von Eizellen in gleicher Häufigkeit produzieren mußte.[1]

Gärtner, den Mendel in den einleitenden Worten seiner berühmten Schrift vorsichtig kritisiert, hatte nichtsdestoweniger eine Menge sorgfältiger Arbeit geleistet und beobachtet, daß „Saatgut, das aus einer originären Kreuzung zwischen zwei reinen Arten stammt, ausschließlich Sämlinge desselben Typs produziert" und damit mehr oder minder „auf ewig" fortfährt.

Als er über diese Dinge nachdachte, kam Mendel zu einem Schluß, der seinerzeit nicht populär war: Die verschiedenen Merkmale, die er bei Pflanzen und Tieren beobachtete, wurden seiner Meinung nach von unterschiedlichen und unabhängigen „Faktoren" (die er „Elemente" nannte) hervorgerufen, die sich statistisch analysieren ließen. Diese Schlußfolgerung führte ihn dazu, zwei wichtige Hypothesen zu formulieren, die heute als die 1. und 2. Mendelsche Regel bezeichnet werden.[2]

1 Während sich die Bienenweibchen aus befruchteten Eizellen entwickeln, entstehen die Drohnen aus unbefruchteten Eizellen. (Anmerkung der Übersetzerin)
2 Im deutschen Sprachraum wird diesen beiden Regeln meist die Uniformitätsregel als 1. Mendelsche Regel vorangestellt, die Spaltungsregel ist nach dieser Zählung die 2., die Unabhängigkeitsregel die 3. Mendelsche Regel. (Anmerkung der Übersetzerin)

Die 1. Mendelsche Regel, auch als Spaltungsregel bekannt, besagt, daß jede Pflanze (oder jedes Tier) ein Paar Faktoren für jedes Merkmal aufweist – wie das Paar, das zu orangem Fell beziehungsweise nichtorangem Fell führt, und das Paar, das blaue oder braune Augen hervorruft. Bei der Bildung von Geschlechtszellen werden diese Faktoren voneinander getrennt, so daß nur ein Teil eines jeden Paars seinen Weg in die Samenanlage (Eizelle) oder den Pollen (Spermium) findet. (Hier beschreibt Mendel das Ergebnis der Meiose, eines Vorgangs, den er nie gesehen hatte. Mendel starb, bevor sich unterm Mikroskop zeigen ließ, daß die Chromosomenzahl in der Meiose tatsächlich auf die Hälfte verringert wird, und ein neues Jahrhundert sollte anbrechen, bevor man die charakteristischen Merkmale einzelner Chromosomen beobachten konnte.)

Die 2. Mendelsche Regel, die Unabhängigkeitsregel oder Regel von der freien Kombinierbarkeit der Gene, besagt, daß die Partner eines jeden Paares bei dieser Spaltung unabhängig voneinander verteilt werden. (Das trifft zwar für die Faktoren zu, die Mendel bei seinen Erbsen gewählt hatte, doch wir wissen heute, daß Faktoren nicht immer so unabhängig voneinander operieren. Wenn ein Crossing-over auftritt, werden diejenigen Faktoren, die auf demselben Chromosom dicht beieinanderliegen, mit größerer Wahrscheinlichkeit gemeinsam – oder „gekoppelt" – vererbt als diejenigen, die weiter voneinander entfernt liegen, denn je enger die Kopplung zwischen zwei Faktoren ist, desto unwahrscheinlicher sind Bruchstellen zwischen ihnen.)

Mendel machte sich viele Gedanken über die besten Versuchspflanzen für seine Experimente. Wichtig sei, daß seine Pflanzen „konstant differierende Merkmale besitzen" und „während der Blütezeit vor der Einwirkung jedes fremdartigen Pollens geschützt sein oder leicht geschützt werden können", schrieb Mendel, als er seine Entscheidungskriterien darlegte. Er wählte Erbsen, wobei er notierte:

Auch kann eine Störung durch Fremdpollen nicht leicht eintreten, da die Befruchtungsorgane vom Schiffchen enge umschlossen sind und die Antheren schon in der Knospe platzen, wodurch die Narbe noch vor dem Aufblühen mit Pollen überdeckt wird. (...) Die künstliche Befruchtung ist allerdings etwas umständlich, gelingt jedoch fast immer. Zu diesem Zwecke wird die noch nicht vollkommen entwickelte Knospe geöffnet, das Schiffchen entfernt und jeder Staubfaden mittels einer Pinzette behutsam herausgehoben, worauf dann die Narbe sogleich mit Pollen belegt werden kann.

(Hier trat Mendel in die Fußstapfen früherer religiöser Praktiker, der Priester von Assurnasirpal II., die um 850 v. Chr. Vogelmasken anlegten, bevor sie die assyrischen Dattelpalmen künstlich bestäubten.) Im Jahr 1854 erwarb Mendel bei örtlichen Samenhändlern 34 Erbsenvarietäten, vorwiegend *Pisum sativum*, um seine Testreihen zu beginnen. Er wollte sicherstellen, daß diese Pflanzen stabil waren und die von ihm gewählten Merkmale rein nachzüchteten – sie also über viele kommende Generationen hinweg getreu reproduzierten. Nach einer zweijährigen Testphase suchte er 21 Varietäten aus, die er acht Jahre lang mit fast religiösem Eifer anpflanzte, wobei er mit Hilfe seiner Pinzette gewissenhaft Kreuzung um Kreuzung durchführte und die Ergebnisse sorgfältig notierte.

Eines der ersten Dinge, die ihm auffielen, hatte bereits Gärtner in seinem umfassenden Buch *Versuche und Beobachtungen über die Bastarderzeugung im Pflanzenreich* von 1849 erwähnt. Gärtner schreibt: „Es ist völlig unerheblich, ob das dominante Merkmal zur Pflanze mit der Samenanlage oder mit dem Pollen gehört, die Gestalt des Bastards ist in beiden Fällen identisch." (Eine derartige begrüßenswerte Reziprozität tritt bei Calico-Katzen leider nicht auf, wie unsere Kreuzungsschemata gezeigt haben. Dies mußten Katzenforscher zu ihrem Leidwesen rund fünfzig Jahre nach Mendel erfahren, der mit seinen Erbsen eine so schöne Zeit verbracht hatte.)

Plan und Ziel seiner Experimente beschreibt Mendel wunderbar klar und deutlich:

> Diese Veränderungen [bei den Nachkommen der Hybriden] für je zwei differierende Merkmale zu beobachten und das Gesetz zu ermitteln, nach welchem dieselben in den aufeinanderfolgenden Generationen eintreten, war die Aufgabe des Versuches. Derselbe zerfällt daher in ebenso viele einzelne Experimente, als konstant differierende Merkmale an den Versuchspflanzen vorkommen.

Für seine konstant differierenden Merkmale wählte Mendel sieben Ausprägungen aus, die verschiedene Teile der Pflanze betrafen: Form und Farbe der Samen, Farbe der Samenhüllen, Form und Farbe der Hülsen, Sitz der Blüte und Stengellänge. Jedes Merkmal konnte sich nur auf zwei Weisen manifestieren: Die Samen konn-

ten entweder glatt oder runzelig beziehungsweise gelb oder grün
sein, die Samenhüllen entweder grau oder weiß, die Hülsen entweder geschrumpft oder voll beziehungsweise gelb oder grün, die
Blüten entweder achsenständig oder endständig, die Stengel entweder lang oder kurz. Bei seinen Kreuzungsexperimenten mit
Pflanzen, die diese Merkmale trugen, erhielt Mendel folgende
wohlbekannte Ergebnisse:

> Wenn Pflanzen, die stets kantige Samen produzierten, mit
> Pflanzen gekreuzt wurden, die stets glatte Samen produzierten,
> brachten alle Pflanzen der Folgegeneration nur glatte Samen
> hervor. Das rezessive Merkmal „runzelig" schien von dem do-
> minanten Merkmal „glatt" ausgelöscht worden zu sein.

Als Mendel jedoch diese schönen glatten Samen einpflanzte und
die erwachsenen Pflanzen sich in ihrer normalen, inzestuösen
Weise selbst bestäuben ließ, waren 25 Prozent der resultierenden
Samen runzelig.

Da lagen sie Seite an Seite mit den glatten Samen in der Hülse
und bewiesen, daß das Merkmal „runzelig" noch immer gesund
und munter war – um auf geheimnisvolle Weise wieder in Erscheinung zu treten. Noch erstaunlicher war, daß auch die übrigen
Merkmale in Mendels Kreuzungsexperimenten in einem konstan-
ten 3:1-Verhältnis auftraten – drei Viertel dominant versus ein
Viertel rezessiv.

Natürlich gab sich Mendel damit nicht zufrieden. Er wollte
wissen, was passiert, wenn er Pflanzen kreuzte, die sich in zwei
oder mehr statt nur in einem einzigen Merkmal unterscheiden.
Deshalb kreuzte er Pflanzen mit glatten gelben Samen (beides
dominante Merkmale) mit Pflanzen, die runzeligen grünen Samen
(beides rezessive Merkmale) trugen und siehe da, genau, wie er
vorausgesagt hatte, waren alle Samen der nächsten Generation
glatt und gelb.

Seine nächste Voraussage erwies sich als ebenso zutreffend. Er
nahm an, daß diese Pflanzen bei Selbstbestäubung alle vier verschiedenen Samentypen hervorbringen würden, die unter den
gegebenen Umständen möglich waren: glatt und gelb, runzelig und
gelb, glatt und grün, runzelig und grün. Er sagte auch voraus, in
welchem Verhältnis diese vier Typen zueinander stehen sollten –
9:3:3:1 –, wobei die doppelt dominanten Samen natürlich die
häufigsten sein würden. Und tatsächlich kam es genauso, wie er
erwartet hatte.

Die Experimente bestätigten überzeugend seine Hypothese, daß Merkmale durch unsichtbare, unabhängig voneinander wirkende Faktoren repräsentiert werden. Die Merkmale, die Mendel ausgewählt hatte, waren wohl die markantesten und am leichtesten zu identifizierenden Unterschiede, die sich bei Erbsenpflanzen entdecken ließen, und er hatte sie in jahrelangen Vorversuchen herausgefunden. Was er nicht wissen konnte, war, daß alle diese Merkmale eine wichtige Eigenschaft aufweisen: *Pisum* besitzt sieben Chromosomenpaare, und Mendel hatte dank seiner Beobachtungen ein Faktorenpaar pro Chromosom ausgewählt. Daher wirkten die Faktoren in Mendels Bastarden tatsächlich unabhängig voneinander, denn die verschiedenen Chromosomen, auf denen sie lagen, waren weder gekoppelt, noch hatten sie Gelegenheit, sich zu überkreuzen und damit seine schönen, klaren Ergebnisse zu verpfuschen.

(Der Genetiker und Statistiker R. A. Fisher, der 1936 Mendels Daten überprüfte, merkt an, daß Mendels Ergebnisse zahlenmäßig so gut passen, daß sie fragwürdig erscheinen. Er vermutet mit gebührender Vorsicht, daß Mendel „sehr genau wußte, was zu erwarten war und [seine Experimente] eher als Demonstration für andere entwarf denn als Aufklärung für sich". Er erinnert uns auch daran, daß es manchmal schwer ist, zu sagen, ob etwas glatt oder runzelig ist, und sagt über Mendel: „Man muß daraus schließen, daß er gelegentlich unterbewußt Fehler zugunsten seiner Erwartung machte." Fisher schließt jedoch jeden absichtlichen Täuschungsversuch aus, und dieser Anflug von Zweifel, den er sät, verringert keineswegs die Schönheit und Bedeutung von Mendels Werk.)

Als guter Wissenschaftler wollte Mendel wissen, ob seine Hypothese auch ganz allgemein zutraf – ob sie beispielsweise für Bohnen genauso galt wie für Erbsen. Daher führte er zwei kleine Experimente mit *Phaseolus*, einer Feuerbohne, durch, und das erste Experiment ergab „vollständig übereinstimmende Resultate". Das zweite Experiment war jedoch „nur teilweise erfolgreich", denn es kam zu einer

> merkwürdigen Farbwandlung an den Blüten und Samen der Hybriden. (…) Abgesehen davon, daß aus der Verbindung einer weißen und purpurroten Färbung eine ganze Reihe von Farben hervorgeht, von Purpur bis Blaßviolett und Weiß, muß auch der Umstand auffallen, daß unter 31 blühenden Pflanzen nur eine den rezessiven Charakter der weißen Färbung erhielt, während das bei *Pisum* durchschnittlich schon an jeder vierten Pflanze der Fall ist.

Andere hatten dieses Farbspektrum bei Hybriden ebenfalls beobachtet. Sie sahen darin eine Bestätigung der damals gängigen Theorie der Vererbung, nach der sich die Erbmerkmale beider Elternteile vermischten wie zwei verschiedenfarbige Flüssigkeiten, die man zusammenschüttet. Mendel hielt jedoch selbst angesichts dieser beunruhigenden Ergebnisse an seiner Theorie der unabhängigen Faktoren fest. Er schreibt:

> Aber auch diese rätselhaften Erscheinungen würden sich wahrscheinlich nach den für *Pisum* geltenden Gesetzen erklären lassen, wenn man voraussetzen dürfte, daß die Blumen- und Samenfarbe des *Phaseolus multiflorus* aus zwei oder mehreren ganz selbständigen Farben zusammengesetzt sei, die sich einzeln ebenso verhalten, wie jedes andere konstante Merkmal an der Pflanze.

Er fährt fort, mathematisch zu erklären, wie verschiedene Kombinationen in den Hybriden erzeugt werden könnten, wenn jede Farbe durch zwei Faktorenpaare repräsentiert würde. Diese Kombinationen könnten dann die beobachteten Farbschattierungen hervorrufen; ferner würden die Farben in ungleichen Anteilen auftreten

Mendel durchschaute die Verhältnisse bei *Phaseolus* wahrscheinlich nicht genau, schloß sich aber dennoch nicht der Vermischungstheorie an, sondern blieb bei seiner Idee der unabhängigen Faktoren und entwickelte in diesem Zusammenhang eine weitere wichtige neue Idee: Möglicherweise gebe es in diesem Fall keine 1:1-Zuordnung von Merkmalen und Faktoren. Statt dessen könnten viele Faktoren zusammenwirken, um ein bestimmtes Merkmal hervorzurufen – wie Blüten in vielen Farbschattierungen oder Georges wundervolles kompliziertes dreifarbiges Fell.

Darwin stolpert über dreifarbige Katzen

Wie tief ich auch in die Geschichte von Georges Vorfahren eingedrungen war, war es mir dennoch nicht gelungen, herauszufinden, wann die Menschen erstmals entdeckten, daß fast alle dreifarbigen Katzen Weibchen sind. Es mußte in historischen Zeiten geschehen sein, war aber offenbar ein Detail, das niemand für berichtenswert hielt. Tatsächlich ist ganz allgemein erstaunlich wenig über Calico-Katzen geschrieben worden, sei es heute, sei es in der Vergangenheit

Es kam mir in den Sinn, daß Darwin etwas über diese Angelegenheit geschrieben und sich dabei vielleicht sogar auf frühere Theorien bezogen haben könnte. Also befreite ich meine ehrwürdige, staubige Ausgabe von Darwins *The Descent of Man* (Die Abstammung des Menschen) aus ihrem Exil im obersten Fach meines Bücherregals und begann zum erstenmal darin zu lesen. Dieser Band aus dem Jahr 1874 stammt aus Burt's Home Library, wie ich auf der letzten Seite erfuhr, einer Reihe, die sich selbst als „Populäre Literatur für die Massen" anpries (in Leinen gebunden, mit Goldschnitt, 1,25 Dollar das Stück). Für mich sah das Werk nicht gerade wie ein leichtverdauliches Lesefutter aus.

Ich blätterte zum Anfang dieser 2. Auflage zurück und begann natürlich sofort das Vorwort zu lesen. Dort erwähnt Darwin kurz „die Feuerprobe, durch die dieses Buch gegangen ist" und schließt mit der Bemerkung: „Es ist wahrscheinlich, oder beinahe sicher, daß mehrere meiner Überzeugungen sich später als irrtümlich herausstellen werden; dies kann bei der ersten Behandlung eines Gegenstandes kaum anders sein." Glücklicherweise besaß das Buch ein sehr ausführliches Stichwortverzeichnis, und ich brauchte nicht lange, um herauszufinden, daß eine seiner irrigen Schlußfolgerungen mit Schildpatt-Katzen zu tun hatte. Wie viele andere vor ihm fragte sich Darwin, warum „nur weibliche Katzen schildpattfarben sind, wogegen die Männchen rostrot sind".

Der berühmte Biologe St. George Mivart macht sich in seinem seltsamen Buch *The Cat* (1881) über dasselbe Thema Gedanken:

> Es sieht so aus, als ob der sandfarbene Kater das Männchen des Typus ist, von dem die schildpattfarbene Katze das Weibchen ist. (…) Diese Tatsache ist sehr interessant, denn bei katzenartigen Tieren sind die Geschlechter stets gleich gefärbt.
> Gelegentlich sind sandfarbene Katzen weiblich, und es gibt zumindest ein gutes Beispiel für einen echten schildpattfarbenen Kater. Solche Katzen sind dem Sekretär der Zoologischen Gesellschaft in der Tat nicht selten brieflich zum Kauf angeboten worden, zu höchst extravaganten Preisen.

Als ich dies las, wünschte ich mir sehnlich, Ton, Stil und Inhalt derartiger Briefe kennenzulernen und zu erfahren, was man damals unter „extravaganten Preisen" verstand. Daher schrieb ich an den Sekretär der Gesellschaft und fragte, ob es möglich sei, Kopien solcher Briefe zu bekommen. Als ich den Umschlag an „Regent's Park" adressierte, dachte ich an die lange kontinuierliche Geschichte dieser Organisation – die Londoner Zoologische Gesellschaft ist 1826 gegründet worden – und die bedeutende wissenschaftliche Fundgrube, die sie infolgedessen darstellt. Dieses Bild wurde jedoch durch eine kurze Antwort aus England erschüttert:

> Leider ist es uns nicht möglich, Ihnen hinsichtlich der Briefe an die Gesellschaft zu helfen, in der Schildpatt-Katzen zum Kauf angeboten werden. Die Unterlagen der Gesellschaft wurden im letzten Krieg zerstört, und keiner dieser Briefe hat überdauert.

Während ich ein wenig um meine verlorenen Katzenbriefe trauerte, fragte ich mich, wie viele ähnliche Antworten verschiedene Sekretäre auf derartige und andere (zweifellos viel wichtigere) Anfragen hin verfaßt haben mußten. Die verlorenen Briefe waren zudem eine traurige Erinnerung an die periodischen katastrophalen Unterbrechungen der historischen Kontinuität, die die Gewalttätigkeit unserer Art – gelegentlich auch der Natur – mit sich bringt.

Selbst ohne die Briefe war mir jedoch klar, daß die meisten Viktorianer nichts von der Existenz eines George ahnten, aber sehr wohl wußten, daß dreifarbige Katzen in der Regel Weibchen sind, und sich darüber wunderten. Wie sie sich diese seltsame Tatsache erklärten, sagt Mivart nicht, doch Darwin macht sich über diese und andere geschlechtsabhängigen Ungleichheiten im Abschnitt „Vererbung, durch das Geschlecht beschränkt" Gedanken. Er überlegt, „ob eine ursprünglich in beiden Geschlechtern entwikkelte Eigentümlichkeit durch Zuchtwahl in ihrer Entwicklung auf ein Geschlecht allein beschränkt werden kann". Schließlich stellt er die Hypothese auf:

> Häufig scheinen zwei Regeln zu gelten: nämlich, daß Abänderungen, welche zuerst in einem von beiden Geschlechtern in einer späten Lebenszeit auftreten, sich bei demselben Geschlecht zu entwickeln neigen, während Abänderungen, welche zeitig im Leben in einem der beiden Geschlechter zuerst auftreten, zu einer Entwicklung in beiden Geschlechtern neigen. Ich bin indessen durchaus nicht geneigt, hierin die einzige bestimmende Ursache zu erblicken.

Um seine Regeln zu untermauern, erinnert Darwin daran:

> Bei den verschiedenen domestizierten Schafen, Ziegen und Rindern weichen die Männchen von ihren respektiven Weib-

chen in der Form oder der Entwicklung ihrer Hörner, ihrer Stirn, ihrer Mähne, ihrer Wamme, ihres Schwanzes und ihrer Höcker auf den Schultern ab, und in Übereinstimmung mit unserem Gesetze werden diese Eigentümlichkeiten nicht eher vollständig entwickelt, als ziemlich spät im Leben.

Aber er gibt zu, daß seine Regeln weder umfassend noch ohne Gegenbeispiel sind, und fährt fort: „Andererseits ist die dreifarbige Beschaffenheit des Haares, welche auf weibliche Katzen beschränkt ist, schon bei der Geburt völlig deutlich, und dieser Fall streitet gegen unser Gesetz."

Als die Genetik Anfang des 20. Jahrhunderts begann, sich zu einer Wissenschaft zu entwickeln, sollten die Calico-Katzen noch manch andere Regel verletzen.

Zwei große Geister

Es ist wirklich schade, daß Darwin und Mendel nie zusammentrafen oder auch nur miteinander korrespondierten. Es wäre sicherlich interessant gewesen, zu wissen, was diese beiden Geistesgrößen des 19. Jahrhunderts voneinander hielten. Obgleich Mendel ein Bauernsohn war und Darwin ein Mitglied der Aristokratie, hatten sie vieles gemeinsam: Beide litten unter einer angegriffenen Gesundheit, liebten die Abgeschiedenheit und waren brennend an der Entwicklung des Lebens interessiert. Beide dachten tief und gründlich nach und führten anschließend jahrelange Studien durch. Allerdings hatten sie eine sehr einseitige „Beziehung": Mendel interessierte sich durchaus für Darwin, doch Darwin hat (soweit wir wissen) zeit seines Lebens nie etwas von Mendels Existenz erfahren. Das ist seltsam, denn Darwin scheint jeden und alles gelesen zu haben, selbst antike Autoren, aber aus irgendeinem Grund muß Mendel seiner allumfassenden Aufmerksamkeit entgangen sein.

Mendel erwähnt Darwins Werk in seinen Briefen an Carl Wilhelm Nägeli und weist auf verschiedene Irrtümer hin. Darwin war der Ansicht, ein einziges Pollenkorn reiche nicht aus, ein Ei zu befruchten, aber Mendel hatte es versucht und wußte es besser. Mendel hatte Darwins *The Variation of Animals and Plants under Domestication* (unter dem Titel *Das Variieren der Thiere und Pflanzen im Zustande der Domestication* 1863 ins Deutsche übersetzt) gelesen und kommentierte, daß einige der darin vertretenen Ansichten über Hybriden „in vieler Hinsicht korrigiert werden müssen".

Mendel hatte auch *The Origin of Species* (Die Entstehung der Arten) gelesen und mehrere Passagen unterstrichen. Das wissen wir, weil sein deutschsprachiges Exemplar aus dem Jahr 1863 im Mährischen Museum in Brünn ausgestellt ist. Doch wir werden niemals erfahren, wie er über verschiedene Ideen Darwins dachte, denn er schrieb nie etwas darüber – er war eindeutig nicht in der Position, um in die antireligiöse Debatte verwickelt zu werden, die dieses Buch auslöste. Dennoch sagt Mendel in seinen einführenden Bemerkungen zu seinen ausgedehnten Experimenten mit Erbsen:

> Es gehört allerdings einiger Mut dazu, sich einer so weit reichenden Arbeit zu unterziehen; indessen scheint es der einzig richtige Weg zu sein, auf dem endlich die Lösung einer Frage erreicht werden kann, welche für die Entwicklungsgeschichte der organischen Formen von nicht zu unterschätzender Bedeutung ist.

Mut, in der Tat! Hier ist ein Mönch des 19. Jahrhunderts, der von der „Entwicklungsgeschichte der organischen Formen" spricht. Darwins *The Origin of Species* löste bei seinem Erscheinen 1859 heftige Diskussionen aus, doch Mendel hatte ganz offensichtlich bereits früher in diesen Begriffen gedacht, denn er hatte die Grundlage für seine Experimente vor 1854 gelegt.

(Die Erstausgabe von *The Origin of Species* erhält keine Erwähnung des Schöpfers, doch später gibt Darwin – vielleicht unter dem Druck seiner sehr religiösen Frau – nach und erlaubt ihm, sich in den Schlußsatz späterer Ausgaben einzuschleichen. Darwin spricht Gott nicht die Schöpfung aller Tiere auf Noahs Arche zu, erlaubt ihm aber, eine oder zwei Formen zu schaffen, um den Ball ins Rollen zu bringen. Darwins erstaunlich poetischer Schlußsatz hört sich an wie ein Echo auf die Worte Linnés (1764) über Einfachheit und Komplexität: „Es ist wahrhaft etwas Erhabenes um die Auffassung, daß der Schöpfer den Keim alles Lebens, das uns umgibt, nur wenigen oder gar nur einer einzigen Form eingehaucht hat und daß, während sich unsere Erde nach den Gesetzen der Schwerkraft im Kreise bewegt, aus einem so schlichten Anfang eine unendliche Zahl der schönsten und wunderbarsten Formen entstand und noch weiter entsteht.")

Darwin erklärt auch in einer Fußnote, daß Aristoteles alle zeitgenössischen Naturforscher in seiner *Physicae Auscultationes* geschlagen habe, wo er darauf hinweist, daß der Regen nicht falle, um das Korn wachsen zu lassen, ebensowenig wie er falle, um das

Korn zu verderben, wenn es unter freiem Himmel gedroschen werde. Anschließend wendet er dieselbe Argumentation auf den Organismus an:

> Was demnach steht dem im Wege, daß auch die Teile [des Körpers] sich in der Natur ebenso zufällig verhalten? (...) jene Dinge, bei denen alles einzelne sich gerade so ergab, als entstünde es um eines Zweckes willen, hätten sich, nachdem sie grundlos in tauglicher Weise sich gebildet hätten, auch erhalten; diejenigen aber, bei denen dies nicht der Fall war, seien zugrunde gegangen und gingen noch zugrunde.

Die natürliche Selektion in einer Nußschale.

Doch bei vielen Zeitgenossen Darwins stieß die natürliche Selektion auf harsche Ablehnung, so auch bei Mivart. Er schreibt in seinem Katzenbuch:

> Die Ansicht, daß sich der Ursprung der Arten auf eine „natürlichen Zuchtwahl" zurückführen läßt, ist eine unausgegorene und unpassende Vorstellung, die von vielen Leuten begrüßt worden ist, da sie so einfach scheint. Von anderen wurde sie bereitwillig akzeptiert, weil diese Leute annahmen, das neue Konzept werde einen fatalen Effekt auf den Glauben an eine göttliche Schöpfung haben.

Nach Mendels Ansicht wurden Merkmale durch unabhängige Faktoren vererbt, die von einer Generation zur nächsten nach rein mathematischen Gesetzen weitergegeben werden. Darwin wußte nichts von Mendels Faktoren; in einer Wiederbelebung der aristotelischen Pangenesistheorie nahm er statt dessen an, daß „Gemmulae" (Keimchen) im Blut durch den ganzen Körper kreisen. Darwin hielt diese geheimnisvollen und unsichtbaren Einheiten für Merkmalträger. Sie sorgten nach seiner Auffassung nicht nur dafür, daß in vielen Generationen einer Familie lange Nasen auftraten, sondern ermöglichten auch die Vererbung erworbener Eigenschaften und Merkmale wie „Dienstmädchenknie". (Um die Gemmula-Theorie zu stützen, führte Darwins Cousin Francis Galton bei Hunderten von Kaninchen Blutübertragungen durch, erzielte aber niemals die gewünschten Ergebnisse. Auch Mivart glaubte an die Vererbung erworbener Eigenschaften; er zitiert den Fall einer Katze, die Junge mit Stummelschwänzen gebar, nachdem der eigene Schwanz bei einem Unfall in der Nähe der Schwanzwurzel abgetrennt worden war.)

Einer der deutlichsten Unterschiede zwischen Mendel und Darwin zeigt sich in ihrem Schreibstil. Wo Mendel kurz und präzise ist, ist Darwin dunkel und weitschweifig. Er tänzelt von einem schwierigen und verwickelten Satz zum nächsten, flicht Spekulationen und Anekdoten ein und baut langsam eine starke Argumentationskette auf, die das viktorianische Denken in seinen Grundfesten erschüttern sollte.

Darwin war sich durchaus bewußt, daß Schreiben nicht seine Stärke war, und war daher vom Erfolg seiner Bücher außerordentlich überrascht. (Wenn irgendwo eine schlechte Satzstellung möglich sei, soll er einmal gebrummt haben, so sei er sicher, sie zu finden. Und als er *The Origin of Species* nach einiger Zeit wieder las, sagte er überrascht: „Ein sehr gutes Buch, aber, meine Güte, schwer zu lesen!") In der Einleitung von *The Descent of Man* (Die Abstammung des Menschen) schreibt er:

> Viele Jahre hindurch habe ich Notizen über den Ursprung oder die Abstammung des Menschen gesammelt, ohne daß mir etwa der Plan vorgeschwebt hätte, über den Gegenstand einmal zu schreiben, vielmehr mit dem Entschluß, dies nicht zu tun, da ich fürchtete, daß ich dadurch die Vorurteile gegen meine Ansichten nur verstärken würde.

Mendel schuf eine Terminologie und Begriffe, die heute noch verwendet werden. Er benutzte Termini wie „dominant" und „rezessiv", er erfand auch die Groß- und Kleinschreibung desselben Buchstabens (A/a), um die dominante beziehungsweise rezessive Ausprägung des gleichen Merkmals zu beschreiben.

Infolge seiner mathematischen Ausbildung an der Universität Wien ist Mendels Arbeit gespickt mit Ausdrücken, die auf den ersten Blick wie mathematische Formeln oder sogar Gleichungen aussehen. Die meisten, wie

$$\frac{A}{A} + \frac{A}{a} + \frac{a}{A} + \frac{a}{a} = A + 2Aa + a$$

haben mathematisch keinen Sinn, und das hat vielleicht zumindest teilweise zu dem mangelnden Verständnis beigetragen, auf das Mendel stieß. Doch in diesem Fall, wie er sorgfältig erklärt, stellt der obere Teil des Bruchs ein Merkmal der Pollenzelle dar, der untere Teil ein Merkmal der Eizelle. Mendel will damit sagen, wie Gärtner bereits vor ihm, daß $\frac{A}{a}$ dasselbe wie $\frac{a}{A}$ bedeutet: Es spielt keine Rolle, welcher Elternteil den Beitrag zum Hybriden liefert; das Ergebnis ist immer das gleiche.

Er drückt damit auch kurz und bündig aus, daß Pflanzen, die von ihren Eltern zwei dominante Faktoren $\frac{A}{A}$ erhalten, das dominante Merkmal (A) zeigen, während Pflanzen, die zwei rezessive Faktoren $\frac{a}{a}$ erhalten, das rezessive Merkmal (a) zeigen. Und da diejenigen, die sowohl einen dominanten als auch einen rezessiven Faktor aufweisen (Aa), ebenfalls das dominante Merkmal (A) zeigen, stellt die rechte Seite der Gleichung nichts anderes als Mendels berühmtes 3:1-Verhältnis dar.

Vielleicht liegt Mendels größtes Verdienst darin, zum erstenmal statistische Methoden ernsthaft auf biologische Fragestellungen angewandt zu haben. Ironischerweise könnte es jedoch gerade seine klare, aber neuartige Darstellungsweise gewesen sein, die seine Ergebnisse für seine Zeitgenossen unverständlich machte. Und so wurde Mendels kurzer Artikel übersehen und vergessen, während jedermann Darwins voluminöses Prosawerk las und seine Ideen Furore machten. Mendel war unbekannt und konnte nicht hoffen, ein so großes Publikum wie Darwin zu erreichen, doch es ist traurig, daß es ihm mit seinem wunderbaren Artikel in all seiner Präzision und Klarheit nicht gelang, wenigstens anderen Wissenschaftlern seiner Zeit seine wichtige Botschaft zu übermitteln.

Katzen sind keine Erbsen

Es wird kaum jemanden überraschen zu erfahren, daß Katzen genetisch anders ausgestattet sind als Erbsen. Katzen tragen Tausende und Abertausende von Genen, von denen die meisten damit beschäftigt sind, die internen Funktionen zu kontrollieren, die die Katze „am Laufen" halten (und die dafür sorgen, daß eine Katze und keine Erbsenpflanze oder ein Baum entsteht). Ein paar dieser Gene haben jedoch höchst sichtbare Effekte. Es sind diejenigen, die das Aussehen der Katze bestimmen; sie kontrollieren unter anderem Farbe und Typ der Behaarung sowie die allgemeine Körperform. Es sind diese Gene, die es uns ermöglichen, allein anhand der äußerlich sichtbaren Variationen einiges über die zugrundeliegenden genetischen Strukturen herauszufinden.

Theoretisch können nach Mendels Unabhängigkeitsregel alle Fellfarben, Felltypen und Körperformen beliebig kombiniert werden. Selbst die Augenfarbe, die von Kupferorange über Gelb, Haselnußbraun und Grün bis hin zu verschiedenen Blauschattierungen reicht, ist von der Fellfarbe bemerkenswert unabhängig. Dennoch haben Siamkatzen gewöhnlich tiefblaue Augen, während die Augen rein weißer Katzen gewöhnlich hellblau oder orange sind (manchmal auch das eine so und das andere so); daraus wird deutlich, daß Fellfarbe und Augenfarbe bis zu einem gewissen Grad gekoppelt sind. Bestimmte andere Kopplungen zwischen Genen, besonders zwischen solchen, die auf demselben Chromosom eng beieinanderliegen, treten häufig auf, doch im allgemeinen erscheinen die Variationsmöglichkeiten unbegrenzt – niemand weiß, welche Kombinationen in Zukunft auftreten werden.

The Book of the Cat widmet der Schildpatt- und der Calico-Färbung mehrere Seiten und zeigt 24 verschiedene Anordnungen von Farben und Musterungen, die gemeinsam auftreten können. Neben jedem wundervoll gezeichneten Fell ist sinnvollerweise der entsprechende Satz Gene wiedergegeben. Ich sah die Beispiele sorgfältig durch, mußte aber bald feststellen, daß Georges Typ fehlte – nicht weil er ein Calico-Kater ist (das ist ein anderes Problem), und wahrscheinlich auch nicht, weil sein Typ besonders selten wäre, sondern weil man einfach nicht alle möglichen Kombinationen auflisten kann.

Einige wichtige Katzengene arbeiten so einfach und direkt wie die bei Erbsen, die entscheiden, ob der Samen glatt oder runzelig, gelb oder grün wird. Ein derart einfaches Paar kontrolliert die Haarlänge: Das ursprüngliche Wildtypgen fordert kurzes Haar, während das rezessive mutierte Gen, das erstmals in Rußland auftrat, für langes Haar plädiert. Mendels Konvention folgend (aber in moderner Kursivschrift), erhält kurzes Haar das Symbol *L* (groß geschrieben, um anzuzeigen, daß es dominant ist), und langes Haar erhält das Symbol *l* (klein geschrieben, um anzuzeigen, daß es rezessiv ist). Man braucht Max' langes seidiges Fell nur anzuschauen, um zu wissen, daß er ein *ll*-Typ ist; besäße er nur ein *l*, würde sich der Partner *L* auf dem korrespondierenden Chromosom durchsetzen, und er wäre kurzhaarig wie George. (Es läßt sich jedoch nicht sagen, ob George ein *LL*- oder ein *Ll*-Typ ist, denn in beiden Fällen kommen kurze Haare heraus.)

Ein ebenso einfacher Fall läßt sich in bezug auf das Agouti-Gen *A* und seinen Nicht-Agouti-Widerpart *a* konstruieren. Das dominante *A* führt zu agoutibraunem, gebändertem Haar zwischen den Tabby-Streifen, das rezessive *a* führt zu ungebänderten Haaren von der gleichen Farbe wie die Tabby-Streifen und ruft so eine einheitliche Fellfärbung hervor. Da Max einfarbig schwarz ist und keine gebänderten Agouti-Haare aufweist, muß er ein *aa*-Typ sein. Georges gebänderte Agouti-Haare zeigen hingegen, daß er entweder zum Typ *AA* oder *Aa* gehört; zu welchem Typ, läßt sich anhand des Fells nicht entscheiden, da das dominante *A* immer gewinnt. In diesem Fall funktioniert die Sache genauso wie bei den glatten und den runzeligen Erbsen.

Doch wie Mendel zu seinem Leidwesen bei *Phaseolus* herausfinden mußte, liegen die Dinge nicht immer so einfach. Um die unerwartete Farbpalette zu erklären, die auftrat, als er Pflanzen mit weißen und mit karmesinroten Blüten kreuzte, stellte Mendel die These auf, daß zwei oder mehr völlig unabhängige Faktoren zur Blütenfarbe beitragen könnten. Er erkannte nicht die Möglichkeit, daß das Zusammenspiel der Gene unfair verläuft – daß einige Gene die Wirkung anderer völlig maskieren können, selbst solcher Gene, die auf anderen Chromosomen liegen. Die Beziehungen zwischen Genen sind in der Regel viel stärker und enger verflochten (oder „vernetzt", um einen Begriff aus dem wunderbar deskriptiven Computerjargon zu borgen), als Mendel es sich seinerzeit vorstellen konnte.

Ein Extrembeispiel für eine solche Vernetzung bei Katzen liefert das dominante Gen *W* für weiße Fellfärbung. Dieses Gen ist so durchschlagkräftig, daß ein einziges davon ausreicht, alle anderen Farben zu maskieren. Daher können Sie über die Farbgene einer rein weißen Katze durch bloßes Betrachten kaum etwas herausfinden. Die Katze kann vom Typ *WW* oder vom Typ *Ww* sein, oder sie trägt womöglich irgendeine Art von Albino-Genen; die einzige Möglichkeit, herauszufinden, was genau das weiße Fell hervorgerufen hat, besteht in umfassenden Zuchtanalysen. Noch schlimmer, es ist unmöglich, durch bloßes Ansehen festzustellen, welche anderen Farbgene sich möglicherweise noch irgendwo – vielleicht auf anderen Chromosomen – verstecken, da das *W*-Gen sie alle vollständig maskiert hat. Daher können Züchter bei rein weißen Katzen eine Menge Überraschungen erleben.

Lassen Sie uns einen zweiten Blick auf Max' Tabby-Gene und ihre Wirkung werfen. Einige von Ihnen haben vielleicht bereits bemerkt, daß die bisherigen Erklärungen für seine Fellfärbung nicht ganz wasserdicht sind. Denkbar ist, daß sich seine schwarzen Streifen nicht gegen die schwarzen Fellpartien abheben würden. Aber: Max ist weiß, wo er nicht schwarz ist, warum heben sich die Tabby-Streifen nicht von seinem weißen Brustlatz ab? Das kann keine Folge eines *W*-Gens sein, denn sonst wäre Max völlig weiß.

Es ist die Handschrift von *S*, einem anderen dominanten mutierten Gen, das eine weiße Fleckung fordert. Wie bei *W* sind die Bereiche, die von *S* kontrolliert werden, garantiert völlig weiß behaart, unabhängig davon, welche anderen Farbgene noch präsent sein mögen – daher können keine Tabby-Streifen auftreten. (Auch George muß ein derartiges *S* besitzen, denn seine weißen Fellpartien sind ebenso rein weiß wie Max'.)

Das Weißfleck-Gen *S* zeigt zudem eine „variable Ausprägung". Das heißt, daß die Größe der weißen Fellpartien davon abhängt, ob eines oder zwei dieser Gene präsent sind. Da Max und George zu weniger als einem Drittel weiß sind, besitzen sie wahrscheinlich beide nur jeweils ein einziges *S* und gehören damit zum Typ *Ss*, wobei das Wildtyp-Gen *s* gegen jede weiße Fleckung votiert.

Bei reinen Schildpatt-Katzen, die keine weißen Fellpartien und daher auch kein *S* aufweisen, liegen die schwarzen und orangen Haarflecken teilweise so eng beieinander, daß das Fell ein geschecktes, mosaikartiges Aussehen erhält. Bei Calico-Katzen, die mehr oder minder große weiße Fellpartien aufweisen und daher zumindest ein *S* tragen, zeigt das dominante Gen für weiße Flecken eine weitere überraschende Eigenschaft: Es tritt mit den Genen am Orange-Locus in Wechselwirkung und ruft mit ihnen zusammen große, manchmal weit voneinander getrennte orange (*O*) und nichtorange (*o*) Flecken hervor, wobei sich die nichtorangen Flecken als schwarze Flecken manifestieren. Bei Japanese Bobtails, die überwiegend weiß und daher *SS* sind, können diese intensiv orangen oder schwarzen Flecken so spärlich sein und so weit auseinander liegen, daß nur eine der beiden Farben sichtbar ist. Die Genvariante für die fehlende Farbe ist jedoch noch präsent und birgt damit ein weitere Überraschung für unachtsame Züchter.

Auch für Mendel wäre dies eine große Überraschung gewesen. Er war ein überragender Wissenschaftler, aber er hätte all diese miteinander verflochtenen Beziehungen wahrscheinlich nicht entwirren können, selbst wenn man ihn nicht zum Abt gemacht hätte.

Die Wiederentdeckung

Was geschah nun mit Mendels berühmter Schrift über seine glatten und runzeligen Erbsen? Es ist sicherlich verführerisch, die Schilderung zu romantisieren: ein erschöpfter Abt, ein abgelegenes Kloster, ein schimmeliges Stück Pergament, fest zusammengerollt und mit einem Band verschnürt, verborgen in einem Geheimfach. Bilder von Federkielen, hohen Holzstühlen, langen

Speisetafeln, gebeugten Rücken und sorgfältig illustrierten Manuskripten kommen einem in den Sinn – Umberto Eco läßt grüßen!

Natürlich war es ganz anders. Obgleich Mendel mit der Hand schrieb (und vielleicht sogar einen Federkiel benutzte, wer weiß), gab es 1865, als sein 48 Seiten langer Erbsenartikel zur Veröffentlichung anstand, bereits seit über 400 Jahren Druckerpressen, um Schriftstücke zu vervielfältigen. Und diese Kopien wurden gewöhnlich nicht verborgen, sondern verteilt. Selbst die Mitteilungen des so kleinen und recht unbedeutenden Brünner Naturforschenden Vereins wurden an mehr als 120 Bibliotheken in ganz Europa verteilt, und 11 Kopien von Mendels Erbsenartikel gelangten vor 1900 in die Vereinigten Staaten.

Mendel selbst erhielt vier Sonderdrucke seines Artikels als Freiexemplare. Zwei davon sandte er an die beiden führenden Botaniker seiner Zeit, Carl Wilhelm Nägeli in München und A. Kerner von Marilaun bei Innsbruck. Nägeli konnte mit Mendels Arbeit gar nichts anfangen; trotz der siebenjährigen Korrespondenz mit dem Autor, die sich anschließen sollte, spricht er von Mendels Resultaten „mit mißtrauischer Vorsicht". (Später zeigte er sich jedoch sehr an Mendels *Hieracium*-Untersuchungen interessiert, zu denen er neben gutem Rat auch Pflanzen beisteuerte.) Kerner vergab seine Chance völlig, er machte sich nicht einmal die Mühe, sein Exemplar zu öffnen; nach seinem Tod 1878 fand man es mit noch unaufgeschnittenen Seiten. Niemand kennt die Namen der anderen Sonderdruckempfänger.

Mendels Arbeit wurde auch einige Male zitiert. 1881 erschien in Deutschland eine umfassende Bibliographie über die Arbeit mit Pflanzenhybriden; das Werk trug den Titel *Die Pflanzen-Mischlinge*. Mendel wird darin fünfzehnmal erwähnt, und man findet unter dem Stichwort *Pisum* und *Hieracium* Hinweise auf seinen Artikel; das Buch widmet seinen Entdeckungen aber nur wenige Zeilen. Unter *Pisum* heißt es: „Mendel dachte, er habe konstante Verhältnisse zwischen den Hybridtypen gefunden", und unter *Hieracium* liest man lediglich: „Die Hybriden sind nach Mendels Erfahrungen polymorph, doch die Individuen bringen gewöhnlich reinerbige Samen hervor." In der neunten Auflage der *Encyclopaedia Britannica*, die zwischen 1881 und 1895 erschien, wird Mendel in einem Aufsatz über Hybridisierung kurz erwähnt, und sein Artikel wird im *Royal Society Catalogue of Scientific Papers* aufgelistet.

Sicherlich keine große Publizität, doch genug Hinweise für ernsthafte Wissenschaftler, die den Wert eines gründlichen Literaturstudiums vor einer eigenen Veröffentlichung kennen. Drei solcher Männer, die um die Jahrhundertwende lebten, waren Carl

Correns, Erich von Tschermak-Seysenegg und Hugo de Vries. Alle drei hatten Kreuzungsexperimente durchgeführt, ohne von Mendels Arbeiten oder voneinander zu wissen, und sie waren fast parallel zu den gleichen Schlußfolgerungen gekommen wie Mendel. Die Zeit für die „unabhängige Aufspaltung von Faktoren" war reif. Correns, Tschermak und de Vries veröffentlichten im Jahr 1900 Artikel, in denen sie die Verdienste des lange vergessenen mährischen Mönchs würdigten.

Der Deutsche Correns und der Österreicher Tschermak hatten mit *Pisum* gearbeitet; sie kamen 1899 durch die *Pflanzen-Mischlinge* auf Mendels Spur. (Correns hatte bereits von seinem Lehrer Nägely von Mendel gehört, aber nur hinsichtlich der *Hieracium*-Untersuchungen.) Darüber, wie der Niederländer de Vries auf Mendel stieß, existieren drei verschiedene Versionen. De Vries selbst erzählte zwei etwas widersprüchliche Geschichten, eine ganz andere und viel interessantere Variante hatte sein Student Stomps zehn Jahre nach de Vries Tod parat.

Als de Vries 1924 gebeten wurde, seine Version der Wiederentdeckung Mendels beizusteuern, berichtete er, er habe in der Literaturliste des Buches *Plant Breeding* von Bailey, das 1895 erschienen ist, einen Hinweis auf den mährischen Mönch gefunden. Leider hat diese Erstausgabe gar kein Literaturverzeichnis. Um die Angelegenheit noch mehr zu komplizieren, zitiert Bailey in der vierten Auflage von 1908 einen Brief von de Vries, in dem dieser Bailey für seinen 1892 erschienenen Artikel „Cross-Breeding and Hybridization" dankt und hinzufügt, er habe Mendels Artikel in *dessen* Literaturanhang gefunden.

Diese und andere verwirrende Details warfen einen Schatten auf de Vries: Es ist vermutet worden, daß er Mendel bereits zu einem früheren als dem von ihm genannten Zeitpunkt gelesen und in seiner ersten Veröffentlichung sogar versucht habe, Mendels Namen zu unterdrücken. Erbost über diesen versuchten Rufmord an seinem Lehrer, schrieb Stomps 1954 einen kurzen Artikel im „Journal of Heredity", in dem er schildert, was de Vries ihm berichtet hatte:

Im Jahre 1900, gerade als er die Ergebnisse seiner Experimente veröffentlichen wollte, erhielt er einen Brief seines Freundes Professor Beyerinck aus Delft, der folgenden Wortlaut hatte: „Ich weiß, daß Du Hybriden untersuchst, daher ist der beigelegte Artikel eines gewissen Mendel aus dem Jahr 1865, den ich zufällig besitze, für Dich vielleicht noch von einigem Interesse." De Vries las den Artikel und fand, daß die Ergebnisse seiner

Experimente, die er für völlig neu gehalten hatte, bereits 35
Jahre zuvor veröffentlicht worden waren.

Natürlich möchte man jetzt etwas über Beyerinck wissen. Hatte er
den Artikel gelesen? Hatte er ihn verstanden? Hatte Mendel ihm
die Veröffentlichung selbst zugesandt? Räumte er nur sein Arbeitszimmer an einem regnerischen Nachmittag auf und sandte verschiedene unbedeutende Sonderdrucke an Leute, die vielleicht
Interesse daran haben könnten? Machte er sich eine Vorstellung
davon, welche Bombe er de Vries damit in den Schoß legte? (Auf
keine dieser Fragen habe ich eine Antwort, doch ich weiß, daß
Beyerinck später klagte, er sei der erste gewesen, der Mendel fünf
Jahre vor de Vries wiederentdeckt habe, wenn er seine Kreuzungsexperimente in Wageningen nur nicht aufgegeben hätte, um bei
den Niederländischen Destillierwerken in Delft als Bakteriologe zu
arbeiten. Damals schien dies eine gute Karrierewahl zu sein.)
  Als Beweis für diese bemerkenswerte Geschichte zitiert Stomps
folgende interessante Tatsache:

Nach Beyerincks Tod (...) sandte seine Familie den fraglichen
Sonderdruck wieder an unser Institut, diesmal an mich als
Direktor. Sie meinte, der richtige Platz dafür sei die Bibliothek
des Botanischen Instituts von Amsterdam, wo man ihn heute
tatsächlich in einem speziellen Schaukasten betrachten kann.

Ein passendes Ende einer einsamen Odyssee! Es wäre eine schöne
Pilgerreise, sich aufzumachen und sich Mendels berühmte Schrift
in derart passender Umgebung anzuschauen; schön wäre es auch,
den Verbleib der übrigen 37 Sonderdrucke zu kennen.

6
Was haben sie gesehen, und wann haben sie's gesehen?

Die Botaniker erheben Einwände

Die neue Wissenschaft der Genetik wurde in dem Feuerwerk von Ideen geboren, das sich nach der Wiederentdeckung von Mendels Schriften entlud. Aber nicht alles verlief glatt und ohne Schwierigkeiten. Ironischerweise waren es gerade die Botaniker, bei denen die neuen Theorien des „Mendelismus" auf die stärkste Ablehnung stießen und die sich am längsten gegen ihre Anerkennung wehrten. Selbst die renommierte britische Wissenschaftszeitschrift „Nature", in der viele bedeutende Entdeckungen zum erstenmal publiziert wurden, weigerte sich jahrelang, Artikel zu diesem Thema anzunehmen, und schlug sich statt dessen auf die Seite der Biometriker, die die Opposition bildeten. Damit wir verstehen, was Anfang des 20. Jahrhunderts vor sich ging, müssen wir kurz ins 19. Jahrhundert zurückblenden, um herauszufinden, wer was wann sah, und um die damals vorherrschenden wissenschaftlichen Strömungen kennenzulernen.

Im Jahr 1828, kurz nach Mendels Geburt, entdeckte der englische Botaniker Robert Brown (nach dem die Brownsche Molekularbewegung benannt ist) im Inneren von Zellen Moleküle, die sich bewegten; 1833 konnte er zudem nachweisen, daß Zellen einen Zellkern tragen.

Im Jahr 1842, rund zehn Jahre, bevor Mendel an die Universität Wien ging, war es Nägeli gelungen, eine Zelle bei der Mitose zu beobachten. Er sah, wie sie sich in zwei Hälften teilte, so daß zwei neue Zellen entstanden, und er beobachtete auch, daß sich der Zellkern selbst ebenfalls teilte, um zwei neue Zellkerne zu bilden. Dabei erhaschte Nägeli einen kurzen Blick auf die Chromosomen, die er „transitorische Cytoblasten" nannte. Weder er noch einer seiner Zeitgenossen konnte sich vorstellen, wozu diese Chromosomen dienen mochten. Die Historiker, wen wundert's, sind sich über Mendel und die Chromosomen nicht einig – manche sind der Meinung, er habe nichts von dieser Entdeckung gewußt, doch wenn Nägeli sie gesehen und benannt hat, ist es schwer zu glauben, daß Mendel nichts davon gehört haben soll.

Im Jahr 1873, als Mendel bereits fünf Jahre seiner sechzehnjährigen Amtszeit als Abt hinter sich gebracht hatte (und außerklösterlichen Angelegenheiten wahrscheinlich kaum Aufmerksamkeit schenken konnte), sah ein deutscher Biologe namens Schneider, der mit Plattwürmern arbeitete, wie sich die Chromosomen während der Mitose in der Äquatorialplatte anordneten; anschließend konnte er verfolgen, wie sie auseinandergezogen wurden und zu den beiden Zellpolen wanderten.

Im Jahr 1883, ein Jahr vor Mendels Tod, gelang es Walter Fleming, der damals Salamanderlarven untersuchte, die Verdopplungsphase zu beobachten, mit der die Mitose beginnt. Er bemerkte als erster, daß sich Nägelis „transitorische Cytoblasten" längs spalten, um sich zu verdoppeln. Glücklicherweise gab er den fadenartigen Strukturen, die daraus resultierten, den benutzerfreundlicheren Namen „Chromatin", der bald in „Chromosom" abgewandelt wurde. (Dieser Begriff bedeutet soviel wie „farbiger Körper" und deutet an, wie diese Strukturen aussehen, wenn sie fürs Mikroskop angefärbt worden sind.)

Einige Jahre später war Fleming wiederum einer der ersten, die die zweite Teilung der Meiose beobachteten, in der die Zahl der Chromosomen halbiert wird. Obwohl die meisten Salamanderzellen 24 Chromosomen enthalten, entdeckte Fleming, daß die Eizellen nur 12 Chromosomen aufweisen, doch ihm entging die Bedeutung dieser wichtigen Tatsache. Wenn Mendel noch gelebt und von Flemings Entdeckung gehört hätte, hätte er sicherlich erkannt, daß diese Beobachtung das Spaltungsprinzip bestätigte, das er mehr als dreißig Jahre zuvor formuliert hatte.

Da Mendel nicht mehr lebte, fiel die Aufgabe, die Bedeutung der Reduktionsteilung richtig einzuschätzen und zu verkünden, einem überzeugten Evolutionisten namens August Weismann zu. Unabhängig von Mendel, von dessen Existenz er nichts ahnte, stellte Weismann die Theorie auf, Chromosomen bestünden aus einer großen Zahl diskreter und unterschiedlicher „Ids", die die Erbmerkmale trügen. Während andere annahmen, alle Chromosomen seien identisch – da sie kaum erkennbar waren, sahen sie alle gleich aus –, war Weismann davon überzeugt, daß sie sich allesamt voneinander unterschieden und in zwei Gruppen aufspalteten, von denen jede einen neuen Zellkern bildete. Nach Weismanns Vorstellung glich keine Keimzelle der anderen, und sie konnten somit ein breites Spektrum merkmaltragender Ids an die nächste Generation weitergeben. Er war der erste, der den Meiosevorgang eine Reduktionsteilung nannte und darin den Versuch sah, „eine möglichst vollständige Mischung der erblichen Einheiten von Vater und Mutter zu erzielen".

Wenn man die verschiedenen vorgefaßten Meinungen und Vorurteile berücksichtigt, die die Forscher an ihre noch unzureichenden Mikroskope mitbrachten, überrascht es nicht, daß sie die winzigen Objekte, die sie sich zu sehen bemühten, unterschiedlich interpretierten. Während der achtziger Jahre des 19. Jahrhunderts stimmten die meisten Biologen (die gewöhnlich mit Meerestieren arbeiteten) nicht mit Weismann und seinen Studenten überein (die vorwiegend an Insekten forschten). Sie konnten zwar nicht leugnen, daß die Chromosomenzahl tatsächlich um die Hälfte reduziert wurde, doch sie sahen in dieser Reduktion keineswegs einen qualitativen, sondern einen quantitativen Vorgang, denn ihrer Ansicht nach waren alle Chromosomen gleich. Daher vertraten sie die Meinung, alle Keimzellen eines Organismus seien ebenfalls gleich, und stellten kategorisch fest: „Eine Reduktionsteilung im Sinne Weismanns findet nicht statt." Die Botaniker waren die schärfsten Gegner der Weismannschen Thesen; so schrieb der berühmte Pflanzenforscher Eduard Strasburger 1894: „Es gibt keine Reduktionsteilung, weder im Pflanzenreich noch sonst irgendwo." Und damit schien die Angelegenheit erledigt.

Da dies die vorherrschende Haltung um die Jahrhundertwende war, ist es erstaunlich, daß es überhaupt irgend jemanden gab, dem die Verbindung zwischen Weismann und Mendel auffiel, als Mendels Erbsenartikel 1900 endlich wiederentdeckt wurde. Selbst von den drei Entdeckern (allesamt Botaniker) realisierte nur Carl Correns die überragende Bedeutung von Mendels Beitrag. Er erkannte sofort, daß glatt und runzelig, gelb und grün weitaus besser zu einer qualitativen als zu einer quantitativen Reduktionsteilung paßten und die erblichen Merkmale tatsächlich auf den Chromosomen liegen mußten, genau, wie es Weismann fünfzehn Jahre zuvor postuliert hatte.

In England war der Zoologe William Bateson einer der eifrigsten Verfechter von Mendels Thesen. In einer amüsanten kurzen Denkschrift über diese frühen Tage beschreibt R. C. Punnett (der Erfinder des Kreuzungsschemas), wie er und andere junge Enthusiasten Bateson bei seinen genetischen Experimenten im und ums Haus herum halfen. Zunächst in einem Schlafzimmer im oberen Stock, später dann im Garten züchteten sie verschiedene Arten Geflügel in tragbaren Brutkästen (die gelegentlich Feuer fingen). Sie pflanzten und kreuzten auch Tausende von Gartenwicken, mußten damit aber bald auf ein nahegelegenes Feld umziehen, denn Mrs. Bateson beanspruchte den Garten für ihre Gemüsebee-te. Die Ergebnisse der Wickenexperimente wurden von Mrs. Bate-son ordnungsgemäß festgehalten; darunter befinden sich auch Notizen über Einsätze, die die Forscher auf die Ergebnisse ihrer Versuche verwetteten. (Einer der Mitwetter war Doncaster, der sich später intensiv mit dem Problem der Calico-Kater herumpla-gen sollte.)

Bateson war der erste, der der britischen Öffentlichkeit die Wiederentdeckung der Mendelschen Schriften verkündete. Er hat-te im Zug auf dem Weg zu einem Treffen der Royal Horticultural Society davon erfahren und erkannte sofort die Bedeutung des Fundes. Noch im Zug schrieb er seinen Vortrag um, um seine Zuhörer auf Mendels Ergebnisse aufmerksam zu machen. Später übersetzte Bateson den berühmten Erbsenartikel ins Englische und wurde für den toten Mendel das, was Thomas Huxley für den lebenden, aber menschenscheuen Darwin gewesen war: ein laut-starker und erfolgreicher Verfechter seiner Thesen.

Die Zeit war reif, Mendels Regeln tauchten aus der Vergessen-heit auf, und dabei spielte es keine Rolle, was einige Botaniker dazu zu sagen hatten.

Der große tölpelhafte Grashüpfer

In Amerika stellte Thomas Montgomery die Theorie auf, daß sich die zusammengehörigen väterlichen und mütterlichen Chromoso-men während der Reduktionsteilung zu Paaren zusammenlegten. Daraufhin beauftragte der berühmte Biologe Edmund Wilson seinen Studenten Walter Sutton damit, diese Theorie an *Brachy-stola magna*, dem „großen tölpelhaften Grashüpfer", zu überprü-fen. Die Chromosomen von *Brachystola* variieren in Form und Größe beträchtlich, daher war es selbst um die Jahrhundertwende bereits möglich, bei ihnen Unterschiede und Ähnlichkeiten auszu-machen. 1902 konnte Sutton bestätigen, daß sich die korrespon-dierenden mütterlichen und väterlichen Chromosomen während der Meiose tatsächlich zu Paaren zusammenlegen und anschlie-ßend bei der Erzeugung von Geschlechtszellen voneinander ge-trennt werden. Wilson kommentierte das Ergebnis: „Dies liefert uns eine physische Basis für die Verbindung dominanter und rezessiver Merkmale bei der Kreuzung (...) genauso, wie es die Mendelsche Regel fordert."

McClung, ein anderer Student Wilsons, arbeitete ebenfalls mit *Brachystola* und berichtete, daß dieser Grashüpfer zwei verschiedene Spermientypen produziere: einen Typ mit elf und einen mit zwölf Chromosomen. (Wie sich herausstellte, hatte er recht; *Brachystola* gehört zu den wenigen Organismen, deren Chromosomenzahl in beiden Geschlechtern nicht übereinstimmt: Das Weibchen besitzt ein Chromosom mehr als das Männchen.) Er bezeichnete das Extrachromosom als „zusätzliches Chromosom" und stellte die These auf, es sei für die Geschlechtsbestimmung verantwortlich. Wenn Organismen in zwei Gruppen eingeteilt werden sollten, die von zwei verschiedenen Sorten Spermien gebildet werden, dann ist, wie er folgerichtig argumentierte, das Geschlecht die einzig vernünftige Trennungslinie zwischen beiden.

In seinem berühmten Artikel „Das zusätzliche Chromosom – geschlechtsbestimmend?" (1902) liefert McClung einen ausführlichen historischen Überblick und weist darauf hin, daß der Deutsche Hermann Henking, der an männlichen *Pyrrhocoris*-Käfern arbeitete, dieses zusätzliche Chromosom bereits 1891 beschrieben hatte. Da Henking aber nicht wußte, was es war, nannte er es „Doppelelement X" (X stand dabei für „unbekannt"), und so kam das X-Chromosom zu seinem langweiligen Namen. Als es schließlich gelang, in anderen Organismen seinen winzigen Gegenspieler nachzuweisen, blieb wohl keine andere Wahl, als ihn Y zu nennen. Und das tat Edmund Wilson 1909 dann auch.

Damals behauptete Wilson immer noch, „äußere Bedingungen" seien geschlechtsbestimmend, und es sei „sicher, daß das Geschlecht als solches nicht vererbt wird". Trotz dieses Machtworts seines Mentors blieb McClung bei seiner Meinung: Danach bestand die Funktion dieses zusätzlichen Chromosoms darin, das gewisse Etwas zu liefern, das notwendig ist, um einen Eierstock in einen Hoden zu verwandeln. Wie sich später herausstellte, hatte McClung allerdings das Pferd vom Schwanz her aufgezäumt: Bei Grashüpfern wie bei Fruchtfliegen ist es nicht etwa die Anwesenheit, sondern gerade umgekehrt die Abwesenheit eines X, die zu einem Männchen führt. Andere Irrungen und Wirrungen um die Jahrhundertwende erwuchsen aus dem breiten Spektrum der Organismen, die untersucht wurden – neben Grashüpfern und Fruchtfliegen Bienen, Wespen, Spinnen, Schmetterlinge, Seeigel, Salamander, Vögel, Katzen und Menschen –, wobei man allgemein davon ausging, daß bei allen diesen Lebewesen die gleichen geschlechtsbestimmenden Mechanismen wirkten.

Alle Pantoffelschnecken sind zunächst einmal männlich

Bei allen Säugern und den meisten Insekten sind die Weibchen vom Typ XX und die Männchen vom Typ XY, wobei das Geschlecht der Nachkommen vom Männchen bestimmt wird. Bei Vögeln, Schmetterlingen, vielen Fischen, Salamandern, Fröschen, Molchen und Schlangen ist es umgekehrt: Die Weibchen sind XY und die Männchen XX, wobei das Geschlecht der Nachkommen vom Weibchen bestimmt wird. Manchmal benutzt man auch eine andere langweilige Terminologie: besonders Vögel werden häufig mit einem ZZ/ZW-System beschrieben, wobei die Männchen ZZ und die Weibchen ZW sind und das W geschlechtsbestimmend ist.

Das stämmige X-Chromosom ist vollgepackt mit Genen; bei den Vögeln sorgen viele dieser Gene für das farbenprächtige Gefieder der Männchen und vielleicht auch für den Reviergesang. Das Y-Chromosom ist bei Vögeln ebenso wie bei Säugern fast bis zur Bedeutungslosigkeit zusammengeschrumpft und hat außer in der Frage der Geschlechtsbestimmung wenig zu melden.

Einige Lebewesen – beispielsweise Amöben – sind geschlechtslos und vermehren sich einfach dadurch, daß sie sich via Mitose in zwei identische Hälften teilen. Diejenigen Organismen, die die Vorzüge der geschlechtlichen Vermehrung genießen, pflanzen sich auf schier unglaublich vielfältige Art und Weise fort. Bei einigen Insekten-, Fisch- und Eidechsenarten besteht die Population nur aus Weibchen; einige Schneckenarten sind Zwitter mit funktionstüchtigen männlichen und weiblichen Fortpflanzungsorganen; einige Fische ändern ihr Geschlecht im Lauf ihres Lebens, und bei manchen Reptilien ist die Umgebungstemperatur der entscheidende Faktor für die Geschlechtsbestimmung.

Eine der kuriosesten Fortpflanzungsmethoden haben die marinen Pantoffelschnecken entwickelt, bei denen es anfangs nur männliche Tiere gibt. Doch die Männchen können ihr Geschlecht ändern, je nachdem, wo sie landen, wenn sie zum Meeresgrund herabsinken. Landen sie auf dem Boden, so werden aus den jungen Männchen Weibchen. Landen sie jedoch auf einem Weibchen, so bleiben sie männlich – sollten sie jedoch aus irgendeinem Grund vom Weibchen abgelöst werden, werden sie ihrerseits zu Weibchen. Daher kann sich das Geschlecht einer Pantoffelschnecke je nach Umgebungsbedingungen ständig ändern – ein komplexes Wechselspiel, das allein dazu dient, die Wahrscheinlichkeit für eine verschiedengeschlechtliche Paarung zu erhöhen. Einige marine Würmer, bei denen die Männchen als winzige Parasiten auf den Weibchen leben, haben ein ähnliches System entwickelt: Diejenigen Wurmlarven, die sich zufällig am „Rüssel" eines erwachsenen Weibchens festsetzen können, werden zu Männchen, alle anderen sinken auf den Meeresgrund und werden zu Weibchen.

Die frischgebackenen Cytologen Anfang des 20. Jahrhunderts wußten natürlich noch nichts von all diesen Dingen und standen, was die Geschlechtsbestimmung betraf, vor einem Wust widersprüchlicher Ergebnisse. Sie wußten jedoch bereits eine Menge über Mitose und Meiose, nahmen an, daß die Chromosomen die Überträger von Erbinformationen seien, sahen, daß sie in korrespondierenden Paaren auftraten, stimmten darin überein, daß Geschlechtszellen in der Regel voneinander differierten, und hielten das Geschlecht für eines der vielen Merkmale, die irgendwo auf den Chromosomen kodiert waren.

Fruchtbare kleine Kerle

Jedermann kennt wohl *Drosophila*, die Fruchtfliege, die zum Paradepferd – um die Gattungen einmal hoffnungslos durcheinanderzuwirbeln – der frühen Genetiker wurde. Wenn Sie *The History of Genetics* (Die Geschichte der Genetik) von A. H. Sturtevant lesen, einem der Pioniere auf diesem Gebiet, so werden Sie den Eindruck gewinnen, es müsse heißen „Am Anfang war *Drosophila*" und nichts sonst spiele eine Rolle (abgesehen vielleicht von Mendels wunderbaren Erbsen). Sturtevant berichtet in einer interessanten Fußnote von Mäusen, denen über zwanzig Generationen hinweg der Schwanz abgeschnitten wurde, um die vermutete Vererbung erworbener Eigenschaften zu testen (es funktionierte nicht). Aber nirgendwo werden die Katzen erwähnt, die ebenfalls ihr Bestes gaben, um die menschliche Neugier im Hinblick auf das Wirken der Vererbung zu stillen.

Fruchtfliegen sind leicht zu beschaffen, sie sind einfach zu halten, und sie vermehren sich wie verrückt. Da sie pro Eiablage Hunderte von Eiern legen und alle zwei Wochen eine neue Generation schlüpft, ist es nicht verwunderlich, daß Thomas Morgan und A. H. Sturtevant 1916 bereits problemlos mehr als eine halbe Million dieser kleinen Biester gezüchtet hatten. (Wahrscheinlich war es *Drosophila*, die „Tauliebhaberin", die Aristoteles entdeckt hatte, als er ein Insekt beschrieb, das aus Larven hervorgegangen war, die aus dem schleimigen Rückstand des Essigs stammten.)

Ihre Fruchtbarkeit, ihre Größe und die geringe Zahl ihrer Chromosomen (nur vier Paare) machten die kleinen Fliegen zu vorzüglichen Versuchsobjekten. *Drosophila* machte es nichts aus, in kleinen Gefäßen, wie Halblitermilchflaschen, zu leben, ihre Zucht ließ sich leicht kontrollieren, und die Gefahr, daß sich Tierschutzgruppen über ihre Behandlung beklagten, war sehr gering. Wie Mendels Erbsen zeigten sie einige hübsche kontrastierende Merkmale, die leicht zu erkennen waren (zum Beispiel rote versus weiße Augen), und bald wurden über hundert verschiedene Faktoren analysiert.

Der berühmte Fliegenraum an der Columbia-Universität, in dem *Drosophila* von 1910 bis 1927 untersucht wurde, maß nur etwa fünf mal acht Meter. Neben all den Fliegen enthielt er die acht Arbeitstische der begeisterten jungen Genetiker, die die ersten Chromosomenkarten anlegten, geschlechtsgebundene Gene identifizierten und als erste Non-disjunction (das Widerstreben, sich zu trennen, siehe Kapitel 7) postulierten. Viele Forscher priesen *Drosophila* als ideales Versuchstier.

Nirgendwo in der *Drosophila*-Literatur stößt man auf Klagen über Schwierigkeiten, mit diesen bereitwilligen und fruchtbaren kleinen Kerlen zu arbeiten. Sturtevant erwähnt lediglich, daß die ersten Ergebnisse insofern unbefriedigend waren, weil sie selten dem erwarteten Mendelschen Verhältnis von 3:1 nahekamen, doch wie sich herausstellte, lag das an der unterschiedlichen Mortalität von Larven- und Puppenstadien vor der Zählung. Er erzählt auch eine amüsante Begebenheit, als sich eine besonders ungewöhnliche Fliege, die von Mrs. Morgan untersucht wurde, zu rasch von der Narkose erholte und vom Mikroskoptisch zu Boden flatterte. Ich stelle mir vor, wie Mrs. Morgan auf allen vieren unter den Tischen herumkrabbelt und verzweifelt nach ihrem kostbaren Insekt sucht. Als sie damit kein Glück hatte, überlegte sie, daß Fliegen, wenn sie sich gestört fühlen, auf das Licht zufliegen, und es gelang ihr tatsächlich, ihr einzigartiges Exemplar an der Fensterscheibe wiederzufinden.

Außerordentlich schlechte Mütter

Bei Katzen lagen die Dinge ganz anders als bei *Drosophila*. Besonders Calicos waren schon immer nicht so leicht zu finden, Calico-Kater sind sogar ziemlich selten, und fertile Calico-Kater gibt es praktisch gar nicht. Einige aussagekräftige Zuchtexperimente ließen sich zwar auch ohne Calicos durchführen (wie die Kreuzung von orangen Weibchen mit schwarzen Männchen und vice versa), doch Ergebnisse zeigten sich erst nach vergleichsweise langer Zeit. Selbst wenn man geeignet gefärbte Tiere fand, konnte man sie

nicht unbedingt dazu bringen, sich zu paaren, und wenn sie es
doch taten, brachten sie pro Jahr in der Regel nur einen einzigen
Wurf mit einigen wenigen Kätzchen zur Welt. Sie waren wirklich
keine Konkurrenz für die Fruchtfliege.

Einige Katzen verspürten überhaupt keine Lust, sich fortzu-
pflanzen oder sich um ihren Nachwuchs zu kümmern, und so kam
es, daß plötzlich mitten in seriösen wissenschaftlichen Artikeln
einige fast verzweifelt klingende Passagen auftauchten. Die folgenden Ausführungen aus dem „Journal of Genetics" von 1924 betref-
fen Siam- und weiße Perserkatzen; in den betreffenden Experimenten ging es darum, die Gene zu identifizieren, die Augenfarbe
und Haartyp kontrollieren.

> Sie sind nicht gerne draußen, sie lassen sich nicht in Ställen
> halten und gedeihen nicht ohne menschliche Gesellschaft. Sie
> brauchen die Wärme und Gemütlichkeit der menschlichen
> Behausung und müssen wie Haustiere behandelt werden. Die
> Weibchen sind schüchtern, und die Paarung ist oft schwierig.
> (…) Die weißen Perser sind vielleicht noch schwieriger zu
> züchten als Siamkatzen. Die Anfälligkeit dieser Katzen ist auf-
> fällig, und die Weibchen sind ausgesprochen schlechte Mütter;
> sie fressen ihre Jungen oft direkt nach der Geburt auf oder
> lassen sie ein paar Tage später, wenn sie ihre Mutterpflichten
> leid sind, einfach verhungern. (…) Fast alle Vertreter dieser
> Familie [einer Kreuzung zwischen den schwierigen Siamkat-
> zen und den noch schwierigeren Perserkatzen] zeigten körper-
> liche und geistige Defekte (wie Sterilität, Taubheit, Unsauber-
> keit sowie die Unfähigkeit, mit den einfachsten Schwierigkeiten
> eines Katzenlebens fertig zu werden). Das führte im Verlauf
> meiner Experimente zu zahlreichen Problemen.

Andere Katzen paarten sich allzu bereitwillig, besonders diejenigen in Obhut der Züchter, bei denen die frühen Katzengenetiker
häufig ihre Daten sammelten. Ein Kritiker warnte daher im Hinblick auf einige Forschungsergebnisse aus dem Jahr 1913:

> (…) aber er hat seine Daten bei Züchtern für Katzenliebha-
> berausstellungen gesammelt. (…) Das ist wohl kein sehr siche-
> rer faktischer Unterbau, auf dem man ein derart gewichtiges
> Gebäude von Hypothesen errichten könnte.

Diese Situation erlaubte es den Katzenforschern, alle ihnen nicht
genehmen Ergebnisse eines Rivalen zunächst einmal in Zweifel zu

ziehen und anschließend zu ignorieren. Damals wie heute war es nicht leicht, das Geschlecht eines neugeborenen Kätzchens zu bestimmen (zumindest nicht, ohne drastische Maßnahmen zu ergreifen), und diese Tatsache lieferte zusammen mit den zweifelhaften Angaben der Züchter eine weitere Entschuldigung, um unwillkommene Daten beiseite zu schieben.

So ging es also zu in der Katzenwelt. Während die vielen Drosophilophilen begeistert über ihre interessanten neuen Ergebnisse berichteten, tauchten in den Artikeln der kleinen Schar von Katzenforschern immer wieder Begriffe wie „Bedauern", „Schwierigkeiten", „leider", „unzeitig", „zweifelhaft" und „fragwürdig" auf. Mein früheres Bild von Genetikern, die, umschwirrt von Fliegen, über ihre unzulänglichen Mikroskope gebeugt, verzweifelt ihre Augen anstrengen, um die Geschlechtschromosomen von *Drosophila* zu sehen, ist ersetzt worden durch ein Bild von Genetikern, die sich, umhüpft von Flöhen, die Haare raufen und das Benehmen (oder den Mangel an demselben) von *Felis domestica* verfluchen.

7
Die älteren Calico-Artikel

Rock 'n' roll

Mitte Oktober 1989 ist George wie alle halbe Jahre wieder einmal verschwunden, und zwar schon seit mehreren Tagen. Max liegt trübsinnig, alle viere von sich gestreckt, auf dem glatten weißen Deckel der Waschmaschine im Wäscheraum und versucht einen kühlen Kopf zu bewahren, trotz der drückenden Hitze, die so gar nicht zur Jahreszeit paßt. Wir hocken im Dachgeschoß vorm Computer und bemühen uns, unsere Sorgen um den abwesenden George unter besonders ermüdendem Papierkram zu begraben.

Plötzlich und mit Getöse beginnt das Haus heftig zu schwanken – ein größeres Erdbeben kündigt sich an. Instinktiv fliehen wir die enge, gewundene Treppe hinunter, wobei die verzerrte Sicht durch die Lesebrillen, die wir noch auf der Nase tragen, unser Vorwärtskommen fast ebenso behindert wie die wild schwankende Umgebung. Wir stürmen direkt durch die Fliegengittertür ins Freie, ohne uns die Mühe zu machen, sie zuvor zu öffnen, und verursachen damit, wie sich später herausstellt, den einzigen Schaden, den unser Haus bei dem Erdbeben erleiden sollte.

Als Boden und Bäume aufgehört hatten zu wackeln, erinnerte ich mich an Max und eilte zurück in den Wäscheraum. Der Deckel der Waschmaschine war übersät mit Seifenschachteln, Bleichmittelkartons und Poliermitteldosen, die aus dem offenen Regal darüber heruntergepurzelt waren, aber von Max war nichts zu sehen. Ich fand ihn schließlich im Bad nebenan, zusammengekauert im tiefen Waschzuber hockend, unverletzt, aber erbarmungswürdig anzuschauen. Er teilte den Zuber mit Heftpflastern, Sonnenöl, Bürsten, Pinzetten und einer Flasche Desinfektionsmittel – fast das ganze Medizinschränkchen mußte sich über ihn ergossen haben, als er schon glaubte, einen sicheren Hafen erreicht zu haben.

Armer Max! Nicht nur George war fort, sondern auch der Lieblingsraum verwüstet, der einzige Raum im Haus, in dem er und George sich aufhalten durften – der Raum, in dem sie gefüttert wurden, wo sie sich gemeinsam in ihrem Korb zusammenrollten, hatte sich in erschreckender Weise als Falle erwiesen. Das war noch schlimmer als Schneesturm. Max' ganze Welt war aus den

Fugen geraten, und er war froh, gerettet zu werden. Ich nahm ihn sanft auf und streichelte ihn lange und beruhigend, während ich ihn mit ins Freie nahm, wo wir uns alle momentan sicherer fühlten. Es dauerte lange, bis Max sich wieder in den Wäscheraum locken ließ, und sei es auch nur zum Fressen.

Wie durch ein Wunder blieb unsere Stromleitung, die sich über weite Strecken von Baum zu Baum durch den Wald wand, intakt. Bei den folgenden Nachbeben standen wir draußen auf der Veranda und reckten unsere Hälse, um durch die offenen Türen einen Blick auf den Fernseher in der Bibliothek zu werfen. So erfuhren wir nach einem kurzen Bildausfall, daß das Epizentrum des Bebens in der Nähe des Santa-Cruz-Gebirges gelegen hatte, wo die Schäden verheerend waren, besonders an älteren Häusern. Wir bedauerten nicht länger, daß der Staat Kalifornien uns gezwungen hatte, unser Fundament mit annähernd hundert kostspieligen Pfählen abzustützen, was uns damals eher für einen Wolkenkratzer geeignet erschienen war als für unser bescheidenes Landhaus.

Zwei Tage später tauchte George wieder auf – zu jedermanns besonderer Erleichterung, denn es war sein bisher längster Ausflug gewesen. Wie gewöhnlich war er weder hungrig noch müde, noch schmutzig, noch besonders freundlich – nur zurück von wo auch immer er gewesen war. Und wo war er während der entscheidenden Sekunden gewesen? Hatte er hoch oben im Geäst gehockt, verzweifelt festgekrallt, während der Baum hin- und herschwankte? Hatte er einen kleinen Nager gejagt, sein Ziel verfehlt und sich gefragt, wie er sich nur so hatte verschätzen können?

Ich fragte mich, ob sein Ausflug durch eine Vorahnung des Erdbebens (Stärke 7,1 auf der Richter-Skala) ausgelöst worden war, das wir gerade erlebt hatten. Ich wußte, daß Tierheime oft von einer starken motorischen Unruhe ihrer Insassen vor einem Erdbeben berichten; viele Tiere sind offenbar in der Lage, die schwachen Erschütterungen, magnetischen Störungen, ausströmenden Edelgase, statische Elektrizität oder niederfrequenten Magnetfelder (wählen Sie Ihre Lieblingstheorie), die Erdbeben häufig vorausgehen, wahrzunehmen und richtig zu deuten.

Wir haben dies selbst vor einigen Jahren erlebt, als unsere Finken, die friedlich auf ihrer Sitzstange schliefen, plötzlich aufwachten und kopflos herumzuflattern begannen in ihrem Käfig, der an einem dünnen Draht von der Decke herabhing. Mir blieb gerade noch Zeit zu fragen: „Was kann bloß mit diesen Finken los sein?", als ich die Antwort in Form eines heftigen Stoßes von einem Erdbeben der Stärke 5,5 bekam. Wenn George das nächste Mal verschwindet, werden wir die kostbarsten Stücke unseres Porzellans aus dem Schrank nehmen und sicher verstauen, bis er wieder auftaucht.

Tief im Inneren der Regalschluchten

Das Erdbeben hatte, wie praktisch alle Welt wußte, die San Francisco Bay Bridge beschädigt, was den Weg zu meiner alten Universität sehr schwierig machte. Ich begann über Alternativen nachzudenken.

Es war nicht etwa Loyalität zu der Universität, an der ich studiert hatte, die mich in der Vergangenheit davon abgehalten hatte, die vorzügliche Bibliothek ihrer Erzrivalin zu besuchen; es war der Preis. Die Hauptbibliothek der Konkurrenzuni stand jedermann offen, solange man sich mit Hunderten von Dollars „einkaufte". Anderenfalls hatte man dort nur einige Male pro Jahr Zugang und konnte nichts ausleihen. Das waren düstere Aussichten.

Doch die Fachbibliotheken erwiesen sich als viel entgegenkommender. Ich durfte zwar nichts mit nach Hause nehmen, aber ich konnte kommen und gehen, wie es mir paßte. Und ich kam häufig, besonders an Wochenenden, wenn die Bibliotheken fast völlig verwaist waren und ich mir Parkplätze beliebig aussuchen konnte. Die meisten Zeitschriftenartikel waren kurz, daher konnte ich es mir leisten, sie zu kopieren und dann nach meinem Gutdünken damit zu verfahren. Und es schien keine verrückten Bibliothekare zu geben. Die Aussichten begannen sich zu bessern.

In den offenen Regalen fanden sich nicht nur die aktuellsten Genetik- und Biologiezeitschriften, sondern auch altehrwürdige, staubige Ausgaben mit eleganten Stichen aus der Zeit um die Jahrhundertwende. Diese weniger aktuellen Schriften waren jedoch zu mächtigen Wälzern zusammengebunden und in hohen, beweglichen Regalen verborgen, zwischen die sich zu wagen einigen Mut erforderte. Trotz der elektronischen Sicherungen stellte ich mir manchmal vor, von diesen Ungetümen zerquetscht zu werden, wenn sich bei ihren raumsparenden Manövern die Reihen schlossen.

Seit dem Erdbeben erschienen mir die beweglichen Regale noch schreckenerregender als zuvor. Immer wenn ich in die Schluchten zwischen sie trat, sah ich mich unter herabstürzenden Wälzern begraben, weil die Erde entschieden hatte, ihre Platten wieder einmal neu zu sortieren. Noch schlimmer war, daß die Verwerfungen, die das letzte Erdbeben hervorgerufen hatte, dazu führten, daß die Oberkante der beweglichen Regale die Aufhängung der Leuchtstofflampen streifte, die von der Decke baumelten. Die Regale, die dieses Hindernis spürten, begannen samt ihrer schweren Bücherlast geräuschvoll vor- und zurückzurucken und weigerten sich, in der richtigen Position einzurasten. Ich flitzte also wie ein Wiesel in die Regalschluchten hinein und hinaus, griff hastig nach einem schwergewichtigen Band und brachte mich dann so schnell wie möglich mit meiner Beute am Kopierer in Sicherheit.

Ausdauer und Wagemut wurden belohnt. Wie ich herausfand, war kurz nach der Wiederentdeckung der Mendelschen Schriften eine Reihe von Artikeln veröffentlicht worden, in denen versucht wurde, das Aussehen von Calicos – besonders der männlichen – mit Hilfe der Mendelschen Faktoren zu erklären. Indem ich die Referenzen am Ende jedes Artikels verfolgte und rasch zwischen den schwankenden Regalen hin- und herflitzte, gewann ich bald einen recht guten Überblick über die heftigen Debatten, die zwischen 1904 und 1932 unter den Pionieren der Katzengenetik stattgefunden hatten.

Es waren bewegte Zeiten. Diese Pioniere mußten sich mit störrischen Wesen herumplagen, nämlich miteinander und mit den Katzen, deren Benehmen wirklich viel zu wünschen übrigließ. Während berühmte Genetiker, wie Morgan und Sturtevant, über die Tugenden ihrer wunderbaren Fliegen ins Schwärmen gerieten, konnten die unglücklichen Katzenleute nur über die Schwierigkeiten im Umgang mit ihren widerspenstigen Versuchsobjekten klagen.

Doncaster macht den Anfang

Darwin und Mivart waren der Meinung, männliche Calicos sähen ganz anders als ihre weiblichen Gegenstücke aus: Darwin bezeichnet die Kater als „rostrot", Mivart als „sandfarben". Beide fragten sich verwundert, warum Calico-Kater eine ganz eigene Farbgebung aufwiesen, aber aus ihren Schriften geht deutlich hervor, daß keiner von beiden jemals ein solches Tier gesehen hat – sie haben jeweils eine anders gefärbte Katze beschrieben.

Batesons Schüler Doncaster wunderte sich ebenfalls darüber, warum gewisse Variationen nur bei einem Geschlecht auftreten. Er hatte bei den weiblichen Nachtschmetterlingen, mit denen er arbeitete, spezielle Färbungen beobachtet und außerdem bemerkt, daß beim Menschen fast nur Männer unter Farbenblindheit leiden.

Er hoffte, etwas über das Problem der geschlechtsgebundenen Vererbung im allgemeinen lernen zu können, wenn er versuchte, die spezifischen Mendel-Faktoren dreifarbiger Katzen zu identifizieren.

Als er 1904 seinen ersten ernsthaften Katzenartikel veröffentlichte, hatte sich die Calico-Situation seit Darwins Tagen beträchtlich verändert. In seiner Einleitung weist Doncaster darauf hin, daß „allgemein gesagt wird, die korrespondierende Farbe der Männchen ist Orange (sonst als Rot oder Gelb beschrieben)", eine Annahme, die er früher selbst geteilt hatte. Doch dann beschreibt er eine Paarung zwischen einem Calico-Kater und einer Calico-Kätzin, auf die ihn ein Züchter aufmerksam gemacht hatte, aus der sowohl Calicos als auch orange und schwarze Junge hervorgingen. Er fragt, warum Calicos „fast ausschließlich Weibchen sind und die Zahl der sicher bekannten Männchen dieser Farbe sehr klein ist".

Wenn man orange mit schwarzen Katzen kreuzt, spielt ihr Geschlecht für das Paarungsergebnis eine Rolle, stellte Doncaster fest. Orange Mütter und schwarze Väter zeugen Calico-Weibchen und orange Männchen (wie in Abbildung 1 zu sehen), wohingegen schwarze Mütter und orange Väter Calico-Weibchen und schwarze Männchen in die Welt setzen (Abbildung 2). Allgemein gesprochen, sind die weiblichen Nachkommen allesamt Calicos und die männlichen wie ihre Mutter gefärbt.

Um diese seltsamen Ergebnisse zu erklären, schlägt Doncaster eine Erklärung vor, die die erste in einer langen Reihe von Theorien über Calico-Katzen werden sollte. Er beginnt mit dem Problem, wie ihr Farbmuster entsteht, und postuliert ein Paar Faktoren, Orange und Schwarz, die um den gleichen Ort im Chromosom streiten. Dann erweitert er Mendels Dominanzbegriff und führt etwas Neues ein: die unvollständige und dazu noch geschlechtsabhängige Dominanz. Er vermutet, daß

bei Männchen Orange vollständig über Schwarz dominiert, während die Dominanz beim Weibchen unvollständig ist und zu Schildpatt führt.

Er ist recht zufrieden mit seiner Theorie, weil sie „auch die Tatsache erklärt, daß orange Weibchen sehr selten sind, obgleich die Männchen häufig sind". (Das stimmte möglicherweise zu Doncasters Tagen, als die Züchter noch nicht realisierten, daß ein Weibchen von beiden Eltern ein Orange-Gen erben muß, um orangefarben zu werden; anderenfalls wird es eine Calico-Kätzin.) Was ihn an seiner Theorie ein wenig stört, ist die Tatsache, daß aus der Paarung von schwarzen Müttern mit orangen Vätern keine orangen Männchen hervorgehen, sondern ausschließlich schwarze. Nach seiner Theorie der unvollständigen Dominanz sollten auch orange Männchen auftreten, aber sie tun es einfach nicht, und er hat keine Erklärung dafür. Um das gelegentliche Auftreten von männlichen Calicos zu erklären, stellt Doncaster die These auf, daß die übliche männliche Dominanz von Orange über Schwarz in diesem Fall außer Kraft gesetzt ist und daher wie beim Weibchen eine Calico-Färbung herauskommt.

Und das blieb der Stand der Dinge bis 1912, als sich der Amerikaner C. C. Little an dem Problem versuchte. Sein Forschungsinteresse lag eigentlich auf einem anderen Gebiet: Er versuchte, den „geschlechtserzeugenden Faktor" zu verstehen, über den viele widersprüchliche Daten existierten. Bei einigen Arten waren die Weibchen offenbar vom Typ XX und die Männchen vom Typ XY oder X0 (wobei die 0 die Abwesenheit eines Geschlechtschromosoms symbolisiert, was im allgemeinen eine ungerade Chromosomenzahl ergibt); bei anderen, wie Vögeln und Schmetterlingen, sah es so aus, als wären die Weibchen XY und die Männchen XX. Little dachte, er könne versuchen, dieses Durcheinander zu klären, wenn er sich mit den Calicos beschäftigte.

Little interessierte sich besonders für das Fehlen von orangen Männchen, das Doncaster erwähnt hatte. Da er sich mit eigenen Augen davon überzeugen will, kreuzt er vier schwarze Weibchen mit demselben orangen Männchen. Wie Doncasters Züchter erhält er keinen einzigen orangefarbenen Kater. Sein nächster Schritt besteht darin zu schauen, was geschieht, wenn man ein Calico-Weibchen mit einem orangen Männchen kreuzt (das war die Übungsaufgabe für den Leser in Anschluß an Abbildung 3). Er berichtet (korrekt), daß er Calico-Weibchen, orange Weibchen, schwarze Männchen und orange Männchen erwarte. Aber während er dank seiner Eigeninitiative alle Probleme mit unsicheren Züchterdaten umgeht, macht ihm das eigene Personal beim Datensammeln einen dicken Strich durch die Rechnung:

Aus dieser Kreuzung ging ein Wurf hervor; er umfaßte ein schildpattfarbenes Weibchen, ein schwarzes Männchen und drei gelbe Tiere (tot), deren Geschlecht leider nicht bestimmt wurde, bevor der Tierpfleger sie entsorgte.

Little nahm an, daß „die schwarze Fellfarbe bei Katzen mit dem X-Element verbunden und daher geschlechtsgebunden" sei, eine

Situation, wie man sie bereits von *Drosophila* her kannte. Was die Calico-Kater betraf, so ging er davon aus, daß sie, weil sie so selten waren, auf irgendeine „spezifische Mutation" – ein Calico-Gen? – zurückgingen, statt auf Konflikte zwischen Schwarz und Orange (oder Gelb, wie er und andere weiterhin zu sagen beharrten).

Doncaster antwortet darauf sofort mit einem Artikel, in dem er mitteilt, er halte nun Beweise von einem „absolut zuverlässigen Züchter" in Händen, daß manchmal schwarze Weibchen aufträten, wo man sie nicht erwarte – aus der Kreuzung von schwarzen Weibchen und orangen Männchen und auch aus der Kreuzung von Calico-Weibchen mit orangen Männchen. Auf der Linie seiner früheren Theorien über unvollständige Dominanz unterstellt er, daß die Geschlechtsgebundenheit vielleicht nicht absolut, sondern nur particll ausgeprägt sei. Anders als Little glaubt er nun, möglicherweise werde Orange geschlechtsgebunden vererbt, nicht aber Schwarz.

1913 veröffentlicht Doncaster einen weiteren Artikel, in dem er neue Beweise für eine geschlechtsgebundene Vererbung vorlegt. Er hat dieses Phänomen nicht nur bei Motten gefunden, sondern auch bei Hühnern, Kanarienvögeln und Tauben. Beim Menschen hat er Datenmaterial über Bluterkrankheit, Farbenblindheit, Nachtblindheit und Nystagmus (rasches und unkontrollierbares Zittern der Augäpfel) studiert. Doch er muß feststellen, daß diese Stammbäume nicht zuverlässig sind; das gilt besonders deshalb, weil die weiblichen Träger dieser Eigenschaften in keiner Weise auffallen. Wenn sie keine Söhne haben, bei denen sich diese Krankheiten manifestieren, bleibt ihre genetische Konstitution im verborgenen. Calico-Katzen hingegen zeigen ihre Gene in aller Öffentlichkeit und sind daher viel bessere Versuchsobjekte. Vielleicht, so Doncasters Hoffnung, können die Katzen Hinweise auf den Übertragungsmodus dieser menschlichen Erkrankungen liefern und damit auch zum besseren Verständnis der Geschlechtsbestimmung beitragen.

Und inzwischen haben sich auch noch mehr Beispiele für männliche Calicos gefunden. Doncaster selbst ist es gelungen, einen solchen Kater zu erwerben; erleichtert, daß er nicht länger auf die Daten anderer zurückgreifen muß, beginnt er nun frohgemut einen eigenen Zuchtplan zu entwerfen. Er beklagt die Tatsache, daß Züchter, die derart seltene Männchen besitzen, sie nur mit Calico-Weibchen kreuzen, um die Linie fortzusetzen (ich kenne einen Tierarzt, der den Versuch heute noch nicht aufgegeben hat). Statt dessen will Doncaster seinen Kater mit schwarzen Kätzinnen kreuzen, um einige seiner Theorien zur Geschlechtsgebundenheit zu testen. Er hält es nun für möglich, daß Schwarz und Orange beide geschlechtsgebunden sind, aber nicht am selben Ort liegen.

Das nächste Jahr bringt die schlechte Nachricht, daß sein kostbarer Calico-Kater unfruchtbar ist. Er „hat sich offenbar erfolgreich mehrmals mit allen vier Weibchen gepaart, aber keines von ihnen ist trächtig geworden". Doncaster berichtet von mindestens drei weiteren Calico-Katern, die ebenfalls steril sind, und fügt hinzu: „Es gibt kaum Berichte über Nachkommen von schildpattfarbenen Männchen, und die wenigen, die es gibt, sind vielleicht nicht über jeden Zweifel erhaben."

Im Mittelpunkt dieses Artikels steht nicht die geschlechtsgebundene Vererbung, sondern der Grund für diese Unfruchtbarkeit. Doncaster stellt die These auf, daß

das seltene schildpattfarbene Männchen nur durch eine anomale Übertragung eines Faktors vom Erzeuger auf einen männlichen Nachkommen entsteht, ein Faktor, der normalerweise nur in Weibchen erzeugende Geschlechtszellen gelangt.

Und er schlußfolgert:

Wenn durch ein Versagen der geschlechtsgebundenen Vererbung ein Individuum entsteht, das von einem Elternteil einen Faktor erhält, den es in der Regel nur vom anderen Elternteil erhält, neigt das Individuum zur Unfruchtbarkeit.

1915 entfernt Doncaster einen der beiden Hoden seines enttäuschenden Tortie-Katers und berichtet, daß der Hoden normal aussieht, aber keine Samenflüssigkeit enthält – und keine Spur einer Spermienentwicklung. Dennoch „waren seine sexuellen Instinkte auffällig stark entwickelt". Rätselhaft bleibt, was seine Sterilität hervorruft. Doncaster zieht Vergleiche mit in der Bauchhöhle verbliebenen Hoden von Menschen und Hunden, wobei die Frage ist, ob die Hoden nicht in den Hodensack herabgewandert sind, weil sie anomal sind, oder ob sie anomal sind, weil sie nicht gewandert sind. Zieht man den Schluß, daß Sterilität entsteht, wenn die Hoden in der Bauchhöhle bleiben, benötigt man für den Tortie-Kater eine andere Theorie, denn seine Hoden befinden sich ganz normal im Hodensack. Kann das Problem in der weiblichen Farbgebung liegen, wie Doncaster bereits früher vermutet hat? Sind alle Calico-Kater steril?

Doncaster überprüft alle Unterlagen der Rassekatzenvereinigung und findet „nicht einen einzigen Fall, in dem ein (...) dreifarbiger Kater nachweislich Vater geworden ist", obgleich diese Katzen von Liebhabern hoch geschätzt werden. Baronet Sir Claud Alexander (dessen Wort offenbar über jeden Zweifel erhaben ist) aber besaß fünf Calico-Kater, von denen einer namens Samson „zweifellos fruchtbar war; er zeugte mit schildpattfarbenen Katzen zahlreiche Junge, unter denen jedoch keine schildpattfarbenen Männchen waren". Doncaster glaubt nun an die Existenz zumindest eines fertilen Männchens, er fragt sich aber, ob die Färbung die Sterilität hervorruft oder die Sterilität die Färbung. Trotz der Notwendigkeit, die wenigen Ausnahmen wie Samson zu erklären, optiert er für ersteres (Färbung bewirkt Sterilität) und hält seine These von 1914 aufrecht, nach der der Besitz von „Faktoren, die dem Weibchen eigen sind" das Problem verursacht.

Auch andere Katzenforscher melden sich gelegentlich zu Wort, und alle benutzen ihre ganz persönliche Notation. Die meisten beschreiben komplizierte Wechselspiele zwischen vielen Genen und Genorten und nehmen an, daß ein Calico-Gen und zwei verschiedene Typen von Schwarz an der Farbgebung beteiligt sind. Doch 1919 kehrt Little in die Arena zurück und versucht, die Dinge zu klären. Er zählt die vielen Probleme mit großer Klarheit auf: die nichtreziproken Resultate der Paarungen, unerwartete Ergebnisse (wie schwarze Weibchen), praktisch keine Männchen, falls doch einmal, dann fast immer steril, und wenn nicht steril, dann züchten Männchen so, als wären sie orange. Dann weist er darauf hin, daß „Forscher gewöhnlich versucht haben, alle diese Punkte durch eine einzige Hypothese zu erklären". Da dies erfolglos war, postuliert er „zwei genetisch unabhängige Agenzien, die an der Erzeugung dieser Abweichungen beteiligt sind", und entwickelt ein sehr kompliziertes Schema, bei dem Schwarz und Orange unabhängig voneinander verteilt werden; es ist schwer zu durchschauen, erklärt aber offensichtlich alle beobachteten Ausnahmen.

Soweit es um die Sterilität geht, vermutet Little (fast korrekt), daß sie durch Non-disjunction der X-Chromosomen hervorgerufen wird, wobei er auf entsprechende Befunde bei *Drosophila* (1916) hinweist. Little „stellt Katzen in die gleiche Kategorie wie *Drosophila*" und erklärt, daß „man einfach von der Ähnlichkeit zwischen den Ergebnissen dieses Prozesses bei *Drosophila* und den beobachteten experimentellen Fakten bei Katzen beeindruckt sein muß".

Hinsichtlich der Ähnlichkeit hat er recht, wenn auch nur in einem Punkt. Bei Katzen wie auch bei Fruchtfliegen ist der erste Schritt tatsächlich das Widerstreben der beiden X-Chromosomen eines Weibchens, sich während der Meiose voneinander zu trennen; das führt zu einer Eizelle, in der die beiden X-Chromosomen noch immer zusammenhängen, und einer anderen Eizelle ganz ohne X-Chromosom. Bei Fruchtfliegen ist es das Ei ohne Geschlechtschromosom, das von einem X-tragenden Spermium befruchtet werden muß, um ein steriles Männchen vom Typ X0 zu erzeugen. Bei Katzen hingegen ist es das Ei mit den beiden X-Chromosomen, das von einem Y-tragenden Spermium befruchtet werden muß, um ein steriles Männchen des Typs XXY zu produzieren. Nahe dran, aber nicht voll ins Schwarze!

Doncaster glaubt seinem Widersacher sowieso nicht, sondern sagt, daß „die Fliegen hinsichtlich der Geschlechtsfaktoren fast immer Mosaike sind", während es keinen Hinweis darauf gebe, daß dies auch für X0-Katzen gelte. Im Jahr 1920 spricht er nicht mehr von Non-disjunction, sondern schlägt statt dessen eine völlig neue Theorie zur Erklärung der Unfruchtbarkeit vor: Was ist mit den „freemartins"? Wenn eine Kuh ein Kuh- und ein Bullenkalb trägt, so wußte man spätestens seit 1681 (als dieser Begriff erstmals im *Oxford English Dictionary* erwähnt wird), wird der weibliche Fötus häufig „durch die Verbindung seines Gefäßsystems mit dem des benachbarten männlichen Fötus maskulinisiert". Das Ergebnis nennt man „freemartin" (aus unbekannten Gründen, wenn auch „mart" das gälische Wort für Färse ist). Vielleicht ist es mit Katzen das gleiche, und der Calico-Kater ist in Wirklichkeit nichts anderes als eine verkleidete Kätzin. Doncaster gibt zu, daß die Weibchen aller übrigen Farbschattierungen ebenso betroffen sein müßten, verweist aber darauf, daß die meisten von ihnen gar nicht entdeckt würden.

Der Vorzug seiner neuen Theorie ist, daß sie leicht zu testen sein sollte. Doncaster beeilt sich jedoch hinzuzufügen, er könne „diese aufwendige Untersuchung nicht durchführen", hoffe aber, daß „jemand anderes vielleicht in der Lage ist, an das notwendige Material zu gelangen und es zu untersuchen". Little weist Doncasters Vorschlag kühl zurück und behauptet, daß seine Hypothese mit ebenso großer Wahrscheinlichkeit korrekt sei. Doch eine von Doncasters Studentinnen nimmt ihn beim Wort und untersucht 653 Katzenembryonen aus den Gebärmüttern von 148 Mutterkatzen; sie findet in keinem Fall eine Verbindung der Gefäßsysteme.

Wie Doncasters Kollegin, Mrs. Bisbee, 1922 berichtet, begann Doncaster selbst,

> alle verfügbaren trächtigen Katzen zu untersuchen. Als er starb, hatte er 14 Tiere untersucht, und ich habe seine Forschungen

bis heute weitergeführt. Insgesamt wurden 70 Katzen mit 253 Jungen untersucht, und bisher haben sich in keinem einzigen Fall verbundene Blutgefäße nachweisen lassen. (...) In einem Fall konnte eine leichte Anheftung der Chorionhüllen zweier benachbarter Embryonen beobachtet werden, doch leider war es nicht möglich, durch Injektion definitiv festzustellen, ob die Blutgefäße wirklich miteinander verbunden waren oder nicht, denn durch ein Versehen wurden die Embryonen in meiner Abwesenheit bewegt und hatten sich getrennt.

Wenn sie und Little nicht auf verschiedenen Kontinenten gearbeitet hätten, könnte man den Verdacht schöpfen, hier sei derselbe Tierpfleger am Werk gewesen, stets eifrig bemüht, das Labor sauber und ordentlich zu halten.

So scheint die „freemartin"-Theorie zusammen mit Doncaster zu Grabe getragen worden zu sein, obgleich 1928 ein Forscher berichtet, daß „beim Öffnen einer Katze im letzten Februar (...) etwas gesehen wurde, das wie eine vollständige Verschmelzung zweier Mutterkuchen aussah", und vermutet, daß Doncaster vielleicht doch auf der richtigen Spur war.

Mrs. Bisbee macht weiter

Doch damals, 1922, hatte Mrs. Bisbee eine andere Idee. Getreu in die Fußstapfen ihres Lehrers tretend, schreibt sie:

Möglicherweise wird die Dominanz von Gelb über Schwarz stärker von der männlichen als von der weiblichen Physiologie begünstigt. Wenn die Farbe eine Frage der geschlechtlichen Physiologie ist, dann könnte es durch Kastrieren eines sehr jungen gelben Männchens und Transplantation von Eierstöcken gelingen, ein gewisses Maß an Schwarz später zum Vorschein zu bringen. Desgleichen wäre es durch Transplantieren eines funktionierenden Hodens in einen neugeborenen Schildpatt-Kater möglich, die zukünftige Entwicklung von Schwarz im Fell zu verhindern. (...) Auch die Verabreichung von endokrinen Drüsenextrakten und Bluttransfusionen könnten interessante Resultate erbringen. Ich hoffe, das Problem bald im Sinne dieser Überlegungen angehen zu können.

Sie fügt hinzu, daß sie „Gelegenheit hatte, Professor Doncasters schildpattfarbenen Kater zu sezieren" und seinen zweiten Hoden ebenso funktionsuntüchtig fand wie den ersten. Sie hoffe jedoch noch immer, die Paarungen mit schwarzen Weibchen durchzuführen, die Doncaster geplant hatte, „wenn ich jemals das Glück haben sollte, einen fertilen Schildpatt-Kater zu finden".

Im Jahr 1927 berichtet Mrs. Bisbee, daß sie tatsächlich drei neugeborene gelbe Kater kastriert und zwei von ihnen sechs Monate lang mit Eierstockextrakten gefüttert habe, doch „die Ergebnisse waren vollständig negativ". (Ich bin sicher, daß die jungen Katzen dem zugestimmt hätten.) Sie hatte vorgehabt, das gleiche Experiment mit einigen neugeborenen schwarzen Katern durchzuführen, doch „unsere genetische Arbeit hat praktisch bewiesen, daß es keinen Unterschied in der Dominanz beider Geschlechter gibt, und unsere physiologische Arbeit wurde daher nicht fortgeführt".

Dieser Erkenntnis, der einigen Katzenjungen einiges erspart haben dürfte, verdankte sie ein paar Flöhe. Während sie die Schwierigkeit erläutert, auch nur die Farbe einer Katze korrekt zu bestimmen, erklärt Mrs. Bisbee:

Das gelbe Weibchen wurde zunächst für ein normales gelbes Kätzchen gehalten, doch als es etwa vier Monate alt war, entdeckten wir drei winzige schwarze Punkte auf der Rückseite seines rechten Hinterfußes. Das Weibchen wurde dann natürlich als Schildpatt-Katze gezählt.

(...) Nach der Entdeckung der schwarzen Punkte (...) untersuchten wir all unsere gelben Katzen sehr sorgfältig, doch keine von ihnen zeigte irgendwo auch nur den Anflug eines schwarzen Flecks. Später wurde eines unserer gelben Katzenjungen von Flöhen befallen, und als wir es sehr sorgfältig mit einem sehr fein gezähnten Kamm kämmten, fanden wir drei oder vier schwarze Haare. Bei keiner gewöhnlichen Untersuchung wäre diese kleine Menge Schwarz entdeckt worden, und konsequenterweise begannen wir daraufhin, jede gelbe Katze in Reichweite mit besonderer Sorgfalt zu untersuchen. Wir haben Katzen aus unserer eigenen Zucht, aus dem Katzenheim hier in Liverpool, aus verschiedenen Teilen Englands und von der Isle of Man untersucht und dabei interessanterweise festgestellt, daß offensichtlich *alle* gelben Katzen einige schwarze Haare aufweisen.

Für Mrs. Bisbee widerlegt die Tatsache, daß sich bei allen gelben Katzen beiderlei Geschlechts schwarze Haare fanden, „praktisch jedweden Geschlechtsunterschied bei der Dominanz von Schwarz

und Gelb". Nachdem sie nochmals alle damals aktuellen komplizierten Theorien hat Revue passieren lassen, schlägt sie eine neue
vor: „Es ist zur Fraktionierung eines Faktors gekommen." Die
einzige Schwierigkeit, die ihrer Meinung nach der Akzeptanz
dieser Theorie entgegensteht, „ist das tiefverwurzelte, aber rein
hypothetische Konzept eines unteilbaren Gens".

Im Jahr 1927 publiziert Mrs. Bisbee die aufregende Nachricht,
daß ihr Wunsch in Erfüllung gegangen sei. Sie habe endlich von
einer Mrs. Langdale von der Rassekatzenvereinigung einen fruchtbaren Schildpatt-Kater namens Lucifer erworben – und er sei nicht
nur irgendein „Tortie"-Kater, sondern ein „Tortie-Tabby"-Kater
(tatsächlich ein Torbie-mit-Weiß-Kater wie George). Diese Tor-
bies, sagt sie, würden als außerordentlich selten gelten, und nur
ein einziges anderes Exemplar sei mit Sicherheit nachgewiesen
worden. (Sie bezieht sich wahrscheinlich auf einen Kater, der 1912
auf der Katzenausstellung im Crystal Palace gezeigt wurde.) Es sei
noch zu früh, um über seine Nachkommen zu berichten, aber sie
verbindet diese Ankündigung mit einer kurzen Notiz, deren
Hauptabsicht es ist, ihre Widersacher zu diskreditieren. Das andere Lager hat ein spezielles Gen – dominant schwarz – als Schlüssel
zur Lösung des Calico-Problems vorgeschlagen und kundgetan,
man sei im Besitz zweier Calico-Kater aus demselben Wurf, das
Ergebnis der Kreuzung eines gelben Katers mit einer Siamkätzin.
Mrs. Bisbee schreibt:

> Im Hinblick auf die extreme Schwierigkeit, bei einigen neuge-
> borenen Katzen das Geschlecht zu bestimmen, darf man es
> nicht als überkritisch ansehen, wenn wir die Hoffnung ausspre-
> chen, daß diese Schildpatt-Kater, von denen berichtet wurde,
> entweder heranwachsen dürfen oder seziert werden. (...) die
> Geschlechtsbestimmung *könnte* falsch sein. Wir wagen dies nur
> zu vermuten, weil das Auftreten *zweier* Männchen in einem
> Wurf, die beide Gelb von ihrem Vater geerbt haben, ein derart
> außergewöhnliches Ergebnis ist.

Die angegriffenen Wissenschaftler sind sich ihrer Daten jedoch
sicher und antworten prompt:

> Mrs. Bisbees Kritik (...) war uns sehr willkommen, da sie uns
> in unserer Antwort Gelegenheit gibt, einige zusätzliche Details
> über unsere Schildpatt-Kater zu publizieren. (...) Wir bedauern
> mitteilen zu müssen, daß einer von ihnen im Alter von nur zwei
> Tagen gestorben ist. Er wurde jedoch seziert und erwies sich

unzweifelhaft als Männchen. Der andere Kater lebt noch. Er ist jetzt siebzehn Monate alt, hat aber bisher noch keine Nachkommen gezeugt, obgleich ihm mehrere Kätzinnen angeboten wurden. Höchstwahrscheinlich hat er niemals kopuliert, und wir müssen wohl annehmen, daß er anomal ist oder zumindest unfruchtbar.

Im Jahr 1931 versucht Mrs. Bisbee, noch immer in Doncasters Fußstapfen, festzustellen, wie steril Calico-Kater wirklich sind. Sie sieht die spärlichen verfügbaren Statistiken durch und berichtet, daß bis 1915 nur sieben derartige Kater registriert worden seien, während in den folgenden siebzehn Jahren weitere sieben gefunden wurden. Nur bei acht dieser vierzehn Exemplare ist die Beweislage jedoch so, daß man sie als sicher bezeichnen kann: drei davon waren fertil, vier steril, und der letzte war wahrscheinlich ebenfalls steril. (Die fruchtbaren Kater tragen Namen wie Samson, Lucifer und King Saul, die unfruchtbaren Namen wie Bachelor und Benedict.) Sie schreibt: „Es hat den Anschein (…), als ob die anomale Verbindung von Schwarz und Gelb bei Katern mit einer Tendenz zur Unfruchtbarkeit einhergeht". Bei dieser Schlußfolgerung stützt sie sich auf folgende Tatsache:

Es gibt keine veröffentlichten Berichte über die Sterilitätshäufigkeit unter gewöhnlichen Katern, aber im Verlauf unserer eigenen Zuchtexperimente haben wir vierzehn derartige Männchen verwendet, die zufällig aus der allgemeinen Population entnommen wurden, und alle waren fruchtbar.

Im Jahr 1932 schreibt Mrs. Bisbee einen traurigen letzten Artikel zu diesem Thema. Im Gedenken an Lucifer heißt es da:

Er war das einzige Männchen seines Typs, das bisher für rein wissenschaftliche Zuchtexperimente zur Verfügung stand. Leider ist er vor kurzem gestorben; obgleich unsere Experimente nicht abgeschlossen sind, besteht kein Grund, die Veröffentlichung unserer Ergebnisse weiter zu verzögern.

Wie Doncaster es wollte, hatte sie Lucifer mit schwarzen Weibchen gepaart (wie auch mit orangen und dreifarbigen). Sie listet sorgfältig die Farben und Geschlechter der 56 Nachkommen auf, die er zeugte (vielleicht hat sie ihn überanstrengt?), und zieht den Schluß, daß seine Nachkommen nicht anders aussähen als die eines normalen orangen Katers. Sie berichtet, daß seine Töchter mit nichtverwandten Katern gepaart wurden und normalen Nachwuchs produzierten, aber:

> Unglücklicherweise sind wir nicht in der Lage, irgendwelche Daten über die Nachkommen seiner Söhne zu veröffentlichen. Einige wurden als Neugeborene chloroformiert, andere starben, bevor sie geschlechtsreif wurden.

Sie beschreibt nochmals die vielen Theorien, die nach wie vor im Raum stehen, und votiert diesmal für eine neue Erklärung, die wieder eine Fragmentation enthält. Sie nennt diese Hypothese „partielle Non disjunction". Lucifers Mutter war, wie man wußte, eine Schildpatt-Katze, und Mrs. Bisbee vermutet:

> Falls sich bei der Bildung der Gameten dieses Schildpatt-Weibchens ein *Teil* eines X-Chromosoms, das Schwarz trägt, nicht vom Gelb tragenden X-Chromosom getrennt hat, kann die Kätzin durchaus einen schildpattfarbenen Sohn produzieren.

Und das ist die letzte von Mrs. Bisbees Theorien über Calico-Kater. In einem höchst umfangreichen Übersichtsartikel, den sie 1927 für die *Bibliographica Genetica* schrieb und der alle Arbeiten an Calico-Katzen bis 1924 abdeckt, stellt Mrs. Bisbee fest:

> Einige der interessantesten Probleme in der Genetik sind mit der Vererbung der schwarzen, der gelben und der Schildpatt-Färbung bei Katzen verbunden.

(Sie ist natürlich höchst voreingenommen.) Sie erklärt, Doncaster habe ihr, als er starb, alle seine Aufzeichnungen, Briefe und Daten über die Katzen hinterlassen, doch noch immer sei das Problem der Calico-Kater und der unerwarteten schwarzen Weibchen keineswegs gelöst; selbst der normale Modus der Vererbung von Schwarz, Gelb und Schildpatt sei noch nicht gut verstanden.

Die Bibliothek kann warten

Mein Onkel ist an Alzheimer erkrankt. Seit nun fünf oder sechs Jahren ist sein Zustand für jedermann deutlich erkennbar, aber wer weiß, wann er schon unter den ersten Symptomen litt, wie lange er als eingefleischter Junggeselle vor sich und anderen sein wachsendes Unvermögen verbarg, sich an aktuelle Ereignisse zu erinnern oder sich in der Stadt zurechtzufinden, in der er das letzte halbe Jahrhundert verbracht hat? Gerade rief seine Tagespflegerin an und sagte, sie schaffe es kaum noch, ihn in ein Taxi hinein- oder wieder hinauszubugsieren, und in Zukunft sei ein Wagen mit Rollstuhlheber notwendig, wenn er hin und wieder der Enge seiner kleinen Wohnung entfliehen können solle. Langsam, aber unausweichlich füllt sich sein Gehirn mit Ablagerungen, mit den Plaques und neurofribrillären Knäueln, die 1901 zuerst von Dr. Alzheimer beschrieben wurden. Mein Onkel erleidet langsam, aber unerbittlich das gleiche Schicksal wie sein Vater, der ebenfalls an Alzheimer litt und die letzten sieben Jahre seines Lebens in einem Krankenhausbett verbrachte, ohne irgend jemanden zu erkennen.

Meine Mutter hat allmählich ebenfalls Schwierigkeiten mit ihrem Kurzzeitgedächtnis, was für Menschen Mitte achtzig nicht ungewöhnlich ist. Das heißt natürlich nicht, daß sie an Alzheimer leidet, aber es läßt mich etwas unruhig fragen, ob wir hier gerade genetischen Anschauungsunterricht erhalten. Statt ihre Schwierigkeiten zu verheimlichen, spricht meine Mutter darüber, und sie sandte mir vor kurzem einen langen Zeitungsausschnitt aus der „New York Times" (vom 6. Februar 1991), in dem verschiedene Theorien über die möglichen genetischen und umweltbedingten Ursachen der Alzheimer-Krankheit diskutiert werden.

Der Bericht wurde durch einen Artikel in „Nature" angeregt, in dem von einer verdächtigen Mutation auf dem Chromosom 21 berichtet wird. In früheren Theorien wird die Ansicht vertreten, Chromosom 19 sei für die Schwierigkeiten verantwortlich. Doch es gibt auch große Alzheimer-Familien, deren erkrankte Mitglieder offenbar keine ungewöhnlichen Gene auf einem der verdächtigen Chromosomen tragen. Gibt es ein drittes schädliches Gen, das noch auf seine Entdeckung wartet? Wirken diese Gene zusammen? Oder sind die Ursachen statt dessen – teilweise oder gänzlich – in der Umwelt zu suchen? Ist die Alzheimer-Krankheit, die man nur aufgrund der Plaques und Knäuel diagnostizieren kann, die man bei der Autopsie im Gehirn findet, in Wirklichkeit ein Sammelbegriff, der einen ganzen Strauß verschiedener Erkrankungen mit verschiedenen Ursachen beschreibt?

Ich denke, ich sollte mir den „Nature"-Artikel heraussuchen und mich über die neuesten Entwicklungen auf einem Gebiet auf dem laufenden halten, das mich derart persönlich betrifft. Aber dann stelle ich die überraschende Ähnlichkeit zwischen diesem Unternehmen und demjenigen fest, mit dem ich mich die ganze Woche beschäftigt habe: mir einen Überblick über die älteren Artikel zur Genetik von Calico-Katzen zu verschaffen. Ich habe diese Artikel faszinierend, rührend, wunderbar, frustrierend und nicht überzeugend gefunden. Wenn einer meiner Doppelgänger in fünfzig Jahren über die Ursachen der Alzheimer-Krankheit nachliest, werden die heutigen Theorien dann andere Reaktionen hervorrufen?

Wahrscheinlich nicht. Obgleich moderne Genetiker über cytologische Methoden und Informationen verfügen, von denen die frühen Katzenforscher nur träumen konnten, unterscheidet sich die Situation der Alzheimer-Forscher nicht allzusehr von der damaligen: Die Verwirrung ist groß, die Datenlage unklar, Mutmaßungen allerorten. Die Ursachen für die Alzheimer-Krankheit zu klären wird möglicherweise noch lange dauern. Vielleicht nicht so lang wie die sechzig Jahre, die es gebraucht hat, um die Genetik von Calico-Katern zu klären, denn heute ist die Motivation größer, die Belohnung höher und die Wissensbasis breiter.

Dennoch denke ich nicht, daß ich sogleich in die nächste Bibliothek eilen werde. Wie bei den Katzen gibt es wahrscheinlich zahllose rivalisierende Theorien, über die in den Fachzeitschriften heftig gestritten wird, und noch viele hypothetische Modelle werden diskutiert, attackiert und wieder verworfen werden, bevor auch diese Frage beantwortet zu den Akten gelegt werden kann. In der Rückschau wirken einige der heutigen Alzheimer-Artikel dann vielleicht ebenso seltsam wie die Artikel der Katzenforscher aus den ersten Jahrzehnten dieses Jahrhunderts.

Isaac Newton würde sich wundern

Mehr als ein Jahr ist vergangen, seit wir Oscar in die Falle gelockt haben, und danach war es nachts eigentlich wieder recht friedlich in unserer Gegend – bis vor ein paar Wochen, als wir eine Neuauflage unseres frühmorgendlichen Vier-Uhr-Blues erlebten. Der Grund war Oscars Nachfolger, ein erprobter Kämpe, der ebenfalls eine gute Gelegenheit erkannte, wenn sie sich ihm bot, und Anspruch auf unser Territorium erhob. Wir hätten ihn „Phantom" nennen können (er sieht aus einiger Entfernung kohlrabenschwarz aus, hinterläßt aber auf dem Schauplatz seiner Kämpfe lange silbrige Haarbüschel), doch in Anbetracht seiner erstaunlichen Geschicklichkeit, sich all unseren Fangversuchen zu entziehen, tauften wir ihn Houdini.

Bei drei Gelegenheiten konnten wir den Eindringling aus der Nähe betrachten: einmal, als mein Mann versuchte, ihn in eine Kiste zu stecken und Houdini ihm aus den behandschuhten Händen glitt; ein zweites Mal, als ich ihn in eine Kiste stecken wollte und er mir eine klaffende Wunde an meinem nichtbehandschuhten kleinen Finger beibrachte; und schließlich an jenem Morgen, an dem es uns gelang, ihn im Wäscheraum einzuschließen.

Aus der Nähe kann man erkennen, daß Houdinis Fell nicht schwarz, sondern silbern ist (oder Chinchilla, wie Katzenzüchter gerne sagen). Nur die äußersten Haarspitzen sind dunkel pigmentiert, aber es reicht aus, ihn völlig dunkel erscheinen zu lassen – bis er den Rumpf biegt oder sich kratzt und die ganze silberne Unterfütterung enthüllt. Dieser wunderbare Effekt wird von dem dominanten mutierten Gen *I* hervorgerufen, das die Pigmententwicklung verhindert und helles Haar mit einer mehr oder minder dunklen Spitze hervorruft, je nachdem, wieviel hemmende Gene vorhanden sind. Nun, da er sich endlich in unseren Händen befindet, können wir sehen, daß Houdini auch dunkelbraune Tabby-Streifen aufweist, die ein hübsches, wenn auch kaum sichtbares Muster auf Kopf und Körper zeichnen. Unser dunkles Phantom ist ein „Silver Tabby", ein elegantes Geschöpf, das schlechte Zeiten durchgemacht hat.

Wie seinerzeit Oscar ist Houdini hungrig, einsam und offensichtlich an die besseren Seiten des Lebens gewöhnt. Wir wollen versuchen, sie ihm zu bieten, und haben eine nahegelegene Künstlerkolonie ausfindig gemacht, die sich auf seine Gesellschaft und seine Dienste als Mäusefänger freut. Aber Houdini ist auch zäh, vorsichtig, mißtrauisch und selbstgenügsam – wie Oscar können wir auch ihm nicht klarmachen, wie wundervoll sein zukünftiges Leben sein wird, wenn er erst einmal in diese Kiste geht. Und um das Maß der Ähnlichkeiten mit Oscar vollzumachen, ist Houdini ebenfalls der Meinung, daß vier Uhr früh die beste Zeit ist, um sich auf einen geräuschvollen Zweikampf mit George einzulassen.

Nach einer schlaflosen Woche mieteten wir etwas, das wie eine sichere, intelligent konstruierte, schlicht großartige Falle aussah. Houdini sah das auch so. Er kam und ging, wie es ihm paßte, und nahm, was wir ihm anboten, einschließlich eines Hühnerknochens, der mit Draht auf der Plattform befestigt war, auf die er steigen sollte, damit die Falle zuschnappte. Wir haben keine Ahnung, wie er es gemacht hat; manchmal war die Falle zugeschnappt, manchmal nicht, doch er schaffte es immer, mit seiner Beute zu entkommen.

Nachdem wir eine Woche lang Miete für die Falle gezahlt hatten, gaben wir, zermürbt vom Schlafmangel, unsere Niederlage zu und brachten das Gerät zurück. Auch George zeigte erste Verschleißerscheinungen. Zuerst war es ein zerkratztes Gesicht, dann eine tief aufgeschlitzte Vorderpfote (wie mein kleiner Finger), dann ein Biß in den Hinterschenkel und schließlich eine Entweihung seines geschrumpften Hodensacks. Max blieb wie gewöhnlich unangetastet. (Er überblickte das Geschehen wie ein Schiedsrichter von einem hohen, sicheren Aussichtspunkt aus, leckte anschließend besorgt Georges Wunden und bereitete ihn auf die nächste Runde vor.) Die nächtlichen Überfälle gingen weiter, und es war kein Ende in Sicht.

Als ich eines Abends bei Einbruch der Dämmerung in der Küche beschäftigt war, hörte ich, wie George oder Max ungewöhnlich laut mit dem Futternapf im Wäscheraum hantierte. Ich wollte nachschauen, wer von beiden derart schlechte Tischmanieren zeigte, und kam gerade noch rechtzeitig, um Houdinis Hinterbein durch unsere neue High-Tech-Katzentür ins Freie verschwinden zu sehen.

Man sagt, Isaac Newton habe die Katzentür erfunden, doch er würde sich wundern, wie sein Entwurf inzwischen abgewandelt worden ist. Unsere moderne Version der Katzenklappe kann sich in beide Richtungen öffnen (wie Newtons), besteht aber aus stabilem Plastikmaterial und schnappt fest in die Halterung ein, wenn sie geschlossen ist. Sie ist luftdicht, wasserdicht und waschbärendicht – tatsächlich läßt sie nur jenen Glücklichen durch, der mit Hilfe eines passenden elektronischen Senders am Halsband Eintritt verlangt. Eine halbe Meile entfernt besitzt auch Oscar so ein Halsband und eine eigene High-Tech-Katzentür, doch von diesen Halsbändern gibt es verschiedene Versionen, und wir haben darauf geachtet, einen anderen Typ zu wählen. Und obgleich Oscar vermutlich unsere Katzentür erkennen würde, würde unsere Katzentür Oscars Halsbandsignal nicht erkennen.

Wie konnte es Houdini also gelingen, durch die Tür zu kommen? Die Antwort ist recht einfach – die Tür war nicht elektrisch angeschlossen. Diese Unterlassung war kein Versehen, sondern eine Konzession an Max' Ängste und Abneigungen. Während George rasch lernte, diese magische Tür zu benutzen, und den ungehinderten Zugang, den sie ihm ermöglichte, sichtlich zu schätzen wußte, bevorzugte Max ebenso deutlich die alte Methode, bei der wir aufsprangen, um ihm die Hintertür zu öffnen, wann immer er zu kommen oder zu gehen wünschte. Nach wochenlangen Versuchen, ihm beizubringen, die durchsichtige Plastikklappe einfach mit seiner Nase anzustupsen (indem wir uns, Kopf nach unten, Kehrseite in die Höh', auf der anderen Seite vor die Klappe knieten und mit Leckerbissen wedelten), entschieden wir schließlich, es sei an der Zeit, die Tür zu aktivieren und den Stecker einzustöpseln.

Aber sobald Max das leise Summen hörte, das die Tür von sich gab, wenn sie den Signalgeber an seinem Halsband erkannte, sprang er in panischem Schrecken zurück. All unsere Trainingserfolge waren dahin; Max machte uns eindeutig klar, daß ihn nichts, aber auch gar nichts dazu bringen würde, diesem Höllenapparat jemals wieder nahe zu kommen. Wir gaben schließlich nach, zogen den Stecker wieder raus und nahmen unser vormaliges Übungsprogramm wieder auf, in der Hoffnung, daß die inaktivierte, aber doch stabile Katzenklappe genügend Schutz liefern würde.

(Max reagiert ähnlich auf den langen Schlauch des Staubsaugers. Einmal vergaß ich, in Georges und Max' Korb nachzuschauen, bevor ich den Wäscheraum saugte, und fand mich plötzlich einem fauchenden Max mit Katzenbuckel und gesträubtem Fell gegenüber. Er schien in rascher Folge „Boa constrictor! Anakonda! Burmesischer Python!" zu denken, ohne zu wissen, was er auch nur gegen eines dieser Ungeheuer tun sollte. Ich erinnerte mich an einen Zeitungsartikel über einen Mann, der im Krankenhaus mit einigen hundert Stichen genäht werden mußte, weil er seinen starken neuen Staubsauger in Gegenwart seiner entsetzten Katze ausprobiert hatte, zog den Stecker heraus und setzte Max sanft nach draußen, bevor ich weitersaugte.)

Houdinis Eindringen machte uns klar, daß der Wäscheraum selbst die Falle war, die wir brauchten. Selbst ohne Strom kann unsere Katzentür mit einem stabilen Schalter so eingestellt werden, daß sie sich in beide Richtungen, in eine Richtung oder gar nicht öffnet. Wir bereiteten ein wunderbares Abendessen für Houdini vor und stellten den Schalter sorgfältig so ein, daß man zwar hinein-, nicht aber wieder hinausgelangen konnte. Da wir nicht wollten, daß George oder Max zusammen mit Houdini in die Falle gingen und sie auch nicht in die kalte Garage einsperren mochten, nahmen wir sie mit uns auf verbotenes Terrain, ins Haus.

Max war begeistert und suchte sofort den Fensterplatz in der Bibliothek auf. (Er erinnerte sich an seinen Lieblingsplatz, denn vor mehreren Jahren, als er wegen eines schlimm zerkratzten Auges behandelt werden mußte, hatte er eine Woche im Haus verbracht.) George war neugierig und untersuchte das neue Gebiet sorgfältig von oben bis unten, bevor er sich zufrieden im Karton mit dem Computerpapier unter dem Schreibtisch im Dachgeschoß niederließ. Auch wir gingen höchst zufrieden ins Bett und erwarteten, erstmals seit Wochen wieder ruhig durchschlafen zu können, und waren voller Zuversicht, Houdini am nächsten Morgen im Wäscheraum wiederzufinden.

Aber wir sollten uns getäuscht haben. Nachdem er sein Abendessen verzehrt hatte, machte Houdini seinem Namen alle Ehre und
entwischte, wenn auch unter beträchtlichen Mühen. Durch aus-
dauerndes Kratzen und Bepfoten war es ihm gelungen, den Schalter in die Stellung zu bringen, die ihm den Weg nach draußen
freigab. Wir konnten es kaum glauben. Sein IQ mußte mindestens
bei 150 liegen, entschieden wir.

Er trickste uns immer wieder aus, aber wir waren sicher, er
würde zurückkommen, und diesmal würden wir bereit sein. Mein
Mann schnitzte ein kleines Holzstück, das den Schalter sicher in
seiner Position hielt, und wir entfernten buchstäblich alles aus
dem Wäscheraum, was nicht niet- und nagelfest war, denn wir
konnten uns das Chaos vorstellen, das Houdini unter Vorhängen,
Reinigungs- und Bleichmitteln sowie Seifenflocken anrichten
würde, wenn er feststellte, daß er diesmal endgültig gefangen war.
Ein weiteres verlockendes Festmahl wurde angerichtet und Max
und George ins Haus gesperrt – zum letztenmal, wie wir hofften.

An diesem Morgen konnte man auf dem Fensterbrett einen
unglücklichen Houdini sitzen sehen, der kläglich miaute. Die
Katzentür mit ihrem fixierten Schalter war stark zerkratzt, aber
diesmal ohne Erfolg. Die Vorhangstange hing schief herab, das
Fliegengitter, das wir vergessen hatten zu entfernen, lag am Boden,
das Fenster war gründlich angespritzt worden, und der ganze
Raum hatte einen Houdini-Geruch angenommen, den wir wohl
nie wieder loswerden. Wir riefen einen Schriftsteller aus der
Künstlerkolonie an, der Houdini geschickt mit beruhigender Kon-
versation in Katzensprache und einem kühnen Halbnelson über-
redete, ins Auto zu steigen, um zum Tierarzt zu fahren, wo ihn
verschiedene Tests, Impfungen und die Kastration erwarteten.

Die Houdini-Saga ist vorbei, und wir können wieder ruhig
schlafen, zumindest so lange, bis der nächste ausgesetzte Kater
sich dazu entschließt, mit George um die Vorherrschaft in diesem
Territorium zu kämpfen. Diesmal sind die Nachwirkungen jedoch
dauerhafter als in Oscars Fall. Selbst nach heftigem Schrubben
bleibt der Geruch intensiv, und wir haben den Wäscheraum zum
Ausgleich mit Hyazinthen gefüllt. George und Max lassen sich
jedoch nicht an der Nase herumführen; sie sind sicher, daß Houdini noch irgendwo da drinnen lauert. Sie wollen die Katzentür
nicht benutzen und betreten ihr früheres Domizil nur dann, wenn
wir ihnen die Hintertür öffnen – und auch dann nur mit großem
Mißtrauen.

Georges Gesicht beginnt dort, wo Houdini ihn gekratzt hat,
anzuschwellen, und morgen wird zweifellos das Öffnen und Säu-

bern eines weiteren Abszesses auf dem Plan stehen. Aber Max ist derjenige, der schmollt und deprimiert ist. Er schleicht ums Haus, drückt seine Nase gegen jedes Stück Glas und späht in alle Räume, um zu sehen, was wir machen, damit wir uns schuldig fühlen, und um uns wissen zu lassen, daß er nicht weiß, warum er in Ungnade gefallen ist. Was hat er falsch gemacht? Warum gestattet man ihm nicht länger den Zutritt zum gelobten Land?

8
Fortpflanzungstheorien im 20. Jahrhundert

Mary Lyons gescheckte Mäuse

Nach Lucifers Tod im Jahr 1932 scheint das Problem mit den Calico-Katern zunächst einmal ad acta gelegt worden zu sein; in den folgenden zwanzig Jahren erscheint nach meinen Recherchen nur ein einziger Artikel (1941) zu diesem Thema. Darin geht es um die Untersuchung der Meiose in den Hoden von Tabbies, von schwarzen und von gelben Katern, „um einiges Licht auf das höchst komplexe genetische Verhalten von schildpattfarbenen Katzen zu werfen", wie der schottische Wissenschaftler schreibt. Er berichtet, daß „die X- und Y-Geschlechtschromosomen eine sehr ähnliche Größe aufweisen" (das X-Chromosom der Katze wurde erst 1965 richtig identifiziert) und sich in mehrfacher Hinsicht seltsam verhalten; daraus schließt er recht lahm, das Auftreten schildpattfarbener Kater lasse sich durch „strukturelle Eigenarten der Geschlechtschromosomen, besonders des Y-Chromosoms", erklären.

Im Jahr 1949 kommt es mit Hilfe von Katzen (wenn auch meines Wissens keinen Calicos) zu einem wichtigen Durchbruch. Zwei Kanadier, Barr und Bertram, veröffentlichen in „Nature" einen nur eine Seite langen Artikel, in dem sie berichten, daß man weibliche Katzen anhand eines leicht sichtbaren dunklen Klümpchens im Zellkern zuverlässig von männlichen Katzen unterscheiden könne. Ähnliche dunkle Klümpchen – oder Barr-Körper, wie sie später heißen – werden anschließend auch in den Zellen von weiblichen Ratten, Mäusen, Chinesischen Streifenhamstern und Menschen nachgewiesen. Tatsächlich findet man sie bei allen getesteten normalen Säugerweibchen, niemals aber bei normalen Männchen. Niemand weiß zu diesem Zeitpunkt, was diese Barr-Körper eigentlich sind, doch sie stehen sicherlich irgendwie mit dem Geschlecht eines Lebewesens in Beziehung.

Detailliertere Untersuchungen zeigen, daß sich die beiden X-Chromosomen normaler Weibchen keineswegs gleich verhalten: Eines repliziert sich genau wie alle anderen Chromosomen, das andere repliziert sich spät und weist einen Barr-Körper auf. Aber wie die meisten interessanten Ergebnisse führt auch dieses zu weiteren Fragen: Wie wird bestimmt, welches der beiden X-Chromosomen den Barr-Körper trägt? Was ist dessen Funktion? An welchem Punkt der Entwicklung tritt er auf?

Die Antworten auf diese Fragen sollten das Calico-Problem (und gleichzeitig eine Reihe anderer wichtiger Probleme) der Lösung ein gutes Stück näherbringen. Diese Antworten fanden sich in einem weiteren nur eine Seite langen Artikel „Gene Action in the X-Chromosome of the Mouse (*Mus musculus L.*)" (Wirkung der Gene auf dem X-Chromosom der Maus) von Mary Lyon, der 1961 wiederum in „Nature" erschien. Vielleicht glauben Sie, daß es schwierig ist, einen so kurzen Artikel mit einem scheinbar so belanglosen Titel zu finden. Ganz im Gegenteil! Er ist eine der folgenreichsten Veröffentlichungen in der Genetik, und er wird überall zitiert.

Im wesentlichen schlägt Lyon folgende einfache, aber bemerkenswerte Hypothese vor:

– Barr-Körper zeigen die Inaktivierung des X-Chromosoms an, in dem sie zu sehen sind.

Sie belegt dies durch folgende Beobachtungen:

– Für weibliche Säuger ist es normal, daß eines der beiden X-Chromosomen inaktiv ist.
– In einigen Zellen wird das von der Mutter geerbte X-Chromosom inaktiviert, in anderen das von Vater geerbte X-Chromosom.
– Eine derartige Inaktivierung ist nicht rückgängig zu machen.
– Sie wird von allen Zellen kopiert, die von den wenigen ursprünglichen Zellen abstammen.
– Daher weisen alle weiblichen Säuger zwei separate Zellinien auf; sie sind, wo ihre X-Chromosomen betroffen sind, alle genetische Mosaiken.

(Es ist wichtig zu wissen, daß die eierproduzierenden Keimzellen von diesem Prozeß ausgenommen sind. Sie enthalten zwei aktive X-Chromosomen, von denen jedes seinen Weg in eine Eizelle finden kann und dabei völlig funktionstüchtig bleibt. Außerdem muß festgehalten werden, daß Barr-Körper keine neuen Körper sind, sondern nichts anderes als das X-Chromosom selbst in einem höchst kondensierten und daher inaktiven Zustand.)

Zur Unterstützung der „Lyon-Hypothese", wie sie später genannt werden wird, verweist die Forscherin auf ihre gescheckten Mäuseweibchen. Deren variable Fellfärbung wird, wie man damals bereits weiß, von Genen auf ihren X-Chromosomen hervorgerufen, und Lyon nimmt nun an, daß die mosaikartige Fellmusterung ihrer Mäuseweibchen auf eine zufällige Inaktivierung verschiedener X-Chromosomen in verschiedenen Zellen zurückgeht. Flecken der Farbe A werden daher beispielsweise von Zellen hervorgerufen, die von Zellen abstammen, in denen das mütterliche X-Chromosom weiterhin aktiv ist, Flecken der Farbe B hingegen von Abkömmlingen derjenigen Zellen, in denen das väterliche X-Chromosom das Sagen hat. (Die Mäuseriche, die nur über ein X-Chromosom verfügen, sind nicht gescheckt.) Obgleich sich ihre Beweisführung auf Mäuse stützt, schließt Mary Lyon mit einer Bemerkung über Katzen: „Das Fell der schildpattfarbenen Katze, das ein Mosaik aus Schwarz und Gelb ist, (...) erfüllt diese Erwartung."

Ihre Hypothese wurde 1967 von Professor Grüneberg „nach einer gründlichen kritischen Bewertung" abgelehnt. Doch im Lauf der Zeit tauchten aus vielen verschiedenen Quellen immer mehr neue Fakten auf, die ihre Hypothese stützten, und schließlich triumphierte Mary Lyon. Im Jahr 1974 widmete sie Professor Grüneberg anläßlich seiner Emeritierung als Leiter der Tiergenetik am University College in London ihr ausführliches Übersichtsreferat über dieses Thema. Die Lyon-Hypothese war nicht länger nur eine Hypothese, sie war zu einer allgemein akzeptierten Tatsache des Lebens mit vielen interessanten Verzweigungen geworden.

Wie Irene Elia in ihrem Buch *The Femal Animal* (Das weibliche Tier) darlegt, ist eine triviale, aber interessante Konsequenz dieser Hypothese, daß eineiige weibliche Zwillinge sich fast immer weniger ähnlich sind als eineiige männliche Zwillinge. Obwohl das genetische Material in beiden Fällen von einer einzigen befruchteten Eizelle stammt, die sich in zwei Hälften teilt, kommt es nach zehn- bis zwölftägiger Entwicklung beim weiblichen Embryonenpaar zu einer zufälligen Inaktivierung eines der beiden X-Chromosomen. Da daran mehrere tausend Zellen beteiligt sind, ist es höchst unwahrscheinlich, daß diese zufällige Inaktivierung zu identischen Ergebnissen führt.

Eine wichtige Konsequenz ist, daß wir unsere grundsätzliche Beschreibung der Konfliktlösung – nach der ein Paar Gene an einem bestimmten Ort auf dem Chromosom um die Ausprägung eines Merkmals konkurriert, wobei das dominante Gen immer gewinnt – erneut modifizieren müssen. Wie Sie weiter vorne gelesen haben, trifft dieses vereinfachte Bild nicht immer zu: Es gibt zum Beispiel Phänomene wie Maskieren, bei dem ein Gen (wie *W* für rein weiße Fellfärbung) so durchsetzungsstark ist, daß es alle Manifestationen von Genen an anderen Orten unterdrückt; es gibt die variable Genexpression, bei der sich ein Gen (wie *S* für weiße Flecken) mehr oder weniger stark auswirkt, je nachdem, wie viele derartige Gene präsent sind, und es gibt andere Mechanismen, bei denen Polygene – mehrere Gensätze an verschiedenen Orten – alle geringfügig, aber auf komplexe Weise miteinander wechselwirken, um ein einziges Merkmal zu erzielen.

Wenn Gene auf dem X-Chromosom betroffen sind, ist allerdings häufig kein Konflikt zu lösen. Männliche Säuger tragen nur ein einziges X-Chromosom, und dessen Gene setzen sich stets gegenüber denjenigen an äquivalenten Orten durch, einfach, weil es keine gibt. Wenn ein Kater das Orange-Gen *O* trägt, ist er orange – keine Frage, kein Konflikt. Wenn eine Kätzin sowohl ein Orange-Gen als auch ein Nicht-Orange-Gen trägt (also *Oo* ist), existiert ebenfalls kein Konflikt. Zellen mit einem aktiven X-Chromosom, das das Orange-Gen *O* trägt, führen zu orangen Haaren, Zellen mit einem aktiven X-Chromosom, das das Gen *o* trägt, rufen nicht orange, sondern schwarze Haare hervor, genauso, wie Mary Lyon es annahm.

(Größe und Lage der orangen und schwarzen Flecken hängen nicht nur von der Verteilung des Orange-Gens *O* ab, sondern auch von *S*, dem Gen, das weiße Flecken hervorruft; daneben wirken sich intrauterine Umweltfaktoren aus. Die Haut zeigt übrigens ebenfalls diese orange-schwarze Musterung, wie ich zu meinem Erstaunen feststellte, als der Tierarzt George rasierte, um seine vielen kampfbedingten Abszesse zu behandeln.)

Für andere Gene auf dem X-Chromosom, deren Aufgabe es ist, verschiedene Enzyme herzustellen, die Körperfunktionen kontrollieren, führt der Konflikt zu einer variablen Expression: Die Menge an produziertem Enzym hängt vom prozentualen Anteil eines jeden Gentyps ab, der nach dem Kehraus übrigbleibt.

Nach all den Mühen der Katzengenetiker wäre es schön gewesen, wenn es ihnen statt einer Mäuseforscherin gelungen wäre, dieses wichtige Puzzlestück zu finden. Doch sie erhielten eine weitere Chance. Wenn Mary Lyon auch eine überzeugende Erklärung dafür geliefert hatte, warum Säugerweibchen im Gegensatz zu Säugermännchen eine Fellmusterung im Calico-Stil aufweisen können, konnte sie nichts zu den seltenen Ausnahmen sagen. Es blieben also noch immer einige Georges zu erklären, und mit der

Lyon-Hypothese als Sprungbrett machten sich die Katzenleute rasch wieder an die Arbeit.

Alles Klinefelter

Doch zuerst mußten einige Fragen zu außergewöhnlichen Menschen beantwortet werden. Warum sollen Katzen schließlich die einzigen Säuger sein, deren Geschlechtschromosomen sich manchmal nicht trennen wollen? Es gibt nicht nur XXY-Menschen, die unter dem sogenannten Klinefelter-Syndrom leiden, sondern auch XXY-Hunde, Schweine, Schafe, Pferde, Ziegen, Mäuse und Chinesische Streifenhamster – alles Klinefelter. Die Anzahl der menschlichen Klinefelter, die auf einer Überprüfung neugeborener männlicher Säuglinge basiert, hat mich wirklich überrascht: rund 1 von 500 männlichen Neugeborenen trägt ein zusätzliches X-Chromosom – oder sogar zwei, drei und mehr![1]

Statistische Daten über Katzen und andere Tiere sind schwieriger zu bekommen, und sie sehen sicherlich anders aus. Während menschliche Klinefelter relativ häufig sind, sind ihre felinen Gegenstücke offenbar eher selten. Eine grobe Schätzung für Calicos, die auf einer Stichprobe von 17 000 derartiger Katzen beruht, zeigt, daß nur 1 von 3000 ein Männchen ist, und die Schwierigkeiten, die die Forscher im letzten Jahrhundert hatten, derart leicht zu identifizierende Objekte zu finden, läßt diese kleine Zahl wahrscheinlich erscheinen. XXY-Katzen können natürlich jede beliebige Farbe haben, und diejenigen, die keine Calico-Färbung aufweisen, fallen wahrscheinlich gar nicht weiter auf. Dennoch zeichnet sich ab, daß Katzen beim Sortieren ihrer Geschlechtschromosomen aus ungeklärten Gründen offenbar geschickter sind als Menschen.

Was ist eigentlich das Klinefelter-Syndrom, und wie sehen Menschen aus, die daran leiden? Die Symptome wurden erstmals 1941 beschrieben (natürlich von Dr. Klinefelter). Sein erster Patient war ein achtzehnjähriger Farbiger, der sich darüber beklagte, er habe kleine weibliche Brüste. Er hatte zudem eine tiefe Stimme und einen großen Penis, aber keinen Bart und sehr kleine Hoden. Um seine Brüste zu verkleinern und seine Hoden zu vergrößern, wurde er mit großen Hormondosen behandelt, doch die erhofften

---

1 Die Humangenetiker Werner Buselmaier und Gholamali Tariverdian geben ein Verhältnis von 1:1000 an, in: W. Buselmaier und G. Tariverdian, Humangenetik, Springer, 1991. (Anmerkung der Übersetzerin)

Erfolge blieben in der einen wie der anderen Hinsicht aus. Im Verlauf der nächsten sechs Monate traf Klinefelter auf acht weitere derartige Patienten mit verschiedenen Beschwerden. Ein siebzehnjähriger weißer Schüler erzählte, er sei bei der Marine abgewiesen worden, weil seine Hoden zu klein seien (unklar blieb, für welche Aufgaben die Marine ihn aus diesem Grund ungeeignet fand). Einige waren geistig zurückgeblieben, andere hatten eine sehr hohe Stimme, viele fühlten sich von ihren weiblichen Brüsten gestört und wollten sie loswerden, und drei verheiratete Männer Anfang dreißig klagten über Unfruchtbarkeit.

Die Untersuchungen, die Klinefelter und sein Chef, Dr. Albright, an diesen Patienten durchführten, wurden erstmals 1942 in einem Artikel im „Journal of Clinical Endrocrinology" der Fachwelt vorgestellt. Klinefelter sagt rückschauend darüber:

> Eigentlich handelt es sich um eine weitere von Dr. Albrights Krankheiten. Er setzte meinen Namen selbstlos an die erste Stelle der Autorenliste; wegen der Länge des Titels [„Syndrome characterized by gynecomastia, aspermatogenesis without aleydigism and increased excretion of follicle-stimulating hormone"[2]] und wegen des bequemen Eponyms wurde das Krankheitsbild unter dem Namen „Klinefelter-Syndrom" bekannt.

In den folgenden drei Jahren berichteten andere Ärzte von weiteren Patienten, von denen einige keine Brustentwicklung zeigten, wohl aber kleine Hoden aufwiesen und steril waren. Manche waren geistig zurückgeblieben, andere hatten keinen Bart und ganz allgemein eine nur spärliche Körperbehaarung, wieder andere hatten einen kleinen Kehlkopf und eine hohe Stimme, und viele waren ausgesprochen hochwüchsig (wie George). Sie wurden ebenfalls als Klinefelter bezeichnet, wenn man auch damals noch nicht wußte, was das Syndrom hervorrief oder wie es zu charakterisieren war.

In den vierziger und frühen fünfziger Jahren unseres Jahrhunderts sah man Klinefelter nicht als XXY-Typen an; niemand wußte etwas über ihre genetische Konstitution. Das ist nicht überraschend, denn man war damals der Meinung, die Zahl der menschlichen Chromosomen betrage 48 (24 Paare), eine irrige Annahme, die noch aus der Zeit um 1920 stammte. Und es war weder

---

2   Das heißt vereinfacht: Klinefelter-Männer haben eine verstärkte Brustentwicklung, sind steril und produzieren weibliche Hormone. (Anmerkung der Übersetzerin)

bekannt, ob alle Zellen die gleiche Zahl von Chromosomen aufweisen, noch ob die Anwesenheit oder die Abwesenheit eines X- oder eines Y-Chromosoms geschlechtsbestimmend ist.

Die korrekte Zahl der menschlichen Chromosomen (46, 23 Paare) wurde erst 1956 dank neuer cytologischer Techniken ermittelt, die von einem Indonesier und einem Schweden entwickelt worden waren. Der Glaube, Menschen besäßen 48 Chromosomen, war seit so langer Zeit überall so tief verwurzelt, daß Tjio und Levan selbst über „ihren sehr unerwarteten Befund" überrascht waren. Sie erwähnen auch, daß eine andere Untersuchung im Jahr davor „zeitweise unterbrochen wurde, weil die Forscher nicht alle 48 Chromosomen in ihrem Material finden konnten; tatsächlich zählten sie in ihren Präparaten auf dem Objektträger wiederholt nur 46 Chromosomen".

Diese neue Technik machte es endlich möglich, genaue Chromosomenkarten zu erstellen. Man konnte nun zuverlässig einzelne Chromosomenpaare voneinander unterscheiden, und 1959 gelang es, aus ihren Karyotypen abzulesen, daß achtzig Prozent derjenigen, die man als Klinefelter bezeichnete, drei Geschlechtschromosomen statt der üblichen zwei aufwiesen: Sie waren echte XXY-Typen und besaßen 47 Chromosomen (23 Paare plus ein zusätzliches X-Chromosom) statt 46. Die übrigen zwanzig Prozent wiesen mehrere zusätzliche X-Chromosomen in verschiedenen Formen und Kombinationen auf – manche trugen daneben sogar noch zusätzliche Y-Chromosomen. Abbildung 8 zeigt einige der anomalen Kombinationen, die bei Mensch und Tier gefunden wurden.

XXY XXXY XXXXY XXYY XX/XXY XY/XXY XY/XXXY

XXXY/XXXXY XXXYY XXY/XX XXY/XY XXY/XYY

XXY/XXXY XXX/XXXY XXXY/XXXXXY/XXX XX(Y)

X0/XY/XXY XXXXYY/XXXXY/XXX Y0/XY/XXY XYY

X0/XX/XY/XXY/XXXY XY/XXY/XXXY XX/XY/XXY

Abbildung 8: Einige anomale Kombinationen von Geschlechtschromosomen.

Mosaiken und Chimären

Viele der Kombinationen in Abbildung 8 sind durch Schrägstriche verbunden – diese Typen stellen Geschlechtsmosaiken dar. Das Wort „Mosaik" leitet sich vom griechischen „mouseios" ab, was soviel wie „zu den Musen gehörig, künstlerisch" bedeutet. In der Biologie bezeichnet „Mosaik" eine Mischung verschiedener Zelltypen innerhalb eines Organismus. Es gibt natürlich auch Mosaiken, an denen andere Chromosomen beteiligt sind, doch wir wollen uns lediglich mit den Geschlechtschromosomenmosaiken befassen.

Das erste Klinefelter-Mosaik in Abbildung 8 ist vom Typ XX/XXY und entspricht der genetischen Struktur der ersten Person mit Klinefelter-Syndrom, deren Chromosomen untersucht wurden. Die Übersicht zeigt, daß einige Zellen normale weibliche Zellen mit zwei X-Chromosomen waren, andere dagegen XXY-Zellen mit 47 statt 46 Chromosomen wegen des überzähligen X-Chromosoms; die Abbildung sagt nichts aus über die relativen Anteile dieser beiden Zellpopulationen.

Das Klinefelter-Syndrom hat vielfältige Ursachen, wobei die häufigste Non-disjunction, Bruch und darauffolgender Chromosomenverlust ist. (Wie beim Down-Syndrom nimmt die Wahrscheinlichkeit, daß so etwas passiert, mit dem Alter der Mutter zu.) Bei Standard-XXY-Typen kann Non-disjunction sowohl in der ersten als auch in der zweiten meiotischen Teilung stattfinden, wenn sich die Ei- oder Spermienzellen bei einem Elternteil des zukünftigen Klinefelter-Kindes ausbilden (siehe den gewöhnlichen Meioseprozeß in Abbildung 5, das ungewöhnliche Klinefelter-Resultat in Abbildung 7). Bei Mosaiken tritt Non-disjunction gewöhnlich während der Mitose der betroffenen Individuen auf, und zwar häufig dann, wenn das befruchtete Ei gerade mit der Zellteilung beginnt und dabei irgendeine Kleinigkeit macht. Bei den darauffolgenden Teilungen korrigiert es den Fehler vielleicht und fährt anschließend damit fort, die „richtigen" wie die „falschen" Zellen millionenfach getreulich zu kopieren. Auf diese Weise können zwei oder mehr verschiedene Zelltypen im ganzen Körper nebeneinander in getrennten Zellinien existieren.

Ein anderer Weg, auf dem sich multiple Zellinien entwickeln können, ist die Chimärenbildung. In der griechischen Mythologie war die Chimäre ein feuerspeiendes Ungeheuer mit dem Kopf eines Löwen, dem Körper einer Ziege und dem Schwanz einer Schlange. In der Biologie ist eine Chimäre ein spezieller Mosaiktyp, der aus der Verschmelzung zweier Embryonen in einem sehr frühen Entwicklungsstadium erwächst. Berühmte Beispiele für

Chimären sind Nachtschmetterlinge, die auf der einen Seite ihres normalerweise symmetrischen Körpers das helle Flügelpaar und die dünne Antenne aufweisen, die für Weibchen typisch sind, auf der anderen Seite jedoch das braune Flügelpaar und die stark gefiederte Antenne der Männchen. Ein echter Hermaphrodit dieses Typs – ein 50:50-XX/XY-Mosaik – wurde erstmals 1761 voller Staunen beschrieben.

Fehler können sich natürlich summieren, und es ist nicht verwunderlich, daß sich bei einem Organismus mit einer hohen Fehlerneigung mehrfach Fehler verschiedener Art sammeln können. Das führt manchmal zu sehr komplexen Mosaiken – wie dem ersten in der unteren Reihe in Abbildung 8, das fünf verschiedene Zellinien aufweist, die alle im selben Individuum bunt zusammengewürfelt sind.

Männer mit einem zusätzlichen Y-Chromosom statt eines zusätzlichen X-Chromosoms – Typ XYY – werden gewöhnlich nicht als Klinefelter bezeichnet. Dieser Typ tritt offenbar nur etwa halb so oft auf, und zwar mit einer Häufigkeit von etwa 1 pro 1000 männlichen Neugeborenen; die Betroffenen sind gewöhnlich noch größer als die XXY-Typen, können unter schwerer Akne leiden und werden gelegentlich als aggressiv und gewalttätig beschrieben. Doch diese Einschätzung wird möglicherweise durch ihre außergewöhnliche, scheinbar bedrohliche Größe hervorgerufen; vielleicht resultiert ihr Verhalten aber auch aus einer geistigen Behinderung. Trotz aller negativen Schlagzeilen, die über sie verbreitet werden, landen aber nur rund vier Prozent aller XYY-Menschen jemals im Gefängnis.

Die am stärksten retardierten und antisozialen Menschen mit zusätzlichen X- und Y-Chromosomen in verschiedenen Kombinationen leben, vor den Augen der Öffentlichkeit verborgen, in geschlossenen Anstalten. Abgesehen von diesen schweren Fällen, sind die meisten Klinefelter bei flüchtiger Betrachtung kaum auffällig, im Gegensatz zu George, der seine genetische Konstitution mit seinen schwarzen und orangen Flecken offen zur Schau trägt. Wenn Sie einem von ihnen auf der Straße begegnen, werden Sie es wahrscheinlich gar nicht bemerken, obgleich die Statistiken belegen, daß man recht häufig auf Klinefelter treffen kann. Ihr auffälligstes Merkmal ist vielleicht ihr Hochwuchs, aber natürlich gehören nicht alle Männer mit außergewöhnlich langen Beinen zum XYY-Typ; viele derjenigen, die unter einer übermäßigen Brustentwicklung litten, haben ihre Brüste aus Gründen der Vorbeugung (ihr Brustkrebsrisiko ist im Vergleich zu normalen Männer um das Zwanzigfache erhöht) wie auch aus kosmetischen

Gründen chirurgisch entfernen lassen; viele typische Klinefelter verfügen über eine normale Intelligenz (das Maß der Retardierung steht offenbar mit der Zahl der zusätzlichen X-Chromosomen in Zusammenhang, aber nur zwanzig Prozent aller Klinefelter tragen mehr als ein zusätzliches X). Und wahrscheinlich gibt es viele, die wie George gar nicht wissen, daß sie so reichlich mit Geschlechtschromosomen ausgestattet sind.

Wie man männliche Nachkommen erzeugt

Das Problem der Geschlechtsbestimmung hat die Menschen schon seit sehr langer Zeit interessiert. Menschen möchten nicht nur aus natürlicher Neugier wissen, wie alles funktioniert, sondern sie möchten das Ergebnis gelegentlich auch gern beeinflussen. Daher zielen derartige Empfehlungen selbst in unseren Tagen meist auf die Erzeugung männlicher Nachkommen ab.

Die alten Griechen stellten zahlreiche Theorien auf (bei vielen spielte Wärme eine Rolle), von denen einige bis ins Mittelalter und darüber hinaus überdauerten. Wählen Sie Ihren Favoriten auf der folgenden Liste und stellen Sie sich vor, wie es wohl gewesen sein muß, diese Empfehlungen in die Praxis umzusetzen:

– Die Stärke der männlichen Erregung während des Beischlafs entscheidet darüber, ob das Kind männlich oder weiblich sein wird. Je erregter der Mann, desto größer die Wahrscheinlichkeit, einen Jungen zu zeugen.
– Die Hitze der Gebärmutter entscheidet über das Geschlecht: In einer warmen Gebärmutter erzeugt der Samen männliche Kinder, in einer kalten Gebärmutter weibliche.
– Ist das Sperma warm und reichlich vorhanden, so wird ein Junge geboren.
– Ein gleiches Maß an Hitze in den Samen der Eltern bringt einen Jungen hervor, der seinem Vater ähnelt. (Die weibliche Eizelle war unbekannt, und man ging davon aus, daß Frauen ebenfalls Samen produzieren.)
– Das Übergewicht des männlichen oder des weiblichen Samens bestimmt das Geschlecht des Kindes; gleiche Mengen führen zu Hermaphroditen (Zwittern).
– Wenn der Samen stark und zähflüssig ist, statt schwach und wäßrig, ist das Kind wahrscheinlich ein Junge. (Daher meinte man, sehr junge und sehr alte Männer würden eher Mädchen zeugen.)

– Wird der Beischlaf vollzogen, während nördliche Winde wehen, so entstehen daraus Jungen, bei südlichen Winden Mädchen. (Das ist angeblich so, weil der Nordwind den Samen stärkt und verdickt, während der Südwind ihn schwächt und verwässert.)

– Das Trinken von hartem, kaltem Wasser führt zur Unfruchtbarkeit wie auch zur Geburt von Mädchen.

Rechts und links wurden mit gut und schlecht beziehungsweise mit männlich und weiblich assoziiert. Die rechte Seite beider Hoden wie auch der Gebärmutter (von der man annahm, sie sei zweiteilig, ähnlich der von Katzen und Rindern) war perfekt, stark und warm, die linke mangelhaft, schwach und kalt. Daher erzeugen Spermien aus dem rechten Hoden, die in die rechte Abteilung der Gebärmutter eindringen, männliche Nachkommen; links/links ergibt weibliche Nachkommen, Überkreuzungen führen zu Zwittern. Noch 1350 war diese Vorstellung allgemein verbreitet, deshalb wurde Frauen geraten, sich nach dem Beischlaf auf die rechte Seite zu legen.

Selbst Ende des 19. Jahrhunderts waren noch viele Leute davon überzeugt, daß mehr als ein Spermium in die Eizelle eindringen müsse, um sie zu befruchten, und je mehr Spermien eindrängen, so glaubte man, um so größer sei die Wahrscheinlichkeit, einen Jungen zu zeugen. An Theorien herrschte wirklich kein Mangel, einige beruhten auf statistischen Untersuchungen und behaupteten, das Geschlecht des Nachkommen entspreche stets dem des älteren oder kraftvolleren Elternteils, oder auch, aus unterernährten Embryonen würden sich Jungen, aus gutgenährten Mädchen entwickeln – die Liste läßt sich beinahe endlos fortführen.

Leben im XY-Corral

Im Volksmund kursieren heutzutage zweifellos ebenso bizarre Geschichten wie bei den alten Griechen und den Viktorianern, doch wenigstens hat die Wissenschaft jetzt eine recht gute Vorstellung davon, welche Faktoren darüber entscheiden, ob ein Embryo später einmal Eizellen oder Spermien produzieren wird. In den ersten sechs bis sieben Wochen seiner Existenz ist der menschliche Embryo „geschlechtsindifferent" – männliche Embryonen sehen genauso aus wie weibliche. Dann, plötzlich, wird ein Schalter umgelegt, und der Embryo entscheidet sich dafür, entweder Eierstöcke oder Hoden zu entwickeln. Die jetzt differenzierten Geschlechtsorgane produzieren entweder weibliche oder männliche Hormone und übernehmen die Verantwortung für den weiteren Verlauf der sexuellen Entwicklung – ein hervorragendes Beispiel dafür, wie man sich an seinen eigenen Gonaden aus dem Sumpf zieht.

Was die Säuger betrifft, so weiß man bereits seit 1959, daß die Stellung des Geschlechtsschalters von der An- oder Abwesenheit des Y-Chromosoms in dem Spermium abhängt, das in die Eizelle eindringt: Ist das Y-Chromosom vorhanden, wird der aus der befruchteten Eizelle hervorgehende Embryo männlich, fehlt es, so wird er weiblich. Für dieses neue Verständnis waren Untersuchungen an Klinefeltern, Menschen und Mäusen von entscheidender Bedeutung.

Ein Genetiker namens David Page (der sein Labor „XY-Corral" [corral = Pferch] nannte) behauptete 1987, er habe das winzige Stück des Y-Chromosoms gefunden, das für die Männlichkeit verantwortlich sei. Er hatte zu diesem Zweck einige Menschen untersucht, deren Geschlechtschromosomen nicht zu ihrer sexuellen Ausstattung paßten. Am wichtigsten waren dabei einige wenige „geschlechtsverkehrte" Männer, die sich beim Arzt über Unfruchtbarkeit beklagt hatten. Diese Männer gehörten nicht etwa zum Typ XXY, wie Sie vielleicht vermutet haben, sondern trugen zwei X-Chromosomen wie normale Frauen – und dennoch wirkten sie, abgesehen von ihrer Sterilität, in jeder Hinsicht wie normale Männer. Niemand wußte, wie sie Hoden entwickeln konnten, ohne über ein Y-Chromosom zu verfügen.

Page stellte nun die Theorie auf, etwas sei bei der väterlichen Spermienentwicklung falsch gelaufen: Ein DNS-Teilstück mit dem männlichkeitsbestimmenden Gen muß von einem Y-Chromosom abgebrochen sein und sich an ein X-Chromosom angeheftet haben – wahrscheinlich im Verlauf eines der seltenen Crossing-over der Geschlechtschromosomen während der Meiose; man bezeichnet diesen Vorgang heute als „Translokation" (Übertragung). Weiterhin muß dieses X-Chromosom mit dem angehefteten Stückchen Y an Bord des Spermiums gewesen sein, das den Wettlauf um die Befruchtung der Eizelle gewonnen hat. (Diese „geschlechtsverkehrten" Männer werden durch XX(Y) symbolisiert – wie am Ende der 3. Reihe in Abbildung 8 –, wobei das eingeklammerte Y darauf hinweist, daß sich irgendwo auf einem der beiden X-Chromosomen ein Teil eines Y-Chromosoms eingeschlichen hat.) Nur 1 unter rund 30 000 Männern weist kein Y-Chromosom auf, und seltene genetische Unfälle wie diese – und wie George – helfen uns zu verstehen, wie die Dinge ablaufen sollten, weil sie Beispiele dafür liefern, was passiert, wenn sie's einmal nicht in gewohnter Weise tun.

Es gab auch einige geschlechtsverkehrte XY-Frauen, deren Auftreten nach der entsprechenden Theorie so gedeutet wurde: Obgleich sie zweifellos ein Y-Chromosom trugen, mußte das Stück, das das entscheidende männlichkeitsbestimmende Gen enthielt, abgebrochen und verlorengegangen sein. Einige besaßen, wie sich herausstellte, fast vollständige Y-Chromosomen, und dennoch waren alle zweifellos Frauen. Sie waren jedoch nicht so offenbar normal wie ihre männlichen Pendants, die XX-Männer: Einige wiesen keine weibliche Brustentwicklung auf, andere hatten keine Menstruation. Die Theorie, daß jeder Säugerembryo im Grunde weiblich ist und nur durch das männlichkeitsbestimmende Y-Chromosom auf „männlich" umgeschaltet wird, mußte modifiziert werden, um diesen leicht abweichenden XY-Frauen Rechnung zu tragen.

Der Trick, dieses Gen genau zu lokalisieren, bestand darin, das kleinste Stück DNS zu finden, das allen XX-Männern gemeinsam war, und nachzusehen, ob es dem Stück entsprach, das allen XY-Frauen an ihrem Y-Chromosom fehlte. Page untersuchte rund neunzig geschlechtsverkehrte Männer und Frauen und hatte in zweifacher Hinsicht großes Glück: Er fand einen XX-Mann, bei dem nur 0,5 Prozent eines Y-Chromosoms auf ein X-Chromosom übertragen worden waren, und er fand eine XY-Frau, die 99,8 Prozent eines Y-Chromosoms aufwies. Diese Befunde grenzten die Suche auf die winzige Region ein, die der Mann besaß, der Frau aber fehlte. Bei allen anderen Probanden stellte sich diese Region ebenfalls als bedeutsam heraus.

Sobald sie das ihrer Meinung nach entscheidende Gen gefunden hatten, begannen Page und seine Mitarbeiter, nach exakt der gleichen DNS-Sequenz bei anderen Säugern zu suchen. Und sie wurden praktisch überall fündig – bei Gorillas, Tieraffen, Hunden, Rindern, Kaninchen, Pferden und Ziegen –, wobei sie „Arche-Noah-Blots" einsetzten, wie Page es nannte, weibliche und männliche Genomproben einer jeder Tierart. (Vermutlich hätten sie diese DNS-Sequenz auch bei Katzen gefunden, wenn sie sich die Mühe gemacht hätten nachzuschauen, denn es sieht sehr so aus, als hätten sich die Geschlechtschromosomen der Säuger in all den Millionen Jahren evolutionärer Veränderungen kaum auseinanderentwickelt.) Da er diese kurze Sequenz in allen seinen Proben nachweisen konnte, war Page überzeugt davon, die Ursache der Männlichkeit gefunden zu haben.

Doch zwei Jahre später, Ende 1989, berichtete eine andere Gruppe, sie habe vier XX-Männer untersucht, deren translozierte Y-Chromosomenstücke die magische Sequenz nicht enthielten.

„Zurück an die Hausaufgaben!" befand Page und vermutete, daß er zuvor zwar wohl ein männlichkeitsbestimmendes Gen isoliert habe, aber vielleicht nicht das primäre. Auf jeden Fall hatte er die Fahndung auf eine sehr kleine Region einschränken können; nur 0,2 Prozent des winzigen Y-Chromosoms mußten erneut untersucht werden.

Nun sei bis auf den Jubel alles vorbei, verkündete die „Nature"-Ausgabe vom 19. Juli 1990, in der präzise belegt wird, welches winzige Stück DNS auf dem menschlichen Y-Chromosom höchstwahrscheinlich den Trick mit der Männlichkeit beherrscht. (Der einzige andere Trick, den dieses verkümmerte Y-Chromosom nachweislich drauf hat, ist die Produktion von außerordentlich stark behaarten Ohrmuschelrändern!) Da die genaue DNS-Sequenz nun höchstwahrscheinlich identifiziert ist, können die Wissenschaftler darangehen herauszufinden, welches Eiweiß sie kodiert. Diese Substanz ist dann im wörtlichen Sinn der Stoff, aus dem kleine Jungen gemacht werden.

Barr-Körper, Barr-Körper, wer hat den Barr-Körper bekommen?

Als 1949 feststand, daß normale weibliche Säuger stets Barr-Körper aufweisen, während sie normalen männlichen Säugern immer fehlen, bestand der nächste Schritt konsequenterweise darin, Menschen mit anomalen sexuellen Merkmalen auf Barr-Körper zu testen: Dabei dachte man natürlich sofort an Klinefelter-Männer und an Frauen, die am Turner-Syndrom litten.

Dieser Symptomkomplex wurde erstmals 1938 beschrieben (natürlich von Dr. Turner), vier Jahre, bevor der erste Artikel über Klinefelter erschien. Frauen mit Turner-Syndrom sind stets steril und haben einen sogenannten Flügelhals; statt sehr langer Beine wie ihre männlichen Pendants sind Turner-Frauen allesamt kleinwüchsig; anders als die Männer sind sie nicht geistig zurückgeblieben, und sie sind nicht so häufig wie Klinefelter (1 pro 500 männlichen Lebendgeburten), sondern sehr selten (1 pro 3500 weiblichen Lebendgeburten. Das liegt daran, daß die meisten Turner-Föten spontan abgehen; offenbar unternimmt die Natur nichts Vergleichbares, um die Geburt von Kindern mit Klinefelter-Syndrom zu verhindern.)

Trotz der auffälligen Unterschiede zwischen beiden Gruppen war deutlich, daß diese stets unfruchtbaren Männer und Frauen in sexueller Hinsicht praktisch Spiegelbilder darstellten, wenn auch niemand wußte, was ihren seltsamen Zustand verursachte. Daher war die Aufregung groß, als man Anfang der fünfziger Jahre entdeckte, daß Turner-Frauen häufig der weiblichkeitsbestimmende Barr-Körper fehlte, während er sich bei allen Klinefelter-Männern nachweisen ließ! Und dennoch gab es keinen Zweifel über die Geschlechtszugehörigkeit der einen oder anderen Seite. Was war los mit ihrer genetischen Konstitution, die ja offenbar verkehrt herum gepolt war?

1956 stand schließlich fest, daß Menschen 46 Chromosomen besitzen, und man konnte endlich darangehen, korrekte Karyotypen zu erstellen. Um 1959 kristallisierte sich heraus, daß die meisten Klinefelter-Männer ein zusätzliches X-Chromosom aufwiesen (47 Chromosomen, Typ XXY), während den Turner-Frauen ein X fehlte (45 Chromosomen, Typ X0). Nachdem die Lyon-Hypothese einmal allgemein akzeptiert war, erschien die Angelegenheit nicht mehr so rätselhaft wie zuvor. Natürlich wiesen die meisten Turner-Frauen keine Barr-Körper auf – sie hatten keine zusätzlichen X-Chromosomen, die hätten inaktiviert werden können. Und natürlich besaßen Klinefelter-Männer Barr-Körper – sie alle trugen wie normale Frauen zusätzliche X-Chromosomen, die inaktiviert werden konnten.

Tatsächlich besaßen zwanzig Prozent der Klinefelter-Männer gleich mehrere überzählige X-Chromosomen. Statt nur XXY zu sein, gehörten sie zum Typ XXXY, XXXXY oder XXXXXY, und einige wiesen sogar komplizierte Mosaiken mit zusätzlichen X-Chromosomen in mehreren verschiedenen Zellinien auf. Als man ihre Zellen untersuchte, fand man darin nicht nur einen Barr-Körper, sondern zwei, drei oder vier – und zwar stets einen Barr-Körper weniger als die Gesamtzahl der beteiligten X-Chromosomen. Rund ein Drittel der Turner-Frauen gehörte ebenfalls zum Mosaiktyp (meist X0/XX), die XX-Zellen dieser Mosaiktypen, die den Zellen normaler Frauen entsprachen, trugen auch ganz normale Barr-Körper.

Offenbar war irgendein Mechanismus am Werk, der besagte: Wenn du ein Säuger bist, sei es Männchen oder Weibchen, dann ist ein aktives X-Chromosom alles, was dir erlaubt ist; alle zusätzlichen X-Chromosomen werden einfach inaktiviert. Wie konnte es zu diesem seltsamen Zustand kommen? Worum ging es dabei überhaupt?

Von der Ungleichheit der Geschlechter

Die Klinefelter-Männer und die Turner-Frauen (und die Calico-Katzen) wiesen mir endlich den Weg zu den Antworten auf einige Fragen, die ich voller Unschuld und Unwissenheit vor langer Zeit gestellt hatte. Um damit zu beginnen: Tragen Frauen mit ihren beiden X-Chromosomen für bestimmte Merkmale doppelt soviel genetische Information wie Männer? Wenn das so ist, ist das nicht ein unfairer Vorteil?

Wenn ich mir diese Fragen jetzt wieder im Original ansehe, stelle ich fest, daß sie im Frühjahr 1988 hastig auf ein Stück gelbes Papier gekritzelt worden sind. Damals ging es in meinem armen Kopf zu wie in einem der heißen Schlammvulkane im Yellowstone-Park. Gedanken stiegen blubbernd an die Oberfläche und brachen mit einem plötzlichen „plop" zu einer Frage auf. Ich war sichtlich in Eile gewesen, diese Fragen niederzuschreiben, um sie festzuhalten, bevor sie sich in Luft auflösten, und es kam mir damals sicherlich nicht in den Sinn, daß die genaue Formulierung wichtig sein könnte.

Als ich schrieb „doppelt soviel genetische Information", dachte ich vage daran, daß jedes Gen für die Produktion eines bestimmten Proteins verantwortlich ist, dessen Aufgabe es ist, ein bestimmtes Merkmal verwirklichen zu helfen. Da Weibchen doppelt soviel X-Chromosomen haben wie Männchen, müßten sie auch doppelt soviel X-chromosomal gebundene Gene tragen, und diese würden doppelt soviel Genprodukte liefern. Das schien nicht fair – es schien unausgewogen.

Um diese Fragen in umgekehrter Reihenfolge und so zu beantworten, wie ich sie damals gemeint hatte: Ja, es wäre unfair, und nein, die Natur würde so etwas nicht zulassen. Die Inaktivierung überzähliger X-Chromosomen ist eine ihrer Methoden, um das zu erreichen, was man die „Dosiskompensation" nennt – die Regulation der Menge eines Genprodukts unabhängig davon, wie die Chromosomensituation ist.

Bei Fruchtfliegen, bei denen die Männchen in der Regel XY und die Weibchen XX sind, kompensieren die Männchen ihr fehlendes X-Chromosom durch doppelte Arbeitsleistung: Ein männliches X-Chromosom erzeugt doppelt so viele Genprodukte wie weibliche X-Chromosomen; da die Weibchen aber zwei X-Chromosomen besitzen, endet der Wettstreit unentschieden. Bei Säugern, bei denen die Männchen ebenfalls XY und die Weibchen XX sind, wird das Problem anders gelöst: Um das Ungleichgewicht zu kompensieren, werden die zusätzlichen X-Chromosomen inaktiviert. Ein leichtes Ungleichgewicht bei der Eiweißproduktion bleibt jedoch bestehen, weil, erstens, auf dem Y-Chromosom eine kleine Zahl von Genen aktiv ist, die auf dem X-Chromosom fehlen, und, zweitens, nicht alle Gene auf dem X-Chromosom tatsächlich inaktiviert werden (zumindest gilt das für den Menschen).

Beweise für eine nur teilweise Inaktivierung liefert die Tatsache, daß Turner-Frauen und Klinefelter-Männer beide anomal sind, wobei die Frauen viel schwerer betroffen sind als die Männer. Wenn das zusätzliche Chromosom einer normalen Frau vollständig inaktiviert würde, dann besäße sie nur ein funktionstüchtiges X-Chromosom – sie wäre praktisch X0, genau wie die Turner-Frauen. Aber die Turner-Frauen sind keineswegs normal: Sie sind in jedem Fall unfruchtbar (entweder weil ihre Eierstöcke nicht funktionieren, oder weil ihre Gebärmutter unterentwickelt ist) und leiden daneben noch unter vielen anderen Problemen. Das gleiche gilt für die Klinefelter-Männer: Wenn alle ihre zusätzlichen X-Chromosomen vollständig inaktiviert würden, warum sollten sie dann nicht wie normale XY-Männer sein? Warum sollten sich ihre Symptome mit steigender Zahl zusätzlicher X-Chromosomen verstärken?

Die Antwort lautet: Offenbar bleiben einige wenige Gene an der Spitze des X-Chromosoms von der Inaktivierung verschont. Die zusätzliche Präsenz dieser Gene führt bei Männern anscheinend zu Hochwuchs, Sterilität und geistiger Retardierung; ihr Fehlen ruft bei Frauen Minderwuchs, Sterilität und Flügelhals hervor. Dabei handelt es sich sicherlich um einen komplizierten Mechanismus, und niemand weiß bis heute genau, wie er funktioniert.

Lassen Sie uns noch einmal auf die erste Frage zurückkommen: Tragen Frauen mit ihren beiden X-Chromosomen für bestimmte Merkmale doppelt soviel genetische Information wie Männer? Wenn wir eine weiter gefaßte Interpretation als vorher anwenden, finden wir, daß die Antwort „ja" ist. Natürlich verfügen normale weibliche Säuger über doppelt soviel genetische Information wie Männchen, zumindest, was das X-Chromosom angeht: Sie erben ein X-Chromosom des einen Typs von ihrer Mutter und ein weiteres X-Chromosom eines möglicherweise ganz anderen Typs vom Vater; die Männchen hingegen haben keine Wahl. Ein X-Chromosomentyp von der Mutter ist alles, was sie bekommen.

Obgleich die Quantität der X-gebundenen Gene (und damit die Gesamtmenge des Genprodukts) durch die Inaktivierung des einen X-Chromosoms in etwa ausgeglichen wird, ist die „Qualität" bei weiblichen Säugern besser, denn sie haben die Chance zu einer viel größeren genetischen Vielfalt. Wenn ein Gen auf dem vom einen Elternteil geerbten X-Chromosom schlechte Nachrichten verheißt, so können gute Nachrichten vom entsprechenden Gen auf dem X-Chromosom des anderen Elternteils dem entgegenwirken. Erbt hingegen ein Männchen ein schädliches Gen vom X-Chromosom seiner Mutter, dann gibt es keine Kompensationsmöglichkeit – sein Vater steuerte nur ein mickriges Y-Chromosom bei und hat zu der ganzen Angelegenheit nichts weiter zu sagen.

Aber welche Gene liegen beim Menschen auf dem X-Chromosom, die nicht auch auf dem Y-Chromosom liegen? Ist diese Abweichung der Grund für Kahlköpfigkeit, Farbenblindheit, Muskeldystrophie und Bluterkrankheit, unter denen im allgemeinen nur Männer leiden? Ja, aber das sind nur einige wenige der annähernd 120 anomalen Merkmale, die man heute definitiv mit dem X-Chromosom in Verbindung bringt; hinzu kommen Taubheit, geistige Schädigungen, spastische Paraplegie, Parkinsonismus, Katarakte, Nachtblindheit und Nystagmus (das rasche und unkontrollierbare Zittern der Augäpfel, das Doncaster 1913 untersuchte). Bei vielen weiteren Krankheiten wird ebenfalls ein derartiger Zusammenhang vermutet und erforscht.

Viele frühe Erkenntnisse über die Gene auf dem X-Chromosom wurden aus Stammbaumanalysen gewonnen, von denen einige bereits durchgeführt wurden, lange bevor man den Mechanismus der Vererbung verstand. Einige Abschnitte im Talmud deuten beispielsweise darauf hin, daß man damals bereits wußte, daß Farbenblindheit gewöhnlich nur von der Mutter auf den Sohn übertragen wird. Und der berühmte Stammbaum der Königin Victoria weist viele unglückliche männliche, aber keine weiblichen Nachfahren auf, die unter der Bluterkrankheit litten, die daher auch die „Krankheit der Könige" genannt wurde. (Man beachte, daß diese Männer die Bluterkrankheit oder irgendeine andere X-chromosomale Krankheit nicht an ihre Söhne weitergeben konnten, denn ihr Beitrag zu männlichen Nachkommen bestand zwangsläufig aus einem Y- und keinem X-Chromosom.)

Gelegentlich führt die zufällige X-Chromosomen-Inaktivierung natürlich dazu, daß sehr unterschiedliche Mengen mütterlicher oder väterlicher X-Chromosomen „entsorgt" werden. In diesen seltenen Fällen kann eine Frau von einer traditionell männlichen Krankheit betroffen sein, nämlich dann, wenn ihr zu wenige Gene des anderen Elternteils bleiben, um dem entgegenzuwirken. Eine Frau kann natürlich auch dann an einer solchen Krankheit leiden, wenn sie das Pech hat, zwei derartige schädliche Gene zu erben, von jedem Elternteil eines.

Viele Frauen sind Überträgerinnen (Konduktorinnen) von Genen, die sich bei ihnen nicht negativ auswirken, aber ihre Kinder ernsthaft schädigen können. Stellen Sie sich zum Beispiel eine Frau vor, die kein Anzeichen von Farbenblindheit zeigt (sie kann lange mit Ihnen über die Unterschiede zwischen fliederfarben und violett diskutieren), die aber von einem Elternteil ein Gen für Farbenblindheit geerbt hat. Wenn sie einen normalsichtigen Mann heiratet, ist im statistischen Mittel die Hälfte ihrer Söhne farbenblind, aber keine ihrer Töchter, obgleich die Hälfte von ihnen Überträgerinnen sind. Wenn sie einen farbenblinden Mann heiratet, ist wiederum die Hälfte ihrer Söhne farbenblind, doch nun ist auch die eine Hälfte ihrer Töchter farbenblind, die andere Hälfte sind Überträgerinnen. (Wenn dies Ihrer Intuition widerspricht, wie es mir bei einem Großteil der genetischen Mathematik geht, dann machen Sie sich ein Kreuzungsschema, und sehen Sie, was tatsächlich passiert.)

So geht es zu in der noch immer unausgewogenen, noch immer unfairen XX/XY-Welt, trotz des ausgleichenden Effekts der X-Chromosomen-Inaktivierung. Aufgrund ihrer größeren genetischen Vielfalt sind Frauen keineswegs das schwächere Geschlecht; sie richten, vorwiegend unter Männern, genetische Verheerungen an, während sie selbst weitgehend ungeschoren davonkommen.

Vielleicht werden sich die Geschlechter im weiteren Verlauf der Evolution in ferner Zukunft einmal völlig aneinander angleichen. Tatsache ist, daß beim Menschen etwas mehr männliche als weibliche Säuglinge geboren werden – und zwar ständig, auf der ganzen Welt. (Die Differenz liegt für weiße Amerikaner bei sechs Prozent.) Der Grund dafür könnte sein, daß die Spermien, die ein Y-Chromosom tragen, etwas leichter sind als ihre Mitbewerber mit dem X-Chromosom, daher schneller schwimmen und mit größerer Wahrscheinlichkeit als erste ans Ziel gelangen; es könnte aber auch sein, daß sie vitaler und daher ganz einfach zahlreicher sind. Jeder dieser möglichen Faktoren könnte Teil eines komplexen kompensatorischen Systems sein, um mit einem weiteren Ergebnis der XX/XY-Ungleichheit fertig zu werden: Gegenwärtig ist die Lebenserwartung von Frauen stets höher als die der Männer, und zwar in allen Entwicklungsphasen.

Hypertrichosis der Pinna

Natürlich konnte ich der Versuchung nicht widerstehen, die Sache mit den haarigen Ohrmuschelrändern weiterzuverfolgen (ein Zustand, der von Medizinern als „Hypertrichosis der Pinna" bezeichnet wird). Selbst wenn sie in keinem Zusammenhang mit Calico-Katzen steht, liefert sie ein interessantes Beispiel für geschlechtsgebundene Vererbung. In diesem Fall ist sie Y-chromosomal statt X-chromosomal; diesmal tragen also nicht die Hälfte der Söhne einer Mutter das Merkmal und die Hälfte ihrer Töchter sind Überträgerinnen, sondern der Vater gibt das Merkmal ausschließlich an alle seine Söhne weiter.

Zum erstenmal sah ich haarige Ohrmuschelränder auf Bildern von drei Moslembrüdern aus Südindien. Sie schauten mich von den Seiten des Lehrbuchs *Human Genetics* recht unglücklich an; bei allen dreien sah es so aus, als wüchsen kräftige Schnurrbärte seitwärts aus dem Ohrmuschelrand heraus. (Später erfuhr ich, daß der erste Stammbaum von Trägern haariger Ohrmuschelränder 1907 in Italien veröffentlicht wurde und mediterrane Italiener, australische Aborigines, Nigerianer und Japaner ebenfalls gelegentlich solche haarigen Anhängsel aufweisen. Aber offenbar werden dafür manchmal auch Gene auf anderen Chromosomen verantwortlich gemacht.)

Der indische Genetiker Dronamraju hat mehrere Artikel über Y-chromosomale Vererbung verfaßt. Ende der fünfziger Jahre hatte er in Kalkutta Besuch von einem amerikanischen Kollegen erhalten, dem seine haarigen Ohrmuschelränder auffielen, so daß er anregte, Dronamraju solle doch einmal den Stammbaum seiner Familie untersuchen. Dronamraju fand die Idee gut und ging sogar noch einen Schritt weiter. Man benötigte damals von Kalkutta bis zum Wohnsitz seiner Vorfahren in Andhra Pradesh mit Bus und Bahn elf Tage, und so verbrachte Dronamraju seine Zeit damit, die Ohren seiner Mitreisenden zu betrachten. Er schreibt dazu:

Indem ich meinen Sitzplatz mehrmals wechselte, gelang es mir, innerhalb eines Abteils eine fast vollständige Bestandsaufnahme durchzuführen, wobei niemand aus mehr als eineinhalb Metern Abstand überprüft wurde.

(Es wäre natürlich interessant, zu erfahren, was die anderen Passagiere von seinem ruhelosen Hin und Her gehalten haben.) Er überprüfte Frauen genauso gründlich wie Männer, fand aber kein weibliches Wesen mit haarigen Ohrmuschelrändern (wenn er auch gelegentlich passen mußte, weil die Muslimfrauen ihre Gesichter verschleiert hatten). Die Leute, die er befragte, hatten ebenfalls noch nie eine Frau mit diesem Merkmal gesehen oder von einem derartigen Fall gehört. Dronamraju schließt daraus:

In der Gesellschaft, zu der die Menschen im Stammbaum gehören, wird die besondere Behaarung der Ohren aufmerksam registriert, denn damit ist ein bestimmter Glaube verbunden. Dieses Merkmal verheißt nämlich dem Mann, der es trägt, ein langes Leben. Für einen Mann gilt es als außerordentlich glückliches Zeichen. Überschüssige Behaarung bei einer Frau hingegen gilt als Unglück, denn dieses Zeichen spricht auch in diesem Fall für Langlebigkeit und birgt daher die Gefahr, daß sie ihren Ehemann überlebt.

Im Verlauf seiner Familienforschung versuchte er auch alte Photos auszuwerten, mußte aber zu seinem Leidwesen feststellen, daß die Ränder der Ohren oft verwaschen und unscharf waren. Und was die modernen Zeiten angeht, „so haben mir zwei Photographen gesagt, daß es bei ihnen üblich sei (...), das zu kaschieren, was man heutzutage als Schönheitsfehler ansehen könnte".

Trotz dieser Schwierigkeiten und einiger Unsicherheiten hinsichtlich der Familiendaten (einige Angaben über nicht mehr lebende Familienangehörige wurden aus dem Gedächtnis ergänzt) stellt Dronamraju eine Menge statistisches Material zusammen und leitet daraus zwei alternative Hypothesen ab, die erklären sollen, wie haarige Ohrmuschelränder vererbt werden. Er kommt zu dem Schluß, daß das Merkmal Y-chromosomal vererbt wird und „anscheinend erstmals in der späten Pubertät auftritt", „die Wachstumsdichte und die Länge der einzelnen Haare mit steigendem Alter zunehmen" und „rund sechs Prozent einer zufälligen Stichprobe von 345 erwachsenen Männern in Andhra Pradesh eine derartige Hypertrichosis zeigten".

Ein paar Jahre früher, 1957, hatte Curt Stern einen Artikel veröffentlicht mit dem Titel „The Problem of Complete Y-Linkage in Man" (Das Problem der vollständigen Y-Kopplung beim Menschen). Er diskutiert ebenfalls Stammbäume (darunter einige sehr alte), die eine Y-chromosomale Vererbung für peronäale Atrophie (Wadenbeinschwund), bilaterale radio-ulnare Synostosis (beidseitige Verschmelzung von Elle und Speiche in der Nähe des Ellbogengelenks), Kamptodaktylie (gebogener kleiner Finger), Katarakte (Linsentrübung), Zungenanheftung, Fußgeschwüre, Keratoma dissipatum (eine Hauterkrankung), Zehen mit Schwimmhäuten, Ichthyosis hystrix („Fischschuppenkrankheit"), Farbensehen und Anomalien des Außenohres (hat nichts mit Haaren zu tun) belegen sollen. Und er diskutiert die Hypertrichosis der Pinna und erklärt, dies sei das einzige Merkmal, für das sich eine Y-chromosomale Vererbung wirklich nachweisen lasse.

Vielleicht findet man in Zukunft noch mehr Gene auf dem Y-Chromosom, doch bis heute ist es nur dafür berühmt, alle seine Träger zu Männern zu machen und einen sehr kleinen Prozentsatz davon mit stark haarigen Ohrmuschelrändern auszustatten.

Das Gelobte Land kommt allmählich in Sicht

Schon bevor wir unsere neue elektronische Katzentür installiert hatten, war mir klar, daß die Freiheit für die Katzen, nach Gutdünken kommen und gehen zu können, wie viele andere Freiheiten gute und schlechte Seiten haben konnte. Eine gute Seite, so stellte ich mir vor, würde unsere Befreiung aus dem Frondienst sein: Schluß mit dem ständigen Aufspringen und Türöffnen, wann immer wir Max' leises klagendes Miau oder Georges lebhaftes und verbotenes Kratzen an den verschiedenen Glastüren hören, die die Abdrücke seiner schmutzigen Pfoten tragen. Eine schlechte Seite hingegen wäre es, so malte ich mir aus, sie nicht mehr morgens vor der Haustür zu finden, wo sie ungeduldig darauf warten, daß wir endlich kommen und sie zum Frühstück hineinlassen.

Ich sollte mich in jeder Hinsicht täuschen. Obwohl George und Max nun nach Belieben kommen und gehen können, kratzen und miauen sie immer noch, um eingelassen zu werden, wenn sie wissen, daß wir in der Nähe sind; um nicht unfreundlich zu erscheinen, geben wir auch immer wieder nach. Doch wie zum Ausgleich begrüßen sie uns auch noch immer jeden Morgen vor der Tür, streichen uns um die Beine und tun so, als ob sie ohne uns nicht hineinkommen (oder überhaupt auskommen) könnten.

Wir waren uns jedoch nicht über den größten Nachteil der neuen Klappe im klaren gewesen – er hat mit den Liebesgaben zu tun. Ursprünglich wurden solche Tribute, gewöhnlich in Form kleiner Eingeweidehaufen, auf einem bestimmten Trittstein in der Mitte des Rasens abgelegt. Dann avancierte, wie meine bloßen Füße zu meinem Entsetzen eines Morgens feststellen mußten, die grobe Matte vor der Tür des Wäscheraums zum Lieblingsplatz. Nun ist dank der Katzenklappe die Matte zum Altar erkoren worden, die auf der Innenseite vor der Tür liegt, und das letzte Opfertier scheint ein tatsächlich sehr großer Nager gewesen zu sein.

Nachdem er den Wäscheraum infiltriert (und markiert) hat, ist Max entschlossen, sein Territorium auszudehnen. Wenn die schwere Schiebetür, die den Wäscheraum von der Küche trennt, nicht vollständig geschlossen ist, kann man Max' schwarz-weiße

Pfote bald durch den schmalen Spalt drangen sehen. Mit der Zeit gelingt es ihm, den Spalt langsam, aber hartnäckig zu verbreitern. Dabei ist sich Max der Maginot-Linie, die das Linoleum des Wäscheraums vom Holzboden im übrigen Teil des Hauses trennt, völlig bewußt und bleibt auf seiner Seite, solange jemand hinschaut. Aber er gibt die Hoffnung nicht auf und sucht stets nach einer Chance zur Invasion.

Vor kurzem wurde ich von seinem fragenden Miau geweckt, das sich überraschend nah anhörte. Und da hockte er oben im Dachgeschoß, genau vor unserer Schlafzimmertür, offensichtlich höchst erpicht darauf, uns einen kleinen mitternächtlichen Besuch abzustatten. (Unser Bett ist zweifellos schon seit langem das Ziel seiner Begierde.) Nachforschungen im Erdgeschoß erbrachten, daß die Schiebetür etwa fünfzehn Zentimeter weit offen stand. Während ich mich fragte, ob mein Mann oder ich vergessen hatte, die Tür ordentlich zu schließen, setzte ich Max in seinen Korb im Wäscheraum zurück, hielt ihm eine Strafpredigt und machte die Tür fest zu.

Am Morgen war die fünfzehn Zentimeter breite Öffnung wieder da, doch Max lag tugendhaft zusammengerollt in seinem Korb und sah mich mit riesigen und wissenden Augen an. Kurz darauf entdeckten meine nackten Füße seine neueste Liebesgabe, die wie gewöhnlich genau in der Mitte der Matte lag – diesmal aber auf der vor der Küchenspüle.

Ich weiß, daß er schließlich gewinnen wird (und er weiß es auch), aber zunächst werden wir versuchen, irgendeine Vorrichtung an der Schiebetür anzubringen. Aber das wird sich zweifellos als schwächliches Verteidigungsmanöver gegen einen so entschlossenen Eindringling erweisen.

Wie viele Chromosomen hat ein Schnabeltier?

Als ich zum erstenmal erfuhr, daß Menschen 23 Chromosomenpaare und Katzen deren 19 haben, erschien mir dieses Verhältnis irgendwie plausibel. Ich stellte mir vor, die großen Menschenaffen hätten einige Chromosomenpaare weniger als Menschen, Hunde hätten etwa die gleiche Zahl wie Katzen, Mäuse weniger und Erbsen noch weniger. Es erschien mir einleuchtend, anzunehmen, daß Menschen die meisten hätten. Aber wie vieles, das ich mir in der Genetik vorstellte, ist alles ganz anders. Hühner, Hunde, Pferde, Goldfische und das Schnabeltier besitzen allesamt mehr Chromosomen als Menschen und Mäuse mehr als Katzen.

Spielt das eine Rolle? Keine große. Nicht die Chromosomenzahl ist wichtig, sondern Zahl und Typ der Gene, über die ein Organismus verfügt. Und diese Gene können sich auf große oder kleine, auf wenige oder auf viele Chromosomen verteilen. Wenn natürlich zu wenige Chromosomen vorhanden sind, vielleicht nur ein einziges Paar, dann wäre die genetische Diversität viel geringer.

Es gab noch andere Überraschungen. Ich entdeckte, daß die Gesamtmenge an DNS im Kern einer jeden Zelle mit normalem Chromosomensatz bei allen Säugern, von der Spitzmaus bis zum Schimpansen, fast exakt gleich ist – etwa 7×10^{-9} Milligramm. Noch überraschender war, daß das X-Chromosom bei allen Säugern etwa fünf Prozent dieser Gesamtmenge enthält. (Diese Zahl wurde auf eine wunderbar einfache und direkte Weise gewonnen: Man erstellte Karyotypen verschiedener Säuger und vergrößerte sie anschließend auf das 6300fache ihrer normalen Größe. Dann wurden die Bilder aller Chromosomen auf weißes Schreibmaschinenpapier projiziert, mit einem spitzen Bleistift umrissen, sorgfältig ausgeschnitten und auf einer Präzisionswaage gewogen. Vergleicht man nun das Gewicht des X-Chromosoms mit dem des vollständigen Chromosomensatzes eines Säugers, so ergibt sich der mehr oder minder konstante Wert von fünf Prozent.) Dieser konstante Wert stützt neben anderen Hinweisen die Theorie, daß sich die Gene auf dem X-Chromosom seit geraumer Zeit kaum verändert haben. Im Lauf der Säugetierentwicklung scheint sich ein evolutionsbiologisch sehr altes X-Chromosom mehr oder minder unverändert erhalten zu haben, und zu den Genen auf dem X-Chromosom des einen Säugers finden sich meist Analoga auf dem X-Chromosom eines anderen. Beispielsweise tritt die X-chromosomale Bluterkrankheit nicht nur beim Menschen, sondern auch bei Hunden und Pferden, die X-chromosomale Anämie beim Menschen wie auch bei Mäusen auf.

Derartige Ähnlichkeiten findet man bei den anderen Chromosomen natürlich nicht, denn es läßt sich oft nur schwer sagen, was deren Analoga bei anderen Arten sein könnten. Im Lauf der Evolution sind alte Chromosomen in zwei Teile zerbrochen, um neue Chromosomen zu produzieren; einige Chromosomen sind miteinander verschmolzen, und Teilstücke von Chromosomen sind auf andere Chromosomen übertragen worden, was zu einer ständigen Neuanordnung von Genorten führt. So entstand die breite Palette von Chromosomenzahlen und -größen.

Die besondere Stabilität, die das X-Chromosom bewiesen hat, liegt an seiner Isolation. Es begibt sich nicht gern in engen Kontakt mit den anderen Chromosomen oder mit seinem winzigen Partner, dem Y-Chromosom, mit dem es praktisch keinen Genort gemeinsam hat.

Der Fall des schrumpfenden Y-Chromosoms

Was hatte die Natur im Sinn, als sie auf dem Y-Chromosom sowenig Platz ließ? Warum sind die Geschlechtschromosomen das einzige Paar, das sich in Form und Größe voneinander unterscheidet? Ist das nicht seltsam? Bevor ich diese Fragen beantworte, muß ich mich zunächst einmal für ihre naive Formulierung entschuldigen. Die Natur, so ist mir nach der Lektüre von Richard Dawkins klargeworden, hat gar nichts im Sinn; es passieren nur Dinge, die andere Dinge nach sich ziehen, und diejenigen Mechanismen, die zu erfolgreichen Organismen führen, bleiben erhalten. Und die Geschlechtschromosomen sind nicht in allen Fällen ein schlecht zusammenpassendes Paar: Sie sind bei weiblichen Säugern, männlichen Vögeln und vielen anderen Gruppen in beiden Geschlechtern gleich groß. Was ich eigentlich fragen wollte, ist, weshalb sich das Y-Chromosom in Form und Größe so sehr vom X-Chromosom unterscheidet. Ist das nicht seltsam? Wenn diese Diskrepanz bei den Geschlechtschromosomen auftritt, warum findet man nicht auch etwas Derartiges bei einem der anderen Chromosomenpaare?

Eine weitere Frage betraf das Biologielehrbuch, dem ich diese seltsame Tatsache hinsichtlich des X- und des Y-Chromosoms entnommen hatte. Der Stil dieses Buches war gleichzeitig nonchalant und unverbindlich:

Von den 23 Chromosomenpaaren passen 22 in jeder Hinsicht in beiden Geschlechtern perfekt zusammen und werden Autosomen genannt. Das übriggebliebene Paar sind die Geschlechtschromosomen, und obgleich die beiden Partner dieses Paares bei Frauen offensichtlich identisch sind, sind sie bei Männern nicht identisch.

Punkt. Warum hieß es dort nicht: „Wie seltsam!"? Wie in anderen Büchern, die ich später zu Rate zog, versuchte niemand, die Absonderlichkeit dieser Situation zu kommentieren oder zu erklären, warum oder wie es dazu gekommen sein könnte. Ich hatte schon einmal ähnliches bei der Beschreibung der X-Chromosom-Inaktivierung erlebt, einem Vorgang, der mir wirklich bemerkenswert erschien. Ein anderes als das oben zitierte Biologielehrbuch widmet diesem faszinierenden Prozeß weniger als eine drittel Seite (von 1159!) und handelt ihn überdies staubtrocken ab (obwohl ein großes Bild einer Calico-Katze als Illustration dient).

Doch in dem Buch, das der verrückte Bibliothekar nicht herausrücken wollte, wurde versucht, diese Fragen zu beantworten. Es heißt *Sex Chromosomes and Sex-Linked Genes* (Geschlechtschromosomen und geschlechtsgebundene Vererbung) und ist 1967 von Susumu Ohno verfaßt worden. Als ich daranging, es zum zweitenmal zu lesen (als Photokopie von einer nahegelegenen Medizinischen Hochschule), war ich diesem nervenaufreibenden und überheblichen jungen Mann plötzlich dankbar, daß er das Buch vor meinen damals noch unwürdigen Blicken versteckt hatte. Seit meinem ersten Kontakt mit diesem Buch waren mehrere Jahre vergangen, und ich stellte überrascht und erfreut fest, um wieviel besser es geworden war. Es war beinahe verständlich geworden!

Als ich mich jedoch durch die vielen Seiten und Evolutionstheorien kämpfte, begann ich zu verstehen, warum die meisten Lehrbücher sich vor dieser Frage drückten – ein ganzes Buch war nötig, um eine ernsthafte Antwort darauf zu geben. Ich konnte all den komplexen Argumenten Ohnos noch immer nicht vollständig folgen; manche entzogen sich mir, gerade wenn ich meinte, sie begriffen zu haben, und das ganze Gebiet ist noch immer weitgehend unberührtes Land, wie Brian Charlesworth (der Ohno nicht einmal zitiert) in der „Science"-Ausgabe von März 1991 schreibt.

Die zentralen Ideen Ohnos sind offenbar folgende: Er geht davon aus, daß X- und Y-Chromosom ursprünglich wie alle anderen Chromosomenpaare in Form und Größe identisch waren. Für einige Organismen gilt das noch immer, bei anderen, wie den Schlangen, kann man der Evolution buchstäblich bei der Arbeit zusehen. Schlangen bilden im Hinblick auf das X- und das Y-Chromosom (oder genauer: auf das Z- und W-Chromosom, denn bei Schlangen sind wie bei Vögeln die Weibchen ZW und die Männchen ZZ) drei verschiedene Kategorien. Bei Riesenschlangen stellen Z- und W-Chromosom noch immer ein hübsch zusammenpassendes Paar dar, bei Indigoschlangen sind beide etwa gleich groß, aber die Lage des Centromers hat sich beim W-Chromosom verändert, was sie unausgewogen aussehen läßt, und bei Giftschlangen wie der Klapperschlange ist das W-Chromosom so klein wie bei Vögeln (und wie das Y-Chromosom bei den meisten Säugern).

Warum und wie das geschah, hat natürlich mit Sex zu tun. Die ersten Zeichen des Lebens entwickelten sich vor mehr als drei Milliarden Jahren auf unserem Planeten. Während der ersten

Milliarde Jahre vermehrten sich amöbenähnliche Geschopfe einfach durch Zweiteilung, ohne um die Freuden und Vorteile des Sex zu wissen. Sie teilten sich lediglich mitotisch, um Kopien ihrer Chromosomen herzustellen, und schnürten sich dann in zwei Hälften. Später entwickelte sich aus der Mitose der neue und kompliziertere Prozeß der Meiose, und es wurden Keimzellen gebildet. Zunächst sahen alle Keimzellen gleich aus, aber im Verlauf der nächsten Milliarde Jahre differenzierten sie sich in große, relativ unbewegliche Eizellen und winzige, sehr bewegliche Spermien. (Die Natur mag keinen Verstand besitzen, Geduld kann man ihr jedoch nicht absprechen.)

Obgleich die Meiose ein komplexer und gefährlicher Vorgang ist, bei dem es stets zu Fehlern kommen kann, wurde sie wegen der offensichtlichen Vorteile beibehalten, die sie mit sich brachte. Durch die meiotische Rekombination entstand eine große genetische Vielfalt, die die Arten in die Lage versetzte, sich an neue Lebensräume anzupassen, und einige meiotische Fehler bewirkten Mutationen, die zur Entwicklung neuer und wunderbarer Dinge führten. Ohno geht davon aus, daß es ursprünglich ein Genpaar gab, das entweder das eine oder das andere Geschlecht bestimmte. Mit der Zeit sammelten sich andere Gene, die mit weiteren Aspekten der Geschlechtsunterscheidung zu tun hatten, via Genduplikation (ein Kopierfehler, bei dem sich ein Gen verdoppelt, so daß seine Größe und die seines Chromosoms zunehmen, wodurch eine weitere funktionelle Entwicklung möglich werden kann) auf den gleichen Chromosomen an. Als diese Geschlechtschromosomen einmal etabliert waren, mußten sie vom Crossing-over abgehalten werden: Würden sie sich überkreuzen, dann würden männliche und weibliche Merkmale auf dem gleichen Chromosom liegen, und daraus entstände Chaos in Form einer weitgehend hermaphroditischen Art.

Klar ist, daß diese Isolation der Geschlechtschromosomen bei vielen Arten stattgefunden und das alte X- bzw. Z-Chromosom konserviert hat. Nicht so klar ersichtlich ist hingegen, warum das Y- bzw. W-Chromosom derart degeneriert ist. Degeneration ist sicherlich das richtige Wort, um einen derartigen Verlust von Genen zu beschreiben; offenbar sind fast alle Gene auf dem Y- bzw. W-Chromosom mit Ausnahme der geschlechtsdeterminierenden Gene verlorengegangen. Als dieser Prozeß jedoch einmal begonnen hatte, wurde zwangsläufig eine Dosiskompensierung in irgendeiner Form notwendig. Vorstellbar ist beispielsweise, daß die Gene auf dem X-Chromosom ähnlich wie bei *Drosophila* doppelt soviel arbeiten mußten wie zuvor, um den Verlust der Gene auf dem Y-Chromosom auszugleichen. Dieses Verfahren funktionierte sicherlich gut bei den Männchen, die nur ein X-Chromosom besaßen; da die beiden weiblichen X-Chromosomen ihre Anstrengungen aber ebenfalls verdoppelten, produzierten sie weitaus mehr Genprodukte, als notwendig oder wünschenswert war. Das führte schließlich zu der Inaktivierung eines X-Chromosoms, so daß sich die Dinge wieder ausglichen. Ohno nimmt an, daß all dies vor rund hundert Millionen Jahren stattgefunden hat.

Infolge einer vollständigen und redundanten Replikation ihres ganzen X-Chromosoms besitzen einige Nagerarten besonders lange X-Chromosomen. Statt der normalen fünf Prozent tragen diejenigen Nagerarten, die aus einer Verdopplung des ursprünglichen X-Chromosoms resultieren, zehn Prozent, andere, die aus einer Verdreifachung entstanden sind, sogar fünfzehn Prozent ihrer gesamten DNS in den X-Chromosomen.

Aus irgendeinem Grund hat sich bei Vögeln keine Dosiskompensation entwickelt. Sie führen weiterhin ein völlig unausgewogenes XX/XY-Leben, wobei hier die Weibchen anstelle der Männchen die Hauptlast der Folgen tragen. Ohno merkt an, daß „dieses Versagen einer der Gründe ist, warum Vögel nicht über den Status gefiederter Reptilien hinausgelangt sind". Ich bin mir nicht ganz sicher, was er damit meint, aber es hört sich für mich wie ein schlimmes Schicksal an und hängt vielleicht mit der Tatsache zusammen, daß Vögel nur etwa ein Drittel der DNS von Säugern besitzen.

Diejenigen, die gern eine umfassendere Erklärung für die Kürze des Y-Chromosoms hätten, sind eingeladen, Ohno (der viele weitere Beispiele aus der Zoologie liefert) oder Charlesworth (der botanisch argumentiert) oder die umfangreiche Literaturliste zu studieren, die beide anfügen. Vielleicht werden wir niemals erfahren, was zur Schrumpfung des Y-Chromosoms geführt hat oder wie sich die verschiedenen Methoden zur Dosiskompensation entwickelt haben, doch es ist wichtig, über diese Dinge nachzudenken, sie bemerkenswert zu finden und zu fragen, wie diese seltsamen Tatsachen in das sich ständig, aber sehr langsam wandelnde Bild der Evolution passen.

George spendet Blut

Wenn es mir auch gelungen ist, meinen Wissensdurst über den aktuellen Stand der Alzheimer-Forschung zu zügeln, so hat meine Neugier über Georges genetischen Typ schließlich doch die Oberhand gewonnen. Es war lange her, daß ich mich abgemüht hatte, die recht einfachen Mechanismen zu verstehen und zu beschreiben, die nötig sind, um einen XXY-George durch Non-disjunction zu produzieren. Dem Ziel, zu erfahren, ob er tatsächlich ein so relativ einfacher oder aber ein komplizierterer Typ Katze ist, war ich jedoch keinen Schritt nähergekommen. Ich hatte keine Ahnung, nach welchem Bauplan Georges Eltern bei seiner Konstruktion vorgegangen waren – oder inwieweit er selbst dabei eine Pfote im Spiel hatte. George konnte jede beliebige der vielen anomalen Chromosomenkonfigurationen in Abbildung 8 aufweisen, möglicherweise sogar eine, die bisher noch gar nicht bekannt war.

Ein befreundeter Arzt sagte, eine Chromosomenanalyse sei recht einfach, zumindest für die Katze. Alles, was man dazu benötige, sei ein wenig Gewebe von der Innenseite der Wange; George würde es kaum bemerken. Anhand dieses Schleimhautabstrichs könne man dann ein Karyotyp herstellen, in dem all seine Chromosomen ordentlich zur Untersuchung aufgereiht sein würden. Daraus lasse sich die Wahrheit ablesen: War er ein geschlechtsverkehrter XX-Typ, ein einfacher Klinefelter, eine komplizierte, möglicherweise neue Chimäre oder ein sexuelles Mosaik?

Die große Medizinische Hochschule im Nachbarstaat führt regelmäßig Chromosomenanalysen durch. Dabei wird gewöhnlich die Amnionflüssigkeit nach Hinweisen auf Sichelzellanämie, Down-Syndrom und anderen Chromosomenanomalien (wie XXY und XYY) untersucht, die für die Föten und ihre Eltern Übles bedeuten. Vielleicht, dachte ich, könnte ich einen Assistenten finden, der bereit war, einen kleinen Nebenjob zu übernehmen. Und dann stellte ich mir die Szene im Labor vor: „He, Joe, sieh dir das einmal an! Nur neunzehn Paar! Hast du so etwas schon mal gesehen? Was sollen wir ihnen sagen? Sie werden Katzenjunge bekommen!"

Nachdem ich mir diese Phantasien aus dem Kopf geschlagen hatte, nahm ich Kontakt mit der nächsten Veterinärhochschule auf und fragte, ob man dort etwas Derartiges machen könne. Sicher, war die Antwort, jederzeit zu Diensten. Aber Schleimhautabstriche waren außer Mode, sie wollten Georges Blut. Es könne entweder in der Katze oder im Teströhrchen geliefert werden, was auch immer bequemer sei. Werde ein Teströhrchen benutzt, müsse es aber rasch gebracht werden, damit die Probe noch frisch sei.

Uns blieb nur das Teströhrchen, denn George haßt Autos und ist jederzeit gern bereit, uns das wissen zu lassen. Weder er noch ich wären in der Lage gewesen, eine achtstündige Reise durchzustehen. Aber wie bekommt man das Blut aus der Katze? Ein längerer Trip zum Tierarzt ließ sich nicht vermeiden, und George würde das nicht mögen. Aber ich wußte, daß er weniger stark protestieren würde, wenn uns meine Enkelin Valerie begleitete, daher legte ich den Termin für Georges Aderlaß in ihre Osterferien.

Valerie ist die perfekte Assistentin. Mit vierzehn Jahren weiß sie bereits sicher, daß sie Tierärztin werden will, und arbeitet nach der Schule in einer Tierklinik. (Ihrem Chef fällt es schwer, Valeries Beschreibung von George zu glauben – „Bist du *sicher*, daß es ein Männchen ist?" –; er hat ebenfalls noch nie zuvor etwas Ähnliches gesehen.) Obgleich George, was seine menschlichen Freunde angeht, sehr wählerisch ist und sich gewöhnlich nicht gern anfassen läßt, schmilzt er in Valeries geschickten Händen regelmäßig dahin. Sie dreht ihn auf den Rücken und krault ihm den Bauch, und seine Augen werden glasig, er wird ganz schlaff und driftet in ein Katzennirwana hinein.

Valerie besänftigt George auf dem Weg zum Tierarzt und begleitet ihn ganz routiniert in das innere Sanctum, wo ihm etwas Blut aus der Halsvene entnommen wird. (Ich bin froh, daß ich im Warteraum bleiben darf, wo ich nicht zusehen muß und mich ganz allein schuldig fühlen kann. Ist dieser Besuch wirklich notwendig? Leidet George? Muß ich wirklich wissen, wie seine Chromosomen aussehen?)

Zwei Teströhrchen sind gefüllt, jedes enthält zehn Milliliter von Georges tiefrotem Blut. Damit es nicht verklumpt, wird ein wenig Heparin zugegeben. Dann werden die Röhrchen mehrmals sacht umgedreht und anschließend sorgfältig in einen dicken Styroporbehälter gestellt. Mit unserer kostbaren Fracht an Bord fahren wir nach Hause, überlassen George Max' zärtlicher Fürsorge und brechen eilig wieder auf; es ist schon fast zehn Uhr, und wir sind ermahnt worden, keinen Zwischenstopp zum Mittagessen einzulegen.

Als wir gegen zwei Uhr im Serologielabor ankommen, werden Valerie und ich wie königliche Gäste empfangen. Wir bringen ihnen etwas Ungewöhnliches: kein Pferdeblut, ihr alltägliches Brot, und auch kein Lamablut, das sie in letzter Zeit häufiger untersuchen, sondern Katzenblut, das nur recht selten getestet wird. Ich hatte mir einen modernen Glaspalast vorgestellt, angefüllt mit blitzenden stählernen Geräten und Biotechnikern in gestärkten weißen Laborkitteln. Statt dessen finden wir uns in einem Wohnwagen wieder, wo freundliche Leute in Straßenkleidung in Mikroskope schauen oder sich über Geltabletts beugen, aus denen elektrische Drähte ragen.

Unser Führer erklärt uns, daß sie Pferdeblut testen, um Stammbäume zu verifizieren. Die Arbeit ist Routine, doch etwa viermal im Jahr gibt es im Labor beträchtliche Aufregung: Zweimal pro Jahr geht einer der alten Elektrophoreseapparate, die sie zur Bestimmung von Blutgruppen benutzen, in Flammen auf, und zweimal pro Jahr erbringt ihre Arbeit den Beweis für Betrug in der Welt des Pferdehandels, was ebenfalls zu beträchtlicher Hitzeentwicklung führt.

Wir verbringen etwa eine Stunde damit, das Labor zu besichtigen, und versuchen, dem Weg zu folgen, den Georges Blut in den nächsten Wochen während der Analyse nehmen wird. Aber wir sind zu müde, und alles um uns herum ist zu verwirrend; wir machen uns auf den Heimweg, um wieder bei George zu sein und zu Hause alles in Ruhe nachzulesen.

Das Erstellen eines Karyotyps

Frühe Chromosomenbilder, wie jene, die Walter Sutton Anfang unseres Jahrhunderts vom „großen tölpelhaften Grashüpfer" machte, wurden wahrscheinlich etwa nach folgender Methode hergestellt: Man zerschnitt etwas Gewebe mit einem scharfen Messer, legte es in eine Flüssigkeit, die die Zellen rasch abtötete und fixierte, und bettete die Gewebescheiben anschließend in Paraffin oder ein ähnliches Medium ein. Diese Paraffinblöcke wurden in sehr dünne Blättchen geschnitten, auf Objektträger aufgezogen und angefärbt, so daß man die Chromosomen unter dem Mikroskop sehen konnte. Dann legte man ein Stück Zeichenpapier unter einen Zeichenaufsatz, der am Mikroskop befestigt war, und umfuhr die Umrisse, die auf das Papier projiziert wurden. Die Methode funktionierte recht gut, solange die Chromosomen groß und nicht zu zahlreich waren. Doch die Tatsache, daß es bis 1956 nicht gelang, die menschlichen Chromosomen richtig auszuzählen, zeigt deutlich, daß dieses Verfahren Mängel hatte.

Die beiden ersten Berichte über eine Chromosomenzählung bei *Felis domestica* haben 1920 zwei Deutsche publiziert, die allerdings zu unterschiedlichen Ergebnissen gekommen waren. In dem einen Artikel wird behauptet, Katzen besäßen 35 Chromosomen und produzierten 2 verschiedene Spermientypen, einen mit 17 und einen mit 18 Chromosomen. In dem anderen heißt es, Katzen hätten 38 Chromosomen pro Körperzelle und 19 Chromosomen in jeder Keimzelle. 1928 und nochmals 1934 wies dann der japa-

nische Genetiker Minouchi in zwei Artikeln nach, daß 38 die
korrekte Anzahl war, und lieferte die Bilder dazu.

Minouchis Beschreibung seiner Forschungsmethode ist nichts
für schwache Nerven. Er berichtet, daß ihm einige Kater in die
Hände fielen, die im Institut für Dendrologie an der Kaiserlichen
Universität von Kyoto eine Actinida attackierten. (Eine Actinida
ist eine verholzende Kletterpflanze mit eßbaren Früchten, die wie
Katzenminze Katzen magisch anzieht.) Diese unglücklichen Katzen wurden dabei überrascht, wie sie in die Rinde bissen und
miauten, während sie um den Stamm herumtanzten. Wegen dieses
Vergehens wurden sie „durch Dekapitieren getötet und die Hoden
sogleich aus dem Körper entfernt. Im gleichen Moment wurden
diese in kleine Stücke gehackt und in eine Fixierlösung gelegt",
geschnitten, angeschaut und gezeichnet, wie oben beschrieben.

Moderne (und humanere) Techniken stützen sich auf Gewebe-
kulturen, in denen Zellen auf einem synthetischen Medium wachsen. Während man in der Vergangenheit allgemein Mundschleim-
haut- oder Hautbiopsien aus verschiedenen Körperregionen benutzte, arbeitet man heute lieber mit Blutproben. Da die Verunrei-
nigung durch Pilze und Bakterien ein ernstes Problem ist, wird
großer Wert auf Sterilität gelegt, und Fungizide und Antibiotika
werden routinemäßig eingesetzt. Um sicherzustellen, daß sich
viele Zellen im richtigen Stadium für die Untersuchung befinden,
wird eine Substanz (wie Kermesbeere oder Weiße Bohne) zugegeben, die Mitosen auslöst. Dieses seltsame Gebräu aus Blut, synthe-
tischem Kulturmedium, verunreinigungshemmendem Mittel und
natürlichem Mitoseförderer wird dann in einen Inkubator gestellt
und mehrere Tage lang auf der Körpertemperatur des Blutspen-
ders gehalten (in Georges Fall bei 38,6 Grad Celsius).

Anschließend wird die Kultur in eine Zentrifuge gegeben und
mit hoher Geschwindigkeit geschleudert, um die weißen Blutkörperchen zu gewinnen, die sich am Boden des Zentrifugenröhrchens ansammeln. Einige Stunden vor der ersten Zentrifugation
wird eine Substanz zugegeben, die verhindert, daß sich Spindelfasern bilden. (In der Vergangenheit benutzte man dazu Colchicin
aus den giftigen Wurzeln der Herbstzeitlosen, doch heute ist
Colchicin [in den USA] von seinem weniger romantisch klingenden, aber effektiveren synthetischen Analogon, Colcemid, ver-
drängt worden.) Wenn keine Spindelfasern da sind, um die Chromosomen zu den beiden Zellpolen zu ziehen, bleiben die meisten
Zellen in der Phase „stecken", in der sie sich in der Äquatorialebene
anordnen; man findet keine Zellen in späteren Mitosephasen wie
Polwanderung oder Durchschnürung.

Nach dem ersten Zentrifugieren wird Kaliumchlorid zugegeben; das bewirkt, daß die weißen Blutkörperchen fast bis zum Zerplatzen anschwellen. Dadurch trennen sich die Chromosomen voneinander und sind leichter zu sehen. Gleichzeitig wird ein Fixiermittel hinzugefügt, um die gedehnten Zellmembranen zu stabilisieren, so daß sie nicht zerplatzen, wenn sie erneut geschleudert werden. Die Probe wird dann mehrmals für zehn Minuten bei 1200 Umdrehungen pro Minute zentrifugiert; zwischen den Schleudergängen werden die Zelltrümmer entfernt, die sich angesammelt haben, und es wird wiederholt Fixiermittel zugegeben.

Schließlich werden die weißen Blutkörperchen am Boden des Zentrifugenröhrchens auf mehrere sehr saubere Objektträger gegeben und dort trocknen gelassen. Dann kann man sie mit einem Enzym namens Trypsin behandeln und mit verschiedenen Mitteln färben, so daß die spezifischen Banden sichtbar werden, die jedes Chromosom eindeutig charakterisieren (in der Praxis wird häufig mit Giemsa gefärbt; man spricht dann von Giemsa-Bänderung oder kurz G-Bänderung). Anhand dieses Bandenmusters lassen sich die Partner eines jeden Paares identifizieren, die bei Organismen mit vielen Chromosomen ähnlicher Größe und Form sonst oft nur schwer auszumachen sind.

Wenn man einen geeigneten Objektträger gefunden hat, werden die Chromosomen durch das Mikroskop photographiert und die Aufnahme anschließend vergrößert. (In Georges Fall sagte man uns, daß die Linse des Mikroskops 63mal und die Linse der Kamera weitere 10mal vergrößert habe; daher sind die Chromosomen auf dem Negativ um das 630fache vergrößert. Dieses Negativ wird dann seinerseits so weit vergrößert, daß die Chromosomen annähernd 5000mal so groß sind wie im Normalzustand.) Jedes dieser vergrößerten Chromosomen wird dann sorgfältig mit einer scharfen Schere aus dem Positivbild ausgeschnitten und neben seinem Partner auf hellem Karton befestigt. Die Chromosomenpaare werden entsprechend der Puerto-Rico-Konvention der Größe nach (vom längsten zum kürzesten) angeordnet und entsprechend der Lage ihrer Centromeren zu Gruppen zusammengefaßt, wobei die Geschlechtschromosomen stets an letzter Stelle stehen (wie in Abbildung 6 zu sehen). Diese Anordnung wird dann photographiert und stellt endlich den gesuchten Karyotyp dar.

Valerie und ich (und George) haben unseren Teil getan, und nun können wir lediglich warten und hoffen, daß die Kultur erfolgreich wächst, was sie nicht immer tut. Doch selbst wenn sie es tut, kann es Monate dauern, bis Georges Geheimnis gelöst sein wird.

Der Turm von Poon Hill

Freunde besuchten uns und brachten Dias von ihrem jüngsten Abenteuer in Nepal mit. Sie hatten die gleiche 250-Meilen-Rundwanderung durch den Annapurna gemacht, die wir 1980 unternommen hatten, und uns überlief ein Schauer nostalgischer Wiedersehensfreude, als wir bestimmte Berge – und sogar einige Nepalesen – erkannten, an die wir uns von damals erinnerten. Aber wir waren bestürzt, als wir Strommasten, Gästehütten und sogar einige Behelfsstraßen entdeckten, die mit Lastern befahren werden können; all das hatte es zehn Jahre zuvor noch nicht gegeben. Was uns jedoch am meisten betrübte, war nicht etwas neu Hinzugekommenes, sondern etwas Fehlendes. Der wunderbare wakkelige Turm auf der Spitze von Poon Hill stand nicht mehr.

Ich hatte sein Bild in unserem Photoalbum oft studiert und beim Bau unseres Hauses davon geträumt, hier, auf seinem Namensvetter, einen Nachbau zu errichten. Es war jedoch unschwer zu erraten, was die Inspektoren der staatlichen Baubehörde zu diesem Projekt sagen würden, und so trauten wir uns nie, sie zu fragen. Statt dessen hatten wir einen häßlichen stählernen Wassertank (praktisch und notwendig für den Brandschutz) erworben, ihn tarnfarbenbraun angestrichen und obendrauf eine feste Plattform gebaut, von der aus wir den blauen Pazifik bewundern konnten.

Wenn es in den Nächten nicht regnet, wie in diesem fünften Jahr der Trockenheit häufig, schlafen wir in fünf Metern Höhe auf unserem minderwertigen Ersatzturm. Licht spendet nur der Mond, daher sind die Sterne oft hell – und manchmal fallen sie vom Himmel. Wir beobachten die Satelliten, die am Firmament unermüdlich ihre Kreise ziehen, und fragen uns, welche neuen Legenden wohl gerade in den Tiefen des neuguineischen Dschungels entstehen über „die Sterne, die sich bewegen", und darüber, wie es dazu kam.

George und Max schlafen ebenfalls auf dem Turm – genauer gesagt, sie schlafen auf uns. Wenn wir die steile Treppe zu unserem dachlosen Turmgemach emporklettern, treffen wir dort oben oft auf Max, der es sich bereits auf dem Schlafsack bequem gemacht hat und sich offenbar fragt, was uns so lange wach gehalten hat. Nach Mitternacht gehen er und George gewöhnlich auf Jagd, doch morgens sind sie beide wieder da und putzen sich gegenseitig zu unseren Füßen oder spielen ausgelassen mit ihrer jüngsten Neuerwerbung: einem kleinen Vogel, einer Maus oder einem Maulwurf. Unser Schlafsack weist viele Zeichen vergangener Gemetzel auf.

Bisher haben sie glücklicherweise noch keine Schlangen herauf-
geschleppt.

Der Turm mit seiner engen, gewundenen Treppe ist gleichzeitig
Refugium und Aussichtspunkt, von dem aus unsere Katzen ihr
Territorium überblicken können. Von ihrem Hochsitz auf dem
Geländer aus lassen sie ihre Blicke gelassen über die Wiese schwei-
fen, wohl wissend, daß die überhängenden Zweige der Kiefern
einen Fluchtweg bieten, sollte ein Feind, ob Hund oder Katze, es
wagen, die Stufen heraufzuklettern. Daher mögen sie unseren
Poon-Hill-Turm und wissen nicht, wie armselig er im Vergleich zu
seinem Vorbild ist, dessen Verschwinden wir nun betrauern.

Max weiß Bescheid

George und Max kennen unsere Gewohnheiten inzwischen recht
genau. An kühlen Morgen, wenn sie lebhaft und voller Kletten von
ihren nächtlichen Streifzügen zurückkehren und ich noch nicht
ganz wach bin, gehe ich meist durch den Obstgarten zur Poonery
hinunter, um erst einmal den Heizlüfter anzustellen. Nach dem
Frühstück folgt mir George gewöhnlich dorthin, um sich auf der
Couch der nun warmen Hütte niederzulassen; dort verdöst er
gewöhnlich die nutzlosen Tagesstunden, während ich lese und
schreibe und mich bemühe, produktiv zu sein.

Max zieht trotz der Entweihung durch Houdini noch immer
den Wäscheraum vor und gesellt sich nur selten zu uns. Es ist
eindeutig, daß ihn Schreiben nicht interessiert – aber Bauen, das
ist etwas ganz anderes. Wenn derartige Projekte in Angriff genommen werden, läuft Max uns voller Hilfsbereitschaft ständig zwischen den Füßen herum. Er gibt einen ausgezeichneten Kontrol-
leur ab, wird aber zu unserem und seinem Bedauern manchmal
in die Garage verbannt, um zu verhindern, daß er angestrichen,
gequetscht, in Stacheldraht eingewickelt oder anderweitig verletzt
wird.

Die Garage ist auch in anderer Hinsicht Max' Reich. Gelegentlich bittet er um Erlaubnis, die Nagerpopulation dort überprüfen
zu dürfen, zu anderen Zeiten paßt er genau auf, wenn wir uns dem
Auto nähern, um herauszufinden, was wir vorhaben. Wenn es die
wöchentliche Fahrt zum Lebensmittelgeschäft ist, dann findet er
das ganz in Ordnung; wenn wir nur triviale Dinge mitnehmen
(Windschutz, Feldstecher und Handbücher für den Strand,
Abfallsäcke für die örtliche Müllentsorgung), so schenkt er dem
kaum Aufmerksamkeit. Wenn er uns jedoch dabei erwischt, wie

wir Zelt, Ruck- und Schlafsäcke einpacken – unheilverkündende Vorboten von zeitweiliger Fahnenflucht –, dann folgt er wie ein Hund unseren Fußstapfen und beklagt sich bitterlich, springt durch das Autofenster und setzt sich auf den Vordersitz oder legt sich hinter die Hinterräder und macht uns eindringlich klar, daß wir nicht einfach wegfahren und ihn zurücklassen dürfen. Einmal schmuggelte er sich sogar in einen Lieferwagen, der uns zum Flugplatz brachte. Als der Wagen scharf bremsen mußte, um einem entgegenkommenden Pferdetransporter auszuweichen, verriet er sich durch ein erstauntes Miau, und wir mußten umkehren und ihn sanft, aber entschieden wieder auf der Wiese absetzen.

Aber wohin wir auch immer gehen, wir können uns sicher sein, daß er uns bei unserer Rückkehr enthusiastisch begrüßt. Wenn es dunkel ist, erfaßt unser Scheinwerfer meist Max' weißen Brustlatz, der auf und nieder hüpft, während er vom Waldrand her in großen Sprüngen auf die Einfahrt zu galoppiert. Dann wirft er sich zu Boden, rollt sich hin und her und drückt seinen Rücken in den staubigen Kies der Zufahrt, so daß sich sein weißer Bauch zum Streicheln und Kraulen anbietet. Wenn es hell ist, hält Max meist vom Fenster des Wäscheraums oder vom überdachten Hauseingang aus Ausschau. Sieht er uns, dann springt er wie elektrisiert auf und saust über den Kiesweg zur Einfahrt. Manchmal, wenn er zu spät kommt, rennt er an uns vorbei die Stufen hinunter, während wir gerade hinaufsteigen. Dann müssen wir zur Einfahrt zurückgehen, damit das Rollritual stattfinden kann.

Ob hell oder dunkel, George kommt ebenfalls, um uns zu begrüßen, und springt die Stufen vor uns hinauf, wobei seine langen Hinterbeine unisono wie die eines Kaninchens hüpfen. Oben angekommen, wartet er ungeduldig darauf, eingelassen zu werden, während wir, beladen mit schweren Einkaufstüten voller Lebensmittel oder anderer notwendiger Dinge, langsam hinterherkeuchen. Die Katzentür erlaubt George zwar, nach Belieben zu kommen und zu gehen, doch er hofft, uns mit dieser kleinen Show falscher Abhängigkeit eine Freude zu machen.

Max erhält für sein Rollen viel Applaus, darum hat George es auch ein- oder zweimal probiert. Doch seine Vorstellung wirkt einstudiert, kopiert und keineswegs spontan – es sieht einfach unnatürlich aus. Eines Morgens beobachtete er, wie wir nach einer Nacht auf dem Poon-Hill-Turm noch ganz schläfrig nach unten stiegen. Wir konnten ihn den Effekt regelrecht kalkulieren sehen, bevor er sich ungelenk auf den Zementboden am Fuß der Treppe warf und sich hin- und herrollte. Einmal überraschte er uns damit, daß er sich in der frisch umgegrabenen Erde des Gemüsegartens rollte. Und an dem Morgen, als ich herunterkam, um den Heizlüfter anzustellen, rollte er sich ein wenig auf dem Teppich in der Poonery hin und her. Ein Fortschritt, denke ich, sogar mit einer gewissen freien Abwandlung des Themas (Max rollt sich nur auf Kies). Vielleicht wird George weniger zurückhaltend, anfaßbarer, zugänglicher, mehr wie Max. Und dann wird mir klar, daß ich George genau so mag, wie er ist: schwierig, unabhängig und selbstgenügsam.

9
Die neueren Calico-Artikel

XXY, das ist der Grund!

Das Warten auf die Ergebnisse aus dem Serologielabor macht mich ruhelos und ungeduldig. Um meine nervöse Energie umzusetzen, vergrabe ich mich wieder tief in den Regalschluchten und suche nach den nächsten Fäden, um die Geschichte von Georges Vorgängern und ihrem Beitrag zum Fortschritt der Genetik weiterzuspinnen.

In den zehn Jahren zwischen der Entdeckung des Barr-Körpers (1949) und der Entdeckung, daß Klinefelter XXY-Typen sind (1959), werden nur ein paar planlose Versuche unternommen, weiter am Problem der Calico-Kater zu arbeiten. 1956 ziehen die japanischen Forscher Komai und Ishihara (von denen wir bald noch mehr hören werden) einige alte Doncaster-Theorien aus der Schublade und vermuten, daß diese sehr seltenen Tiere das Resultat eines sehr seltenen Crossing-over zwischen X- und Y-Chromosom sind. In diesem Jahr erscheinen zwei weitere Artikel zum Thema. In einem versuchen zwei Amerikaner Doncasters „freemartin"-Theorie aus den zwanziger Jahren wiederzubeleben und postulieren erneut, daß die Antwort in der Verschmelzung der Mutterkuchen von Föten unterschiedlichen Geschlechts liegen könnte. In dem anderen Artikel untersucht Ishibara die Hoden von sechs Calico-Katern, um herauszufinden, wie funktionstüchtig sie sind.

Wie sich herausstellt, können vier der sechs Kater kein Sperma produzieren, aber die beiden anderen stehen normalen Katern nicht nach. Ishibara findet keine Unterschiede zwischen den sechs Tieren: Ihre Zellen tragen seiner Aussage nach alle den normalen Satz von neunzehn Chromosomenpaaren, und alle Kater weisen normale XY-Geschlechtschromosomen auf. (Wie der erwähnte schottische Forscher kann er wahrscheinlich nicht richtig erkennen, was er da eigentlich zählt.)

1957 erscheint ein weiterer, nur eine Seite langer Artikel in „Nature", der die Existenz eines außerordentlich fruchtbaren Tortie-Katers namens Blue Boy bekanntgibt. Sein Name spiegelt die Tatsache wider, daß er eine „blaue" oder verdünnte (dilute, d)

Pigmentierung statt einer dichten Pigmentierung (*D*) aufweist und daher die Gene *dd* trägt; außerdem hat er kurzes, lockiges Rex-Haar (*r*) statt eines normalen Fells (*R*) und trägt daher die Gene *rr*. Sein Vater war der erste bekannte englische Rex-Kater, seine Mutter eine schildpattfarbene Kätzin, die, wie man wußte, die Gene *d* und *r* trug.

Wegen dieser zuverlässig bekannten Abstammung ist Blue Boy viel interessanter als seine Vorgänger, deren Herkunft fraglich ist. Er ist auch deshalb interessant, weil er der erste Calico-Kater ist, der nachweislich weitere männliche Calicos hervorgebracht hat – und nicht nur einen oder zwei, sondern 11 von 43 bis 1957 gezeugten Nachkommen. (Nur drei von ihnen waren bis zu diesem Zeitpunkt geschlechtsreif, und alle drei waren steril.) Wie es züchterische Praxis ist, war Blue Boy ausschließlich mit Calico-Katzen gekreuzt worden – insgesamt mit sechs weiblichen Verwandten –, und bei seinen Nachkommen wurden in beiden Geschlechtern alle möglichen Farbvarianten gefunden.

Es liegt also eine Fülle wertvoller Daten vor, doch die Autoren wissen nicht recht, was sie damit anfangen sollen. Sie wärmen alte Theorien über „partiell dies" und „partiell das" auf und unterstellen, daß „bei Blue Boy das Gen für Gelb nur partiell statt vollständig geschlechtsgebunden ist". Unklar bleibt, wie es Blue Boy schafft, sich selbst zu reproduzieren, ein Trick, den alle anderen fertilen Calico-Kater vor ihm nicht beherrschten.

Dann, plötzlich, wird das Rätsel um die Calico-Kater gelöst. Seit 1904 sind viele, teilweise umfangreiche Artikel zu diesem Thema erschienen, aber wie so oft bei besonders fruchtbaren Veröffentlichungen (man denke an Watsons und Cricks Artikel über die Doppelhelix oder an den von Mary Lyon über die Inaktivierung des X-Chromosoms) bringt ein kurzer Aufsatz Licht in die Angelegenheit. Er trägt den harmlosen Titel „Spontaneous Occurence of Chromosome Abnormality in Cats" (Spontanes Auftreten von Chromosomenanomalien bei Katzen) und erscheint im August 1961 in „Science". Zwei Jahre sind vergangen, seitdem man weiß, daß Klinefelter genetisch XXY-Typen sind, und die Autoren, Thuline und Norby, legen Beweise vor, daß dies analog auch für Calico-Kater gilt. (Es ist interessant, daß sie diesen Vorschlag machen, ohne etwas von der Inaktivierung des X-Chromosoms zu wissen; Mary Lyons berühmter Artikel wird erst vier Tage nach Einreichen ihres Artikels veröffentlicht. Interessant ist auch, daß ein anderer Forscher 1962 unabhängig von Thuline und Norby den gleichen Gedanken verfolgt; er kennt zwar die Lyon-Hypothese, weiß aber nichts von Thuline und Norby.)

Thuline und Norby berichten von zwölf Katzen mit gescheck-
tem Fell, von denen sie zunächst gehofft hatten, es seien allesamt
Calico-Kater, wenn auch nur einer von ihnen die typischen orangen und schwarzen Flecken aufwies. Alle Tiere werden auf Barr-
Körper getestet, aber nur bei zwei Katern fällt der Test positiv aus:
bei dem schwarz-orangen Tier und einem anderen mit weniger
deutlicher Musterung. Die übrigen zehn Kater, die als mögliche
Kandidaten in Frage kommen, sind eine Enttäuschung und ihre
Testergebnisse negativ. Ihr buntes Fell ist vermutlich das Ergebnis
von Genen, die an anderer Stelle als dem Orange-Locus liegen.

Zellen von den beiden Katzen mit Barr-Körpern werden kultiviert, doch die methodischen Schwierigkeiten, mit denen die Forscher in dieser Anfangszeit zu kämpfen haben, sind enorm. Nur
sieben Zellen von dem kräftig gemusterten Calico-Kater und lediglich drei Zellen von seinem weniger deutlich gezeichneten Kom-
pagnon können letztlich untersucht werden. Alle diese Zellen
weisen jedoch 39 Chromosomen auf und zeigen an, daß beide
Kater XXY-Typen sind. Der kräftig gemusterte Calico-Kater ist
bemerkenswert, weil er keinerlei innere Fortpflanzungsorgane
besitzt (obgleich er über einen normalen Penis verfügt); der Tierarzt, der die Obduktion durchführt, hat noch nie zuvor etwas
Ähnliches erblickt. Der andere Kater sieht normal aus, und seine
Hoden liegen im Hodensack, enthalten aber keine Spermien.

Praktisch gleichzeitig wird ein XXY-Mäuserich entdeckt, der
ebenfalls steril ist. Nun gibt es drei Arten – Mensch, Maus und
Katze –, bei denen die gleiche Chromosomenanomalie (XXY)
nachgewiesen worden ist, und sie führt offenbar immer zu Unfruchtbarkeit. Thuline und Norby haben gezeigt, daß Katzen Klinefelter sein können und nun neben Mäusen als Labortiere zur
Untersuchung dieses Syndroms zur Verfügung stehen.

Die Katzenforscher mischen wieder mit

Während es in den älteren Katzenartikeln darum ging, die Antwort
auf das Rätsel der Calico-Kater und damit auf eine der fundamentalen Fragen der Genetik zu finden, nehmen viele der neueren
Katzenartikel einen praktischeren, menschenbezogenen Standpunkt ein. Thuline und Norby hatten an einer staatlichen Schule
für geistig Behinderte gearbeitet, und ihre Arbeit wurde von verschiedenen Organisationen für zurückgebliebene Kinder unterstützt. Als ein Reporter, der über ihre Arbeit berichtete, hörte, daß
Calico-Kater helfen könnten, die Ursache des Klinefelter-Syn-

droms beim Menschen zu verstehen, setzte er einen flammenden Aufruf in die Wochenendausgabe der Lokalzeitung. Montag morgen wurden die überraschten Telefonisten der Schule mit Anrufen von Leuten überschwemmt, die Katzen und Kätzchen in allen möglichen Farben und Mustern anboten – daher stammten auch die zwölf potentiellen Calicos.

In seinem nächsten Artikel, der 1964 im „Journal of Cat Genetics" erschien, kündigt Thuline an, daß er beabsichtige, die „Lebensgeschichte männlicher Schildpatt-Katzen" zu untersuchen, und schließt mit den Worten: „Wir sind davon überzeugt, daß diese ungewöhnlichen Tiere zum besseren Verständnis einer häufigen menschlichen Krankheit beitragen werden." Andere Autoren weisen darauf hin, daß „diese Katzen zu den größten nichtmenschlichen Lebewesen gehören, bei denen ein solches anomales Chromosomenmuster nachgewiesen ist", und behaupten, daß „männliche Schildpatt/Calico-Katzen potentiell das beste verfügbare Säugermodell für Chromosomenaberrationen darstellen". Das Projekt wird nicht nur von Organisationen unterstützt, die sich um geistig zurückgebliebene Kinder kümmern, sondern beispielsweise auch vom National Institute of Health.

Gestandene Wissenschaftler machen sich die Mühe, Artikel für populäre Katzenliebhabermagazine zu schreiben, in denen sie die Genetik der Calico-Kater erklären und dabei die Bedeutung unterstreichen, die derartige Tiere für die Humanforschung haben. Sie weisen auch darauf hin, wie wichtig es sei, Daten über Sterilität, Libido, Intelligenz und „Marotten" zu sammeln, um festzustellen, inwieweit Katzen dem menschlichen Klinefelter-Modell ähneln. In den Zeitungen erscheinen Anzeigen und Artikel, Tierärzte werden alarmiert, und ein Netzwerk von Fühlern erstreckt sich in alle Welt. Doch Calico-Kater sind so selten (und ihre Besitzer geben sie so ungern her), daß man bis 1984, als der bis dahin neueste Calico-Artikel veröffentlicht wird, nur 38 Exemplare cytologisch untersuchen konnte.

Bei einigen dieser Katzen stellt man Chromosomenanomalien fest, die erheblich komplexer sind als diejenigen der beiden ersten XXY-Typen. (Diese beiden hatten aber vielleicht auch gar kein so einfaches Chromosomenmuster. Das läßt sich bei der geringen Zahl der untersuchten Zellen nur schwer sagen.) 1964 berichten Forscher an den Oak Ridge National Laboratories von einem seltenen Calico-Kater mit zwei getrennten Zellinien: die eine wird durch 38XX symbolisiert (Standardweibchen), das heißt, daß sie aus 18 Paaren (36) plus XX besteht, die andere durch 57XXY, was bedeutet, daß sie aus 18 Tripeln (54) plus XXY besteht. In diesem

Fall werden 38 Zellen analysiert; 21 stellen sich als weibliche Standardzellen heraus, die übrigen 17 Zellen tragen drei Chromosomen eines jeden Typs statt zwei. (Zellen mit dreifachem Chromosomensatz sind für die meisten Säugerarten in der Regel letal, doch als die Suche nach Calico-Katern ins Rollen kommt, finden sich noch weitere derartige Exemplare, die lebensfähig sind.)

Eine derartige Doppel/Tripel-Struktur resultiert wahrscheinlich aus der Verschmelzung zweier Embryonen, von denen einer bereits über einen dreifachen Chromosomensatz verfügt. Die Autoren (nun Chu, Thuline und Norby) bieten uns eine Palette möglicher Erklärungen an: Die erste und einfachste besagt, daß der Embryo mit dem dreifachen Chromosomensatz durch simultane Befruchtung einer normalen Eizellen mit zwei Spermien, einem X- und einem Y-tragenden, gebildet wurde, so daß eine 57XXY-Struktur herauskommt. Als ob das noch nicht genug wäre, muß dieser überreichlich bedachte Embryo anschließend mit einem normalen weiblichen Embryo verschmolzen sein, um schließlich die Chimäre zu bilden.

Die Autoren diskutieren verschiedene Möglichkeiten und weisen dabei auch darauf hin, daß multiple Zellinien die Tatsache erklären könnten, daß einige männliche Calicos fruchtbar sind. Dieser 57XXY-Kater ist zweifellos steril, weil er keine XY-Zellinie aufweist, doch in der nächsten Veröffentlichung (1965) vermutet Norby, daß „ein Paar miteinander verschmolzener männlicher Zwillinge zu einem Schildpatt-Kater führen könnte, der einen normal erscheinenden Chromosomensatz trägt und wahrscheinlich fertil ist". (Vielleicht habe ich Ishibara unrecht getan, als ich sein Sehvermögen anzweifelte; diese Theorie könnte seine Ergebnisse erklären, wenn man davon ausgeht, daß zwei männliche Föten fusioniert haben, einer mit einem Orange-Gen, der andere mit einem Nicht-Orange Gen.)

Sicher ist, daß 1967 ein fruchtbarer dreifarbiger Kater gefunden wird. Er ist einer von vier streunenden Kätzchen und entpuppt sich als XX/XY-Chimäre, das Ergebnis der Fusion zweier Geschwisterembryonen unterschiedlichen Geschlechts. Fast die Hälfte seiner Zellen (43 Prozent) gehören zur XY-Linie und machen ihn zu einem fruchtbaren Männchen. Dies ist der erste zuverlässige Bericht über einen Calico-Kater, der überhaupt keine XXY-Zellen aufweist.

Die Abstammung der meisten bis dahin untersuchten Kater ist unbekannt oder nur teilweise bekannt, doch 1971 wird ein XXY-Langhaar-Colourpoint mit schildpattfarbenen Extremitäten gefunden. In diesem Fall handelt es sich um einen Rassekater mit einem wohlbekannten Stammbaum, und die Autoren vermuten wahrscheinlich richtig, daß er der Nachkomme eines fertilen XXY-Männchens ist, das via Non-disjunction XY-Spermien produziert hat. (Möglicherweise war das auch der Trick, den Blue Boy 1956 anwandte, um seine elf männlichen Nachkommen zu zeugen.)

Zwei andere XXY-Rassekater namens Kohsoom Frosted Ice und Pyrford Ho Hum werden 1980 in Australien entdeckt. Diese Burmakatzen stammen beide von dem berühmten Kupro Cream Kirsch ab, dem ersten cremefarbenen Burmakater, der von England nach Australien importiert wurde. Beide haben ein blau-cremefarbenes Fell und stellen das hellere – „dilute" – Äquivalent von „Calico" dar. (Wenn zwei Dilute-Gene dd vorhanden sind, verwandelt sich Schwarz in Blau und Orange in Creme; daher sind Blaucremes ebenso wie Calicos gewöhnlich stets Weibchen.) Trotz der verfügbaren ausführlichen Stammbauminformation läßt sich nicht sagen, ob diese eng miteinander verwandten Katzen aus einer Non-disjunction väterlicher- oder mütterlicherseits resultieren. Wie dem auch sei, die Autoren schreiben – ohne Zweifel auf Drängen der betroffenen Züchter –, daß „es keinen Grund gibt, anzunehmen, daß das Auftreten dieses berühmten Katers in beiden Stammbäumen auf chromosomale Anomalien [bei diesem Tier] hindeutet".

Der letzte und neueste Artikel stammt aus dem Jahr 1984 und ebenfalls aus Australien. Er berichtet von drei Burmakatern mit hellem schildpattfarbenen Fell (Blue Tortie). Zwei sind fertil und weisen einen normalen XY-Karyotyp auf, der dritte ist ein XXY-Typ und daher steril. Der XXY-Kater ist ähnlich wie ein Weibchen recht gleichmäßig gefärbt, doch bei den beiden XY-Katern sind die schwarzen und orangen Haare sehr ungleich verteilt: Einer ist zu 70 bis 80 Prozent orange, der andere zu rund 95 Prozent schwarz, mit einem kleinen orangen Fleck auf der Stirn. Gestützt auf zahlreiche Daten von Karyotypen und Stammbäumen, stellen die Autoren die These auf, daß bei den beiden fertilen Männchen möglicherweise eine „Geninstabilität" vorliegt – ein Gedanke, darauf weisen sie hin, den C. C. Little bereits 1912 in ähnlicher Form geäußert hat.

Sie stellen die These auf, daß die fertilen Männchen zwei Sorten Spermien produzieren, wobei einige infolge einer genetischen Instabilität des Gens am Orange-Locus „ja, Orange (O)" sagen, andere hingegen „nein, nicht Orange (o)". Weiterhin vermuten sie, daß die Keimdrüsen dieser Katzen „Mosaiken sind, und zwar derart, daß die Anteile in vernünftiger Übereinstimmung mit dem Verhältnis der Farben" in ihrem Fell stehen. Hinweise darauf liefern die

Nachkommen: Der überwiegend orange Kater zeugte 39 Töchter, von denen 37 das Orange-Gen *O*, aber nur zwei das Nicht-Orange-Gen *o* erbten. Der überwiegend schwarze Kater zeugte neun Töchter, von denen nur eine das Orange-Gen *O* trug. Obwohl Chimären-bildung (durch Verschmelzung zweier männlicher Embryonen, die hinsichtlich des Merkmals für orange Fellfärbung nicht übereinstimmen) den ersten Fall erklären könnte, gilt dies nicht für den zweiten Fall. Wie die Stammbaumanalyse zeigt, besaß die Mutter des Schwärzlings kein Orange-Gen (sie war *oo*) und konnte ihren Nachkommen daher kein oranges Fell vererben.

Die Autoren liefern aber nicht nur eine weitere Theorie, sondern auch eine hilfreiche Tabelle, in der alle Chromosomensätze der 38 männlichen Calicos aufgelistet sind, von denen ein Karyotyp erstellt und publiziert wurde. Die Ergebnisse sind erstaunlich:

- Weniger als ein Drittel gehört zum einfachen XXY-Typ (wenn das auch ursprünglich als die Lösung des Rätsels galt).
- Etwas mehr als ein Drittel sind komplexe XXY-Mosaiken (das komplexeste Mosaik ist 38XX/38XY/39XXY/40XXYY).
- Etwa ein Drittel besitzt überhaupt keine XXY-Komponente (16 Prozent sind offenbar XY, wenn einige auch zweifellos XY/XY-Mosaiken sind, während die übrigen 18 Prozent eindeutig zum XX/XY-Typ gehören).
- Nur 17 Prozent dieser Tiere sind fertil (entsprechend fand Mrs. Bisbee unter den 14 Calico-Katern, die zwischen 1904 und 1931 gefunden wurden, drei fertile Tiere; das entspricht 21 Prozent).

Aber was ist mit den menschlichen Klinefeltern? Haben sie von diesen ausführlichen wissenschaftlichen Untersuchungen profitiert? Offenbar nicht. Obwohl niemand erwartet hatte, daß die geistige Behinderung, die mit diesem Syndrom einhergehen kann, heilbar ist, so hatte man doch gehofft, daß Calico-Kater zusätzliche Informationen über die Ursache von Chromosomenanomalien liefern können: Dieses Wissen ließe sich dann vielleicht zur Vorbeugung nutzen. Dr. Norby, der mittlerweile im Ruhestand lebt, züchtet mit solch menschenfreundlichen Hintergedanken weiterhin Katzen, doch bisher hat sich nichts Verwertbares ergeben.

Die Anregungen aus den siebziger Jahren, Daten über relative Größe, Intelligenz und Wesensmerkmale von Calico-Katern zu sammeln, um herauszufinden, welche Gemeinsamkeiten sie neben der Konstellation XXY mit menschlichen Klinefeltern aufweisen, wurde mangels finanzieller Förderung niemals aufgegriffen. Doch bei den 38 beschriebenen Katzen war nie die Rede von geistiger Behinderung, und George ist offenbar viel schlauer als der Durchschnitt seiner Artgenossen.

Auch Langbeinigkeit wird nirgendwo erwähnt, und ich habe mir etwas verlegen eingestehen müssen, daß ich vorschnell den Schluß gezogen hatte, dieses Merkmal sei bedeutsam. Norby kennt kein Beispiel und vermutet, daß Georges lange Beine auf ein verstecktes Manx-Gen zurückgehen (obgleich sein Schwanz ganz normal ist). Das paßt gut zu der Tatsache, daß George die einzige Katze ist, die ich kenne, die hoppelt wie ein Kaninchen – und ich habe gerade gelesen, daß so etwas für Manx-Katzen typisch ist.

So scheint es momentan keine dringenden offenen Fragen und keine besonderen Möglichkeiten zu geben, bei denen Calicos der Menschheit dienen können. Dennoch frage ich mich, wie George in dieses Schema paßt, und denke, wie spannend es wäre, wenn er zu einem noch unbekannten Typ gehörte. Vermutlich werden auch in Zukunft Artikel erscheinen, in denen weitere Variationen des Themas beschrieben und neue Theorien entwickelt werden, wie es dazu kam, daß Calicos so sind, wie sie sind. Doch die Tage, in denen Calicos eines der interessantesten Probleme der Genetik darstellten, gehören zweifellos der Vergangenheit an.

Die große Katzenjagd

Der 1956 veröffentlichte Artikel von Komai und Ishihara interessierte mich besonders, jedoch nicht wegen seiner wenig überzeugenden und irrigen Schlußfolgerung über das Crossing-over zwischen X- und Y-Chromosom, sondern wegen der großen Zahl der untersuchten Calico-Kater. Während die meisten Forscher über ein einziges Tier (zum Beispiel Lucifer oder Blue Boy) oder höchstens über einige wenige berichten, behaupten diese japanischen Wissenschaftler, mit einer Stichprobe von 65 Tieren gearbeitet zu haben! (Das sind beinahe doppelt so viele Calico-Kater, wie in den dreißig Jahren danach auf der ganzen Welt gefunden wurden.) Wie es zu dieser erstaunlich hohen Zahl kommt, die ihnen einen gewaltigen Vorsprung vor ihren ausländischen Forscherkollegen verschafft, erklären die beiden Autoren (in ihrem Artikel im „Journal of Heredity") so:

> Die Japaner interessieren sich sehr für Schildpatt-Kater, denn nach einer lebendigen Tradition verheißen solche Katzen ihrem Besitzer Glück und Sicherheit. Daher wird die Geburt eines solchen Kätzchens oft in den Lokalzeitungen angezeigt.

Ich war von dieser Beschreibung entzückt und amusiert und stellte mir sofort Komai (oder eher noch seinen Forschungsassistenten) vor, wie er eine Tasse grünen Tee trinkt, während er die Morgenzeitungen nach Anzeigen durchsieht. Wie sehen solche Anzeigen aus? Gibt es eine Standardform? Ich stellte mir einen Rahmen vor, umgeben von Sternen, und in der Mitte die japanische Version von „Uns ist dieser Tage ein Kätzchen geboren worden ...", doch das war bei genauerer Betrachtung nicht sehr wahrscheinlich. Existierte diese „lebendige Tradition" auch heute noch? Wie konnte ich das herausfinden? Das erforderte eindeutig eine weitere große Suchaktion.

Zu meiner Enttäuschung mußte ich erfahren, daß Komai inzwischen verstorben und, schlimmer noch, daß seine Arbeit in Mißkredit geraten war – man hielt seine Ergebnisse inzwischen für fragwürdig. Das war traurig, konnte mich aber nicht entmutigen. Selbst wenn er einige der 65 Katzen erfunden oder einige Tiere als Calicos angesehen hatte, die nichts anders als Tabbies waren, konnte er die Geschichte über die Geburtsanzeigen in den Zeitungen nicht völlig erfunden haben! Es muß solche Anzeigen gegeben haben, und ich wußte, ich würde nicht zufrieden sein, bis ich zumindest eine in Händen hielt.

Ich rief alle Leute japanischer Abstammung an, die ich kannte: Freunde, meinen Zahnarzt, den Mann, der unseren Generator repariert, ich telefonierte mit mehreren asiatischen Bibliotheken und einem japanischen Informationszentrum, alles ohne Erfolg. Die japanischen Bekannten hatten niemals von einem solchen Brauch gehört, die Bibliotheken führten keine Zeitungen, und am anderen Ende des Telefons im japanischen Informationszentrum entstand eine lange Pause. Schließlich meinte der junge Japaner, dem ich mein Anliegen geschildert hatte: „Wissen Sie, Japan hat sich in den letzten zehn Jahren sehr verändert. Chips, Sie verstehen ..." Es war klar, daß ich ein Bild von Japan zeichnete, das keine Ähnlichkeit mit dem aufwies, mit dem er vertraut war. Er war amüsiert, doch höflich, und gab mir die Adressen der beiden wichtigsten Rassekatzenvereinigungen in Japan. (Ich schrieb an beide, erhielt aber keine Antwort.)

Auf seinen Rat hin versuchte ich's mit High-Tech und bat Freunde, in internationalen Computernetzwerken nachzuforschen – ebenfalls ohne Erfolg. Daraufhin begann ich jedermann, den ich kannte und der nach Japan reiste, sei es als Tourist, sei es geschäftlich, zu drängen, nach meiner „Katzenanzeige" Ausschau zu halten.

Schließlich fand ich durch schieren Zufall einen Journalisten, der gerade aus Japan zurückgekehrt war. Er hatte viele Kontakte in der Pressewelt, und einer seiner Kollegen in Tokio bot an, sich an der „großen Katzenjagd" zu beteiligen, wie er das Unternehmen kopfschüttelnd nannte. Das waren natürlich erstklassige Helfer, und ich wurde rasch belohnt, wenn auch nicht mit der Katzenanzeige, die ich mir vorgestellt hatte, sondern mit einem langen Artikel aus „Asahi Shimbun", einer großen Tokioer Tageszeitung, deren Name soviel wie „Aufgehende Sonne" bedeutet. Der Artikel war jüngeren Datums (1989) und bewies, daß Calico-Kater selbst in dieser mondänen Hauptstadt noch immer einige Spalten wert waren. Darin ging es um eine etwas andere Facette des Brauchtums:

Offenbar gab es da einen Bäcker, Herrn Yasuda, der in Funabashi-City lebte. Eine streunende Katze entschied sich, in der Wärme und dem Komfort seiner Bäckerei vier Junge zur Welt zu bringen: zwei waren weiß, eines schwarz und eines dreifarbig (oder „mi-ke", wie man in Japan sagt). Als Herr Yasuda bemerkte, daß der kleine Mi-Ke Hoden besaß, erinnerte er sich an seine Kindheit, als er aufs Land evakuiert worden war, um den amerikanischen Bombenangriffen im Zweiten Weltkrieg zu entgehen. Damals hatten die Fischer in einem Dorf bei Nagasaki einen Mi-Ke-Kater als Beschützer ihrer Boote verehrt. Eingedenk dieser Erinnerung brachte Herr Yasuda den Kater zum Tierarzt.

In dem Artikel steht nichts darüber, ob der Tierarzt erbleichte und zu wanken begann, doch es heißt, daß der Direktor der Tierklinik staunte, weil männliche Mi-Ke „eigentlich nicht existieren sollten". Das schreckt Herrn Yasuda nicht, der seinen Kater Holmes getauft hat und berichtet, daß Holmes gerne nachts durchs Haus läuft. „Er ist so niedlich. Wir werden ihn hegen und pflegen", beteuert er. Keine sehr interessante Geschichte, aber sie ist mit einem großen Bild von Holmes illustriert, und der sieht George sehr ähnlich.

Auch der Leiter der Primatologie ist abgebildet; er wird mit der Aussage zitiert, daß wir noch immer nicht wüßten, wie männliche Mi-Ke entstünden, und daß sie alle steril seien. Kaum vorstellbar, daß er so etwas wirklich gesagt hat, denn er ist sicherlich zumindest ebensogut mit der Literatur vertraut wie ich. Na ja, dachte ich, was kann man schon von Zeitungsartikeln erwarten? Der Umgang mit der Presse ist bekanntlich nicht einfach – es kommt immer wieder zu Fehlern und Mißverständnissen.

Als ich dann wieder an Herrn Yasuda und seinen geliebten Holmes dachte, fragte ich mich: Warum Holmes? Der Name

珍しい　オスの　三毛ネコ

船橋市の安田さん宅

遺伝学上極めてまれ
“居候の野良”が産む？

13版　　1989年（平成元年）6月21日　水曜日

Abbildung 9: Sherlock Holmes aus Funabashi-City, Japan.

schien unpassend, unwahrscheinlich und völlig unjapanisch – vielleicht ein Übersetzungsfehler? Ich rief die Übersetzerin an, und die erklärte mir, der Mi-Ke-Kater sei nach Sherlock Holmes benannt, der in Japan sehr populär sei. Diese Popularität geht nicht nur auf die Werke des englischen Schriftstellers Sir Arthur Conan Doyle zurück, sondern auch auf die Bücher von Ziro Akagawa, eines japanischen Autors, der achtzehn sehr populäre Kriminalgeschichten für ein überwiegend jugendliches Publikum verfaßt hat. In der ersten Geschichte (1978) geht es um einen Mord, bei dem die dreifarbige Katze des Opfers ein spezielles Talent zum Aufspüren des Mörders beweist. Die Katze wurde daher nach dem berühmten englischen Detektiv „Mike-neko (Dreifarbenkatze) Holmes" getauft und avancierte zum Star der nächsten siebzehn Bücher.

Ich war überrascht, zu erfahren, daß diese berühmte Katze ein Weibchen ist. Wenn ich diese Geschichten geschrieben hätte, hätte ich sicherlich eines der seltenen Männchen für die Aufgabe ausgewählt, Mörder aufzuspüren. Vielleicht weiß Akagawa nicht, daß sie existieren? Oder vielleicht lag es daran, daß die Japaner die Weibchen für die besseren Jäger halten? Nach dem, was mir die Übersetzerin erzählte, ist es nicht ungewöhnlich, daß sich der Unterschied zwischen männlichen und weiblichen Namen in Japan verwischt, besonders dann, wenn es sich um ausländische Namen handelt. Daher ist es nicht überraschend, daß Akagawa einen männlichen Namen für seine Heldin wählte, und Herrn Yasudas Wahl für seinen Mi-Ke-Kater hat sich als außerordentlich passend erwiesen.

Zweifellos bezog sich Komai auf Zeitungsartikel dieser Art und nicht etwa auf formelle Geburtsanzeigen, wie ich es mir vorgestellt hatte (tatsächlich gibt es gar keine Rubriken mit Geburtsanzeigen in japanischen Zeitungen, wie mir die Übersetzerin erklärte). Vielleicht werde ich dank der vielen Fühler, die ich ausgestreckt habe, mit der Zeit noch mehr Beispiele finden. Doch im Augenblick bin ich damit zufrieden, die geheimnisvollen japanischen Symbole zu bewundern, die sich um das Bild des Mi-Ke-Katers ranken, der noch immer soviel Aufsehen erregen kann.

Wer weiß, wo die Wahrheit liegt?

Anfangs, als ich vorwiegend Katzenzeitungen und Schulbiologiebücher las, fragte ich mich häufig, wieviel von dem, was ich dort las, auch wirklich zuverlässig war. Beispielsweise wird in einem

Schulbuch beschrieben, wie „Mendel kleine Papiertüten über die Blüten band, um zu verhindern, daß fremder, durch Wind oder Insekten verschleppter Pollen mit den künstlich bestäubten Pflanzen in Kontakt kommen konnte". Wenn man diesen anscheinend vernünftigen Satz liest, sieht man diese kleinen (braunen?) Tüten förmlich vor seinen inneren Augen sacht im Winde schaukeln.

Mendel selbst schreibt hingegen, einer seiner Hauptgründe für die Wahl von *Pisum sativum* sei gewesen, daß „die Gefahr einer Fälschung durch fremden Pollen jedoch (...) sehr gering ist und das Resultat im großen ganzen keineswegs zu stören vermag". Dennoch „wurde eine Anzahl von Topfpflanzen während der Blütezeit in ein Gewächshaus gestellt. (...) sie sollten als Kontrolle dienen bezüglich möglicher Störversuche durch Insekten". Hat der Autor die kleinen Papiertüten einfach erfunden? Oder hat er die Stelle bei jemand anderem abgeschrieben, der diese Szene erfunden hat?

Derselbe Autor schreibt weiter: „Als Mendel seine Ergebnisse 1866 veröffentlichte, (...) war bekannt, daß die meisten Tier- und Pflanzenzellen im Inneren einen abgegrenzten Kern tragen und daß in diesem Kern stabförmige Strukturen liegen, die man Chromosomen nennt." Ein anderer, wohlbekannter Autor erinnert uns jedoch daran, daß es „für Mendel historisch unmöglich war, direkt an cytogenetischen Problemen beteiligt zu sein. Als er 1865 seinen Artikel schrieb, waren die Chromosomen noch gar nicht entdeckt."

Neben all diesen Problemen bleibt noch die Frage nach den Daten: wie sie gesammelt wurden, wie zuverlässig sie sind, ob sie heute noch tragen. Die Katzenleute amüsierten sich damit, mit dem Finger aufeinander zu zeigen und die nachlässige Buchführung der Züchter zu bemängeln. In ähnlicher Weise diskreditierte Komai 1952 einen japanischen „Zensus der Katzenpopulation hinsichtlich Fellfarbe und Geschlecht" (der durchgeführt wurde, um zu entscheiden, ob das Orange-Gen geschlechtsgebunden ist), indem er abwertend schreibt: „Diese Zählungen wurden mit Hilfe von Oberschülern durchgeführt und sind daher vielleicht nicht ganz akkurat."

Beispiele für diese und andere Probleme gibt es in Hülle und Fülle, und sie machen es sehr schwer, ein kohärentes historisches Bild zu entwerfen oder zu entscheiden, welche weiteren (Fehl-) Informationen an die nächste Generation unschuldiger Leser weitergegeben werden sollten. Ich habe mein Bestes gegeben – aber caveat emptor.[1]

---

1 Der Käufer möge sich hüten! (Anmerkung der Übersetzerin)

George Longlegs Rarity

Haben sich die Leute, die Calicos besitzen, vielleicht zu einem Verein zusammengeschlossen? Lange Zeit dachte ich, das sei nicht der Fall. Die verschiedenen Rassekatzenorganisationen weisen stets sofort darauf hin, daß Calico oder Dreifarbigkeit keine Rasse ist – nur die Beschreibung eines Farbschemas, das man bei vielen anerkannten Rassen, wie Japanese Bobtail, Maine Coon, Manx, Perser und Rex findet. Daher seien Calicos nichts, was man registrieren müsse, sagen sie. Selbst die raren Männchen sind nicht von Interesse, da 83 Prozent von ihnen unfruchtbar sind und die übrigen die gleichen Nachkommen wie orange Kater zeugen. Warum sollten Organisationen, die sich damit beschäftigen, eine Stammbaumlinie weiterzuführen und zu verfeinern, irgend etwas mit ihnen zu tun haben wollen?

Aber da ist Judith Lindley ganz anderer Meinung. Sie hält Calico für eine Rasse – eine Farbrasse – und möchte, daß sie als solche anerkannt wird. Neben ihrem Interesse an Calicos im allgemeinen interessiert sie sich besonders für Kater, denn in ihrem Haushalt wurden zwei dieser seltenen Exemplare geboren. 1976 brachte ihre Calico-Katze Miss Kitty ein männliches Calico-Junges zur Welt, das seinerseits sechs Würfe zeugte. (Die Kätzchen hatten jedoch Probleme mit ihrem Immunsystem, und alle bis auf eines starben jung.) Zwei Jahre später strafte Miss Kitty alle Statistiken Lüge und gebar noch ein weiteres männliches Calico-Junges, doch dieser Kater wurde leider gestohlen, bevor er seine Fruchtbarkeit unter Beweis stellen konnte. Diese Ereignisse führten dazu, daß Judith sich ähnlich wie ich auf eine Suche begab, und sie traf auch auf ähnliche Hindernisse: unwissende Tierärzte und fehlende Bücher oder Register über Calicos. Daher durchforstete sie die Literatur, nahm Kontakt mit Genetikern auf, sprach mit Rassekatzenvereinigungen und entschied sich schließlich, ein eigenes Register anzulegen.

Es ist schade, daß Miss Kitty nicht früher zeigte, was in ihr steckte, nämlich damals, als Calico-Kater überall auf der Welt noch sehr gesucht waren. 1987, als die Calico Cat Registry International (CCRI) gegründet wurde, war das wissenschaftliche Interesse an diesen seltenen Tieren bereits ziemlich erlahmt. Und 1991, als mehr als 400 Calicos bei der CCRI registriert waren, darunter 25 Männchen, gab es bereits keine diesbezüglichen Forschungsvorhaben mehr. Daran würde auch die Anerkennung von Calicos als Farbrasse nichts ändern.

Dennoch lassen wir George registrieren – nur ein einmaliger
Beitrag von zwei Dollar wird fällig – und besuchen Judith, um
Aufnahmen von seinesgleichen zu betrachten. Die meisten sehen
George überhaupt nicht ähnlich: Viele sind überwiegend weiß, und
einige haben nur so kleine orange Flecken, daß ein Pfeil auf die
wenigen Haare hinweist, die die Existenz des Orange-Gens belegen. Da von den meisten dieser Katzen kein Karyotyp erstellt
worden ist, weiß niemand, wie ihre genetische Konstitution aussieht.

Registrierte Katzen tragen oft komplizierte Namen, die Abstammung, Färbung und Herkunft widerspiegeln – oder vielleicht
auch nur die Verzweiflung des Züchters, sich noch einen neuen
Namen auszudenken. Ich habe Burmakatzen namens Chindwin's
Minon Twm, Lao's Teddi Wat of Yana und Casa Gatos Da Foong
kennengelernt; Katzen anderer Rassen hießen zum Beispiel Roof-
springer Milisande, Bourneside Shot Silk, Foxburrow Frivolous,
Anchor Felicity und Philander Carson – die Liste läßt sich beliebig
fortsetzen. Ich frage mich, wie man diese Katzen ruft. Ich rufe nur
„Hierher, George!", und gewöhnlich kommt er. Ich weiß nicht
einmal, wie man Chindwin's Minon Twm ausspricht.

George hat natürlich keinen Stammbaum, aber nur George auf
das Aufnahmeformular zu schreiben, sah so nackt und bloß aus;
es füllte den vorgesehenen Platz nicht einmal zur Hälfte. Daher ist
er jetzt als George Longlegs Rarity[2] registriert, ein passender
Name, wie wir finden, und der beste, der uns einfiel. Wenn Sie eine
Calico-Katze haben, männlich oder weiblich, die Sie gerne registrieren lassen würden, dann schreiben an oder telefonieren Sie
bitte mit Judith Lindley von der CCRI, P.O. Box 944; Morongo
Valley, California 92256, (619) 363–6511, USA. Sie wird sich freu-
en, von Ihnen zu hören.

---

2 Das ließe sich mit „Seine Seltenheit, George Langbein" übersetzen. (Anmerkung der Übersetzerin)

10
Die Katze ist aus dem Sack

Am 21. August 1990 wird unser drittes Enkelkind geboren, und Georges Chromosomen liegen im Briefkasten – oder besser gesagt, Bilder von ihnen, sorgfältig in Reihen zu seinem Karyotyp angeordnet. So werden an einem einzigen Tag gleich zwei wichtige Geheimnisse gelüftet: Das Kind stellt sich als Mädchen heraus – 46XX, soweit wir wissen – und George als Mosaiktyp – 38XY/39XXY, wie uns das Serologielabor mit Sicherheit sagen kann.

Da George ein Mosaiktyp ist, sind für eine Chromosomenanalyse zwei Karyotypen anstelle eines einzigen erforderlich. Der erste Karyotyp zeigt ein normales Katermuster mit 38 Chromosomen – 18 Paare plus XY –, die in Abbildung 6 zu sehen sind; der zweite zeigt ein kätzisches Klinefelter-Muster mit 39 Chromosomen – 18 Paare plus XXY – und ist in Abbildung 10 dargestellt.

Also ist George kein neuer und wunderbarer Typ. Er ist nur ein weiterer altbekannter XY/XXY-Typ, von dem in der Literatur bereits fünf Beispiele erwähnt sind. Eigentlich sind XY/XXY-Typen natürlich sehr selten; sie stellen (ohne George) nur dreizehn Prozent aller bekannten Fälle dar. Und George ist insofern etwas Besonderes, als daß er ein perfektes 50:50-Mosaik ist: Von den sechzehn Zellen, die kultiviert wurden, gehörte die eine Hälfte zum einen, die andere Hälfte zum anderen Typ. Daher wäre George ohne unser Eingreifen vielleicht fruchtbar gewesen, denn fünfzig Prozent seiner Zellen sind männliche Standardzellen, genug, um normale Hoden voller lebenstüchtiger Spermien zu entwickeln. Von seinen fünf früher entdeckten Kumpanen war nur einer fertil, daher waren die beiden Zellpopulationen bei den übrigen wahrscheinlich anteilig anders verteilt.

Wenn dieses Ergebnis auf der einen Seite auch ein wenig enttäuschend ist, so ist es auf der anderen Seite doch recht befriedigend, denn es paßt gut zu den beobachteten Fakten: Die XY-Zelllinie hat zu Georges offensichtlich gutentwickelter Sexualität, seiner beträchtlichen Größe und seiner Bereitschaft geführt, sich jederzeit mit Oscar, Houdini und anderen Eindringlingen zu prügeln; die XXY-Zellinie hat zu den wunderbaren orangen und schwarzen Flecken geführt, indem sie die beiden X Chromosomen

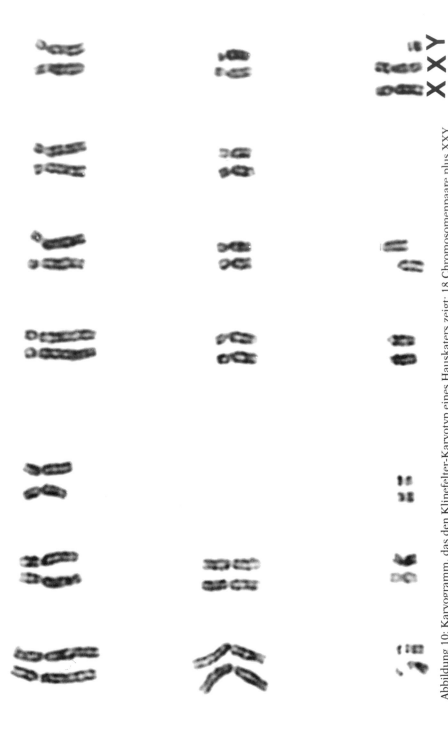

Abbildung 10: Karyogramm, das den Klinefelter-Karyotyp eines Hauskaters zeigt: 18 Chromosomenpaare plus XXY.

geliefert hat, die hinsichtlich des Orange-Gens nicht übereinstimmen. Als ich den Klinefelter-Karyotyp zum erstenmal anschaute,
fragte ich mich, welches der beiden X-Chromosomen wohl „ja,
Orange" und welches „nein, nicht Orange" sagt, doch ihre uner-
gründlichen schwarzen Formen verraten mir nichts. (Sie verraten
auch nicht, welches X-Chromosom inaktiviert worden ist, denn
Barr-Körper sind in Karyotypen nicht zu sehen, und alle Chromosomen verbergen ihr charakteristisches Bandenmuster, weil niemand sie danach gefragt hat. Die Objektträger mit Georges weißen
Blutkörperchen wurden nicht angefärbt, um das Bandenmuster
sichtbar zu machen, weil dieser Schritt keine weiteren Rückschlüs-
se auf Georges Genesis erlaubt hätte.)

Und dann kam mir plötzlich der Gedanke, die Konzentration
auf diesen Klinefelter-Karyotyp könnte mich vielleicht dazu ver-
leitet haben, die ganze Angelegenheit falsch zu sehen: Man muß
noch ein anderes X-Chromosom berücksichtigen, das X-Chromosom der XY-Linie – vielleicht hat es den notwendigen Kontrast
geliefert. Alles hängt von Georges Ursprung ab – ob er ein Wald-
und-Wiesen-Mosaiktyp oder eine seltene Chimäre ist. Und das ist
ein weiterer Punkt, der sich aus seinem Karyotyp nicht ablesen
läßt.

Falls George eine Chimäre ist, dann ist das die alleinige Schuld
seiner Eltern, und er hatte nichts damit zu tun. Zunächst mußte
ein Elternteil Geschlechtschromosomen produzieren, die sich
nicht voneinander trennen wollten, so daß eine XXY-Zygote her-
auskam (Abbildung 7). Dann schuf seine Mutter in ihrer Gebärmutter eine Umgebung, die dazu führte, daß dieser XXY-Embryo
mit einem normalen XY-Männchen verschmolz, so daß eine
XY/XXY-Chimäre entstand. Wenn es so war, dann kann man über
die X-Chromosomen nichts sagen: Diejenigen der XXY-Linie können identisch oder verschieden sein, aber wenn sie identisch sind,
dann müssen sie sich von dem X-Chromosom der XY-Linie unterscheiden, sonst wäre George kein Calico.

Wahrscheinlicher ist jedoch, daß George ein Mosaiktyp ist. In
diesem Fall sind sowohl er als auch seine Eltern verantwortlich,
und das, was ich mir über seinen Klinefelter-Karyotyp überlegt
habe, ist korrekt. Wahrscheinlich begann er seine Entwicklung als
Standard-XXY-Klinefelter-Katze (Abbildung 7). Doch als George
sich zu teilen begann, machte er einen kleinen Fehler: Statt zwei
XXY-Zellen zu produzieren, die mit dem Original und miteinander
identisch waren, produzierte er eine XXY- und eine XY-Zelle,
wobei ein X-Chromosom verlorenging. Er besitzt anscheinend von

beiden Typen die gleiche Zahl Zellen, daher muß der Fehler sehr früh in der Embryonalentwicklung aufgetreten sein, vielleicht schon bei seinem allerersten Versuch einer Mitose. Danach verbesserte sich seine Teilungsgenauigkeit, und er kopierte beide Zellinie getreulich weiter.

Diese Worte klingen abschließend, und ich stelle ein wenig traurig, aber auch erleichtert fest, daß sie das letzte sind, was ich zu diesem Thema zu sagen habe. George, der nun fünf Jahre alt ist, schläft friedlich zu meinen Füßen und verteilt seine bunten Haare überall über den alten Perserteppich in der Mitte der Poonery. Durch die Glastür strömt Sonnenlicht herein und läßt seine Tabby-Streifen und seine orangen Flecken aufleuchten. Einige seiner Geheimnisse sind gelüftet worden, doch andere werden für immer sein eigen bleiben.

Und das ist auch gut so, denke ich. Wer würde ihn schon gern all seiner Geheimnisse entkleiden? Und ebensogut, daß er nichts Neues oder Einmaliges darstellt. Dann würden Leute vielleicht um ein klitzekleines Stück seines Ohrs oder um einen Schnipsel privaterer Teile für eine weitere, gründlichere Analyse bitten. Er und Max müssen ihr Leben führen, und was das angeht, ich auch – es ist höchste Zeit, daß ich meine Aufmerksamkeit anderen Dingen zuwende. Aber auf welch vergnügliche und spannende Suche hat er mich geschickt!

Nachwort

Es sind nun vier Jahre vergangen, seit das Vorwort geschrieben und das Manuskript auf eine längere Odyssee durch den Dschungel des modernen Verlagswesens geschickt wurde. Eine gewisse Aktualisierung scheint daher angebracht.

Trotz meiner bösen Vorahnungen sind weder Max noch George gestorben. Mit fast zehn Jahren sehen sie fast unverändert aus, während ich ein paar neue Krähenfuße aufweise. Aber alle Falten, die sie vielleicht haben, sind gut unter ihrem glänzenden Fell verborgen, und die beiden wirken so lebhaft und behende wie immer. Auch Oscar sieht noch genauso aus wie früher, und das gleiche gilt für Houdini, der jetzt Balzac heißt – ein Name, der besser zu seiner Stellung als Mitglied einer Künstlerkolonie paßt.

Mein Onkel, der an Alzheimer litt, ist gestorben; mit achtzig Jahren ist er dem Wüten dieser schrecklichen Krankheit erlegen. Manche meinten, ich sollte den Abschnitt über Alzheimer im Hinblick auf inzwischen entdeckte genetische Informationen aktualisieren, aber beim nochmaligen Durchlesen finde ich noch immer, daß die Bibliothek warten kann. Es werden noch viele falsche Fährten verfolgt werden und zweifellos noch Jahre vergehen, bevor wir diese Krankheit wirklich verstehen, ihr vorbeugen oder sie gar heilen können.

Meine japanische Übersetzerin hat 1992 die Bäckerei in Funabashi-City besucht in der Hoffnung, dort Holmes zu treffen, aber er war gerade nicht zu Hause. Sie hatte jedoch den guten Einfall, unsere 1991er Weihnachtskarte mit George und Max gegen Aufnahmen von Holmes und seiner Mutter einzutauschen, die ebenfalls eine Calico ist.

Die Calico Cat Registry International weist nun stolze 35 Einträge von Männchen auf, 10 mehr als 1991, als wir George Longlegs Rarity registrieren ließen. Ich bin inzwischen auf ein 36. Männchen aufmerksam geworden, das für 10 000 Dollar zum Verkauf angeboten wurde.

Es scheint, als hätten eine Frau und ihre Tochter drei Kätzchen zu einer Tierhandlung gebracht; eines davon hielten sie für einen Calico-Kater, der, so hofften sie, 50 bis 100 Dollar wert sein könnte. Als die Ladenbesitzerin ihnen versicherte, das Männchen sei kein echter Calico, überließen sie ihr alle drei Kätzchen, damit sie zu dem Preis verkauft würden, den man eben für Wald und-Wiesen-

Katzen bekommt. Doch bald darauf bot die Tierhandlung Sir Thomas of Corral in Inseraten für 10 000 Dollar zum Verkauf an, und die Geschichte machte in den Nachrichtensendungen von ganz Kalifornien die Runde. Sie sorgte aber nicht nur dort, sondern auch vor Gericht für Aufregung, denn die Frau und ihre Tochter, die sich hintergangen fühlten, verklagten die Ladenbesitzerin auf 2500 Dollar Schadensersatz und forderten die Rückgabe ihres Kätzchens, das nun als selten und kostbar galt.

Der Richter brauchte eine Weile, um mit seiner Version eines Salomonischen Urteils aufzuwarten. Er erklärte, daß das Gesetz unter normalen Umständen eindeutig sei: Jemand, der einen Stein weggibt, hat keinen weiteren Anspruch darauf, selbst wenn sich der Stein später als Diamant entpuppen sollte. „In diesem Fall gibt es einen Unterschied", so wurde er zitiert. „Bis jetzt wissen wir noch gar nicht, ob diese Katze ein Diamant oder ein Kieselstein ist."

Nachdem er auf den entscheidenden Punkt des Streitfalls hingewiesen hatte, entschied er weise, daß Sir Thomas in der Obhut der Tierhandlung bleiben solle, da er dort die letzten vier Monate verbracht und sich eingewöhnt habe. Doch der Richter verband dies mit einer Auflage: Werde der Kater für mehr als 100 Dollar verkauft, so müsse die Hälfte des Verkaufserlöses an Mutter und Tochter gehen.

Die Ladenbesitzerin sagte aus, sie habe den Preis auf 10 000 Dollar festgelegt, weil das „der letzte Preis ist, den wir für einen Calico-Kater gehört haben", aber ich habe keine Ahnung, wo sie ihn gehört hat. Seine seltene genetische Ausstattung, fürchtete sie, könne ihn zu einem attraktiven Versuchsobjekt für die Forschung machen, wenn er zu billig angeboten würde, und „das würde ich niemals zulassen". Nachfragen sind schwierig, weil die Tierhandlung inzwischen aus dem Telefonbuch verschwunden ist.

Die lange Dürre ist beendet und von Überschwemmungen und Schlammlawinen abgelöst worden, aber es hat keine größeren Erdbeben mehr gegeben, um unsere friedliche Gegend zu erschüttern. Kürzlich sahen wir begeistert zu, wie ein Pumajunges auf dem Abhang eines nahegelegenen Hügels mit seiner Mutter spielte. Während uns die alte Pumadame bewegungslos und gelassen beäugte, hetzte das Junge in den Schutz des Unterholzes am Rand der Wiese zurück. Während ich ihm nachsah, wurde mir klar, daß es genau auf den Platz zustrebte, an dem ich ein paar Tage zuvor ganz allein, auf Händen und Füßen kriechend, nach Pfifferlingen gesucht hatte; dieser Platz ist nun für den Rest der Saison tabu.

Weniger begeistert waren wir, als uns ein benachbarter Farmer erzählte, er habe das Pumaweibchen im Regen nachts direkt an unserer Einfahrt herumschleichen sehen. George und Max bleiben jedoch völlig ungerührt. Sie kennen die Wildnis. Sie sind erprobte Waldläufer. Sie sind alt und erfahren.

Max zieht die Küche vor, wo der Holzofen gemütliche Wärme verbreitet. Wir haben schon vor längerer Zeit ein solides Schnappschloß installiert, das technisch völlig katzensicher ist, aber die Schwächen der menschlichen Psyche nicht in Rechnung zieht. Daher hat Max gelernt, daß er mich überreden kann, die Tür zu öffnen, wenn er nur ausdauernd genug an der Schiebetür kratzt.

George zieht das Leben draußen vor, selbst wenn es kalt und windig ist. Er kratzt ebenfalls noch immer ausdauernd und seine schmutzigen Pfotenabdrücke an verschiedenen geschlossenen Glastüren hinterlassend, die er gerne geöffnet sehen würde, gleichgultig, was wir darüber denken.

Aber an einem Tag, so grau und regnerisch wie heute, haben sich beide dafür entschieden, sich hier bei mir, in der Poonery, Nase an Nase zusammenzurollen.

Poon Hill, Februar 1996

Zwangloses Glossar

Die hier aufgelisteten Begriffe sind relativ leserfreundlich, und die Definitionen, die in einigen Fällen gar keine Definitionen sind, sondern nur an ihre Bedeutung im Textzusammenhang erinnern sollen, sind es auch. Vorm Formulieren dieser kurzen und manchmal etwas frivolen Zeilen habe ich jedoch einige Nachschlagewerke und Glossare konsultiert, um nachzulesen, was andere zu sagen haben. Hier ist zum Beispiel die Definition von „Chromosom" aus der 3. Auflage des *Webster*:

> Einer der mehr oder weniger stabförmigen, chromatinhaltigen basophilen Körper, die das Genom bilden und vorwiegend im mitotischen oder meiotischen Zellkern zu sehen sind und als Sitz der Gene gelten, bestehend aus einem oder mehreren eng miteinander verbundenen Chromatiden, die als Einheit funktionieren und deren Zahl in den Zellen jedweder Tier- und Pflanzenart relativ konstant ist.

Irene Elia beschreibt im Glossar zu *The Female Animal* Chromosomen einfach als

> Fadenförmige Körper, die aus DNS und Eiweißen bestehen, hauptsächlich im Kern einer Zelle.

Das hörte sich schon viel besser an, aber ich entschied mich für die Formulierung: „ein Ort, an dem sich Gene aufhalten", denn im Kontext des hier präsentierten Materials schien mir das die nützlichste Eigenschaft der Chromosomen zu sein.

Als es darum ging zu entscheiden, welche Begriffe in dieses Glossar aufgenommen werden sollten, habe ich vorwiegend solche gewählt, von denen ich annahm, ein Leser könne darüber stolpern, wenn er das Buch eine Zeitlang beiseite legt und den Faden verloren hat.

Barr-Körper ein kleiner, dunkler Klumpen, der ein hochkondensiertes X-Chromosom anzeigt, das weitgehend inaktiv ist (*siehe auch* Inaktivierung des X-Chromosoms).

Centromer ein knopfartiges Objekt, das zwei Chromatiden miteinander verbindet (*siehe auch* Dyade).

Chimäre eine spezieller Mosaiktyp, der durch die Verschmelzung zweier Embryonen entsteht.

Chromatid mehr oder minder dasselbe wie ein Chromosom (*siehe* Dyade).

Chromosom ein Ort, wo sich Gene aufhalten (im Zellkern).

Chromosomensatz, doppelter ein Paar Chromosomen eines jeden Typs (in den Körperzellen eines bestimmten Organismus).

Chromosomensatz, einfacher ein Chromosom eines jeden Typs (in den Geschlechtszellen eines bestimmten Organismus).

Crossing-over ein Vorgang bei der Meiose, bei dem die Chromatiden ihre Glieder umeinanderschlingen und korrespondierende Gene austauschen.

dominantes Gen ein Gen, das sich gegenüber den Wünschen seines rezessiven Gegenspielers durchsetzen kann.

Dosiskompensation ein Mechanismus, um Gleichheit zwischen den Geschlechtern herzustellen.

Dyade zwei Chromatiden, die von einem Centromer zusammengehalten werden; das Ergebnis einer Chromosomenverdopplung in den Anfangsstadien der Mitose oder Meiose.

Faktor Mendels Ausdruck für das, was wir heute „Gen" nennen.

Felis catus die Hauskatze – das gleiche wie *Felis domestica*, aber nicht so wohlklingend.

Felis domestica die Hauskatze – das gleiche wie *Felis catus*, klingt aber besser.

freemartin ein Säugerweibchen, gewöhnlich eine Kuh, die vermännlicht worden ist, weil sie die Gebärmutter mit einem Bruder teilen mußte.

Gamet Geschlechtszelle.

Gen eine DNS-Sequenz, die auf einem Chromosom liegt und für die Herstellung eines bestimmten Proteins zuständig ist.

Geninstabilität Eigenschaft eines Gens, das zu verschiedenen Zeiten verschiedene Eiweiße herstellt.

Gensatz all die verschiedenen Genvarianten (Allele), die an einem bestimmten Ort (Locus) auftreten können.

Geschlechtschromosom ein Chromosom, auf dem wichtige geschlechtsbestimmende Gene liegen.

geschlechtsgebundenes Merkmal ein Merkmal, das nur bei einem Geschlecht auftritt.

geschlechtsgebundenes Gen ein Gen, das auf einem Geschlechtschromosom liegt.

geschlechtsverkehrt eine Chromosomenkonstitution, die in Konflikt zum sichtbaren Geschlecht steht.

Geschlechtszelle entweder eine Eizelle oder eine Samenzelle (Spermium).

Inaktivierung des X-Chromosoms der Prozeß, der dazu führt, daß Säuger nur über ein voll funktionsfähiges X-Chromosom verfügen.

Karyotyp ein nach bestimmten Regeln angeordnetes Bild aller Chromosomen einer einzelnen Zelle.

Keimzelle eine Zelle, die sich entweder zu einer Eizelle oder zu einer Samenzelle entwickelt.

Klinefelter-Syndrom eine Krankheit, die bei 1 von 500 Männern auftritt; typische Begleiterscheinungen sind Unfruchtbarkeit, Entwicklung weiblicher Brustdrüsen, lange Beine und leicht geminderte Intelligenz.

Kopplung die gemeinsame Weitergabe mehrerer Gene auf einem Chromosom.

Kreuzungsschema ein hilfreiches quadratisches Diagramm, aus dem man die genetischen Resultate der Kreuzung eines weiblichen und eines männlichen Organismus ablesen kann.

Locus Genort, die Lage eines Gens auf einem Chromosom.

Lyon-Hypothese ein einziges aktives X-Chromosom ist alles, was einem Säuger erlaubt ist (*siehe* Barr-Körper, Inaktivierung des X-Chromosoms).

Meiose der Prozeß, bei dem Geschlechtszellen entstehen.

Merkmal die Manifestation eines aktiven Gens oder auch mehrerer aktiver Gene.

Mitose der Prozeß, durch den sich Zellen identisch verdoppeln.

Mosaik ein Organismus, der zwei oder mehr verschiedene Zellinien aufweist.

mutiertes Gen ein Gen, dessen „ursprüngliche" Information zufällig verändert worden ist (*siehe* Wildtyp-Gen).

Non-disjunction die Unfähigkeit der Partner eines Chromosomenpaares, sich, wie vorgesehen, in der Mitose oder in der ersten/zweiten meiotischen Teilung voneinander zu trennen (umgangssprachliche Formulierung: Widerstreben, sich zu trennen).

Polkörper ein nutzloses Abfallprodukt der Eizellenproduktion.

Polygene Gene an verschiedenen Genorten, die alle zum selben Merkmal beitragen.

Reduktionsteilung Meiose, bei der die Chromosomenzahl um die Hälfte reduziert wird (vom doppelten auf den einfachen Chromosomensatz).

rezessives Gen ein Gen, das sich gegenüber seinem dominanten Gegenspieler nicht durchsetzen kann.

Spindelfasern Fasern, mit deren Hilfe die Chromatiden im Lauf der Mitose und Meiose zu entgegengesetzten Polen der Zelle gezogen werden.

Translokation der Prozeß, durch den ein Gen seinen Platz verläßt und sich auf einem Chromosom anderen Typs ansiedelt.

Turner-Syndrom ein Merkmalkomplex, den man bei einer von 3500 Frauen findet; typisch sind Minderwuchs, Flügelnacken und Unfruchtbarkeit.

variable Expression eine Eigenschaft einiger Gene, bei denen das Ausmaß der Ausprägung eines Merkmals davon abhängt, wie viele Gene dieses Typs aktiv sind.

Widerstreben, sich zu trennen die Unfähigkeit der Partner eines Chromosomenpaares, sich, wie vorgesehen, in der Mitose oder in der ersten/zweiten meiotischen Teilung voneinander zu trennen (Fachbegriff: Non-disjunction).

Wildtyp-Gen ein „ursprüngliches" Gen, von dem sich ein mutiertes Gen ableitet.

Zygote befruchtete Eizelle; die einzige Zelle, die aus der Verschmelzung zweier Zellen entsteht und nicht durch Teilung.

Zeittafel

Wichtige Ereignisse, die in diesem Buch erwähnt werden.

1650 Harvey postuliert die Existenz des Säugereis.

1677 Leeuwenhoek sieht die Animalculi.

1827 Das Säugerei wird entdeckt.

1842 Nägeli beobachtet eine Zellteilung und kann einen Blick auf die Chromosomen werfen.

1851 Mendel immatrikuliert sich an der Universität Wien.

1865 Mendel stellt seinen Erbsenartikel vor.

1873 Schneider beobachtet, wie sich die Chromosomen aufreihen und zu den Polen gezogen werden.

1883 Fleming beobachtet die Phase der Chromosomenverdopplung in der Mitose.

1885 Fleming beobachtet die Reduktionsteilung in der Meiose.

1890 Weisman postuliert „Ids" als die Träger der Erbmerkmale.

1891 Henking beschreibt das „Doppelelement X", das X-Chromosom.

1900 Mendels Erbsenartikel wird wiederentdeckt; Bateson macht ihn in England bekannt.

1902 Sutton beobachtet, wie sich mütterliche und väterliche Chromosomen in der Meiose voneinander trennen.

1902 McClung vermutet, daß das X-Chromosom geschlechtsbestimmend ist.

1904 Doncaster schreibt den ersten wissenschaftlichen Artikel über Calico-Kater.

1927 Mrs. Bisbee schreibt einen umfangreichen Übersichtsartikel über den Stand der Calico-Forschung.

1938 Dr. Turner schreibt über minderwüchsige, sterile Frauen mit Flügelhals.

1942 Dr. Klinefelter schreibt über hochgewachsene, sterile Männer mit weiblichen Brustdrüsen.

1949 Barr und Bertram beobachten etwas, das später den Namen Barr-Körper erhalten wird.

1956 Tjio und Levan finden den korrekten menschlichen Chromosomensatz mit 46 Chromosomen.

1959 Es stellt sich heraus, daß Klinefelter-Männer zum Typ XXY, Turner-Frauen zum Typ X0 gehören.

1961 Lyon schreibt über die Inaktivierung des X-Chromosoms.

1961 Thuline und Norby vermuten, daß Calico-Kater zum Typ XXY gehören.

1984 Der jüngste Calico-Artikel erscheint.

1986 George wird geboren, und die Tierärzte erbleichen.

1988 Die Ausgangsfragen in diesem Buch werden niedergeschrieben.

1990 Georges Karyotyp zeigt, daß er ein 50/50-Mosaik vom Typ XY/XXY ist.

1991 Die abschließenden Antworten auf die Fragen in diesem Buch werden niedergeschrieben.

1996 Ein mutiger Verleger riskiert es, das Buch auf den Markt zu bringen.

1997 Ein anderer mutiger Verleger übersetzt es sogar ins Deutsche.

Literatur

Leider sind geeignete deutschsprachige Titel spärlich gesät. Empfohlen werden können:

Strickberger, M. W., „Genetik", München: Hanser, 1988

Buselmaier, W., und Tariverdian, G., „Humangenetik", Berlin/Heidelberg: Springer, 1991

Rixon, A., „Katzen der Welt", Könemann: Köln, 1996

Informativ ist außerdem die Zeitschrift *Katzen Extra* (Symposion Verlag, Stuttgart), deren Ausgaben Nr. 2–12/1993, 1–3, 5–7 und 10/1994 sich mit Katzengenetik befassen.

Index